U0258938

"十四五"国家重点出版物出版规划重大工程

加速器射频超导与低温技术

潘卫民　葛　锐　翟纪元　著

中国科学技术大学出版社

内 容 简 介

本书从基本的科学原理出发,介绍了射频超导与低温系统涉及的一些基本理论和关键技术,帮助本领域内新入门研究人员掌握较为全面的基础知识,同时接触一些国际前沿的研究进展和成果。本书主要分为3篇:第1章作为第1篇,概述了射频超导与低温技术的发展历程和应用场景;第2~12章作为第2篇,主要介绍了射频超导技术;第13~16章作为第3篇,主要介绍了低温技术。

本书可以作为加速器相关专业研究生的参考书,也可作为研究人员的入门用书。

图书在版编目(CIP)数据

加速器射频超导与低温技术/潘卫民,葛锐,翟纪元著. —合肥:中国科学技术大学出版社,2023.12

(前沿科技关键技术研究丛书)

"十四五"国家重点出版物出版规划重大工程

ISBN 978-7-312-05743-4

Ⅰ. 加… Ⅱ. ① 潘… ② 葛… ③ 翟… Ⅲ. 射频—超导加速器 Ⅳ. TL5

中国国家版本馆 CIP 数据核字(2023)第 125407 号

加速器射频超导与低温技术

JIASUQI SHEPIN CHAODAO YU DIWEN JISHU

出版	中国科学技术大学出版社
	安徽省合肥市金寨路 96 号,230026
	http://press.ustc.edu.cn
	https://zgkxjsdxcbs.tmall.com
印刷	合肥华苑印刷包装有限公司
发行	中国科学技术大学出版社
开本	787 mm×1092 mm　1/16
印张	19.25
字数	492 千
版次	2023 年 12 月第 1 版
印次	2023 年 12 月第 1 次印刷
定价	108.00 元

序　一

随着超导技术及其应用的快速发展,射频超导(Superconducting Radio Frequency, SRF)技术从20世纪60年代起迅速发展,并逐渐成为先进加速器射频加速技术的主流。超导腔可以在很小的微波功率下产生很强的粒子加速电场,大大降低了加速器的功率消耗,并具有更好的束流品质,具有巨大的优越性。射频超导技术广泛应用于粒子物理和核物理以及同步辐射光源、散裂中子源和自由电子激光等领域的大型加速器,是一项具有重要战略意义的高技术。

20世纪90年代后期,北京正负电子对撞机重大改造工程(Beijing Electron Positron Collider Ⅱ, BEPCⅡ)决定:BEPCⅡ高频系统必须采用射频超导技术。BEPCⅡ预制研究使我国射频超导技术迅速起步。二十多年来中国科学院高能物理研究所(IHEP,后面简称高能所)在射频超导技术方面,克服各种困难,一步一个脚印,扎扎实实地发展。BEPCⅡ首先采用国际合作方式,研制了500 MHz超导腔,其稳定高效运行。然后又自主研制BEPCⅡ的备用超导腔,其也稳定高效运行。2011年,潘卫民的团队为中国科学院创新先导专项——加速器驱动次临界系统(Accelerator Driven Sub-critical System, ADS)独立自主研制了强流质子低能段连续波(Continuous Wave,CW)加速器的轮辐(Spoke)超导腔。成功研制出的中温退火工艺的1.3 GHz 9-cell超导腔及其模组实现了我国射频超导技术跨越式发展,达到了国际领先水平,满足了国家基于加速器的大科学装置对射频超导的需求。

BEPCⅡ高频系统是工程建设的关键系统,BEPCⅡ工程经理部决定:高频系统采用两支超导腔,频率为500 MHz。2006年,与日本合作研制完成的BEPCⅡ的两套500 MHz超导腔系统在高能所测试成功,且长期稳定高效运行。这是国内第一次研发出了用于实际工程的超导腔,意义重大。

超导腔的稳定运行要求有备用超导腔。在BEPCⅡ转入调束运行阶段后,500 MHz超导腔系统的自主研制工作便开始了。这套超导腔系统的关键部件包括超导腔腔体、高功率输入耦合器、高阶模抑制器、恒温器等。2017年10月,500 MHz国产超导腔正式投入BEPCⅡ运行,而且很快达到了设计指标,性能优异。六年来其一直保持稳定运行,达到了同类设备的国际先进水平,这是我国目前唯一在线长期运行的国产超导腔系统,标志着我国跻身于世界少数几个能够成功研制500 MHz超导腔系统的国家之列。

2011 年初，高能所和近代物理所（中国科学院近代物理研究所）共同担负起中国科学院创新先导专项——加速器驱动次临界系统加速器的任务。它的最大难题是强流质子低能段连续波加速器，由轮辐超导腔加速器和半波长（HWR）超导腔加速器组成。国际上对半波长超导腔研究比较多，但仅有个别国家研发过 β 值较高的轮辐超导腔。而轮辐超导腔的 β 值越低，技术难度越高。高能所承担了 β 为 0.12（国际上最小 β 值）的轮辐超导腔研发。面临国外技术封锁，起步艰难。团队经过六年努力，终于成功研发了由 14 套极低 β 轮辐超导腔系统集成的毫安级连续波超导质子直线加速器，实现了 10 mA/10 MeV 的设计目标，在多项核心技术方面实现了重要突破。这是国际创新，也是我国质子超导加速器发展的一个重要里程碑。

1.3 GHz 9-cell 超导腔是国际上使用最多的超导腔，广泛应用于硬 X 射线自由电子激光加速器，并拟在未来高能对撞机上采用。高性能（高品质因子、高梯度）1.3 GHz 超导腔是国际前沿攻关课题。2017 年，潘卫民研究员主持建立了先进光源研发与测试平台（PAPS），使射频超导技术研发环境达到了国际先进水平。随后，其团队成功发展了 1.3 GHz 1-cell 超导腔的中温退火方法，并将其创新地应用于 9-cell 超导腔，在国际上首次成功实现了 1.3 GHz 9-cell 超导腔的中温退火工艺和小批量试制，超导腔的品质因子达到了国际领先水平。这项成果已批量应用于国内大型超导加速器。

在众多科学家和领导的关怀与支持下，高能所射频超导经历了二十多年的风风雨雨，由弱到强，发展壮大。由实验室摸索到整套技术掌握，再到整个超导模组集成，投入大科学装置使用，赶超世界一流水平，最后到成果支撑于基于加速器的国家大科学装置。

潘卫民研究员从事加速器技术研究近四十年，主持研发多频段超导腔系统和连续波超导质子直线加速器，特别是国内首套 500 MHz 超导腔系统和国际首套低 β 轮辐超导腔系统，突破多项技术瓶颈，并已实际应用于多台大科学装置。他现任高能同步辐射光源工程总指挥，并在中国科学院大学教授加速器高频和超导技术课程十几年，有着丰富的教学经验。在教授课程的基础上，他总结和凝练了多年的研究和教学内容及成果，并结合当今国内外射频超导和低温新技术的发展，与葛锐、翟纪元一起撰写了《加速器射频超导与低温技术》。相信此书对广大学习和研究射频超导和低温技术的学生和科研人员会很有帮助。

中国科学院院士

2023 年 5 月

序　二

　　自从 20 世纪 50 年代许多新的粒子被发现以来,直到 70 年代粒子物理的标准模型建立,作为物理学一个分支的粒子物理学(也称高能物理学)开始逐渐独立于核物理而发展起来。在粒子物理领域,绝大部分的实验研究都依赖于能将粒子加速到很高能量的粒子加速器,而较少数的实验研究是基于宇宙射线、地下探测实验技术等。当前国际高能物理界已经基本达成统一的发展战略,基于高能加速器的实验技术仍然是当前国际粒子物理研究最重要和最关键的发展方向。除了应用在高能物理实验中,高能加速器还有一些其他重要的应用,例如同步辐射光源、自由电子激光等。

　　能量和亮度是评价高能加速器性能的两个核心指标,能量这一指标几乎完全取决于加速器所采用的射频谐振腔的技术和性能。射频谐振腔有常温铜腔和超导腔两种,超导腔一般工作在极低的液氦温区($<$5 K)下,需要配备复杂的低温系统。但其优越之处在于可以运行在连续波模式下,提供极高的加速梯度,同时具有较大的束流孔径,可以有效减小束腔相互作用。目前世界上正在建设和运行中的高能加速器,绝大多数都采用了射频超导技术。

　　1964 年,美国斯坦福大学采用铜基镀铅技术实现了世界上第一支超导腔。1968 年,斯坦福大学研制了第一支纯铌超导腔,直至今日,铌制超导腔仍然是主流技术路线。随后的几十年间,超导腔及其配套技术不断发展、提高,主要体现在加速梯度和无载品质因子的提升。目前国际上采用射频超导技术的高能加速器包括日本高能加速器研究机构(High Energy Accelerator Research Organization,KEK)的非对称正负电子对撞机(B-Factory)、瑞士欧洲核子研究组织(Conseil Européen pour la Recherche Nucléaire,CERN)经过能量升级后的大型正负电子对撞机(Large Electron-Positron Collider Ⅱ,LEPⅡ)、德国电子同步辐射加速器(Deutsches Elektronen Synchrotron,DESY)的欧洲X射线自由电子激光(European X-Ray Free-electron Laser,E-XFEL)、美国斯坦福大学的直线加速器相干光源(Linac Coherent Light Source,LCLS)等。

　　国内射频超导技术起步较晚,这与其发展往往依托于巨额投资的粒子加速器项目有关。1988 年以后,高能所、北京大学等单位开始逐渐引入国外先进技术,同时组建了自己的射频超导团队。2007 年,高能所的北京正负电子对撞机重大改造工程首次在国内建成了 500 MHz 的超导腔,以此为契机,国内的射频超导技术开始步入一个快速发展的阶段。近年来,面向高能物理研究、先进光源技术、医学和工业应用等领域的重大需求,国内的超导加速器装置和研发平台都呈现蓬勃发展的态势。正在建设中的大科学装置就有高能同步辐射光源(Higher Education Partnership for Sustainability,HEPS)、上海硬 X 射线自由电子激光装置(Shanghai High Repetition Rate XFEL and Extreme Light Facility,SHINE)、中国散裂中子源二期工程(China Spallation Neutron Source Ⅱ,CSNSⅡ)、加速器驱动嬗变研究装置(China Initiative Accelerator Driven System,CiADS)、强流重离子加速器装置(High Intensity Heavy-Ion Accelerator Facility,HIAF)、合肥先进光源(Hefei Advanced Light Facility,HALF)等,多个项目都需要用到射频超导技术。面对这一发展趋势,一方面我国需要继续发展射频超导相关技术的理论探索和技术积累;另一方面,射频超导相关技术的人才培养需求也变得越发迫切起来。

目前国内尚无一本讲述射频超导及其相关配套技术的专业书籍,尽管国外已有一些射频超导相关技术的书籍,但很多最新的、最前沿的技术未能收录其中,而且国外教材中提及的一些技术解决方案不能很好地契合中国自身的国情,有时很难具备实际可行性。这本由潘卫民、葛锐和翟纪元撰写的《加速器射频超导与低温技术》,可以说出现得恰逢其时。

潘卫民研究员率领的高能所射频超导与低温团队历经 BEPCⅡ、ADS、PAPS、HEPS、CSNSⅡ、环形正负电子对撞机(Circular Electron Positron Collider,CEPC)等多个大科学工程项目的预研和建设,是国内经验最丰富的一支射频超导团队,无论是理论基础还是工程经验,都有充分的积累。在本书的撰写过程中,潘卫民研究员召开了多次会议,广泛听取了各方建议,并在完稿后经过了反复修改和审定,旨在为国内相关领域的研究者提供一本体系完整、技术实用、触及前沿的书籍。

科技的进步离不开一代又一代科研人员的薪火相传。除奋力向科学高峰攀登之外,将自身的经验和技术进行总结和传承也是一件很有价值和意义的事情。希望本书的出版,能够帮助更多的人顺利进入这一技术领域,为我国成为世界射频超导技术强国,乃至超导加速器、粒子物理和核技术强国而贡献一份力量。

中国工程院院士

2023 年 5 月

前　言

超导加速器已逐渐发展为当今同步辐射光源和高能物理粒子加速器的发展方向。在超导加速器中,超导腔及其配套的低温系统肩负直接"加速"带电粒子的任务,是整个超导加速器的"发动机"和"心脏"。不过这一领域在中国起步较晚,直到 2004 年,以北京正负电子对撞机重大改造工程为契机,国内才真正开始引入这一技术,时至今日,也只有二十年左右的发展历史。但随着近十多年来国内基于超导加速器大科学装置不断立项建设,射频超导与低温系统的重要性和发展速度与日俱增,越来越多的研究生和年轻的研究学者及工程师会聚到这一领域。但是目前国内仍然没有一本比较全面的领域著作,相关的知识点散落在各种教材和文献中,不能形成完整的知识体系,既不利于人才培养,也不能满足这一领域快速发展的需求。

为此,高能所组织力量撰写了本书。高能所是国内率先开始射频超导及低温系统研究的单位之一,在北京正负电子对撞机重大改造工程中建成了国内首套实际运行的全国产的 500 MHz 超导腔系统。长期运行结果表明,其稳定高效。高能所实现了 500 MHz 超导腔系统技术的真正突破。而后高能所在其他多种腔型、几乎所有频段的超腔导及其 2 K 低温系统研发上都取得了重大突破,也将其用在了实际工程和装置建设中,如加速器驱动次临界系统超导加速器、高性能 1.3 GHz 9-cell 超导腔及其模组等。

本书从基本的科学原理出发,介绍了射频超导与低温系统涉及的一些基本理论和关键技术,帮助本领域内新入门研究人员掌握较为全面的基础知识,同时接触一些国际前沿的研究进展和成果。本书主要分为 3 篇,第 1 章作为第 1 篇,概述了射频超导与低温技术的发展历程和应用场景;第 2～12 章作为第 2 篇,主要介绍了射频超导技术;第 13～16 章作为第 3 篇,主要介绍了低温技术。本书可以作为加速器相关专业研究生的参考书,也可作为研究人员的入门用书。

在本书的出版过程中,得到了董超、靳松、贺斐斯、张新颖、沙鹏、戴劲、米正辉、郑洪娟、黄彤明、马强、孟繁博、林海英、李健、王群要、韩瑞雄、戴建枰、马长城、李梅、徐妙富、常正则老师的帮助和支持,在此表示衷心的感谢!

希望本书能够为国内射频超导与低温技术的发展贡献一份力量,更希望中国射频超导与低温技术及其超导加器发展得越来越好,为国家基于加速器的大科学装置建设奠定坚实的基础。

由于著者的能力和水平有限,书中疏漏和错误之处在所难免,还请广大读者不吝赐教。

著　者

2023 年 5 月

目　　录

第1篇　概　　述

第2篇　射频超导技术

第 3 篇　低 温 技 术

第1篇

概　述

第1章　射频超导加速器概述

1.1　低温超导现象

1908 年 7 月 10 日在荷兰莱登大学的物理实验室,卡麦林·昂内斯首次利用液氢预冷及一次绝热膨胀把当时认为不可能液化的"永久气体"氦气液化,该实验开启了低温工程学和低温物理学的新纪元。

在此基础上,1911 年卡麦林·昂内斯进一步发现,将汞冷却到 −268.98 ℃时,其电阻突然消失;后来,他发现许多金属和合金都具有与汞相似的低温下失去电阻的特性。他宣布,汞在 4.2 K 进入了一种新状态。由于特殊的导电性能,将该状态称为"超导态"。

1.2　超导技术在加速器上的应用

从 1911 年超导现象被发现以来,超导技术及其应用逐渐成为科学家研究的重要课题。随着超导理论不断成熟,超导技术的应用越来越广泛。目前,其在航空、航天、医疗、材料、信息等方面都有大量运用。超导技术的应用可分成三类——大电流应用(强电)、电子学应用(弱电)和抗磁性应用,例如电能传输、电机制造、超导磁体、超导磁悬浮列车、高速超导电子计算机、超导磁流体发电、高灵敏度电磁仪器、生物磁学、超导核磁共振等。

超导技术在加速器中的应用主要体现在两个方面,分别是超导腔(采用的是射频超导技术)和超导磁体。超导腔可以用很小的功率建立极高的电场,超导磁体亦可以在很小的励磁功率下产生强大的约束磁场。超导设备的使用可以大大减小加速器的尺寸并降低造价,它们代表了当今高能粒子加速器的最高技术。本书只介绍射频超导技术及相应的低温技术。

什么是射频超导(也称为超导高频)技术?大家知道,加速器无论大小,都有一套高频加速系统,用来给加速的带电粒子提供动能使其加速或维持能量,相当于汽车的发动机,这是加速器的核心系统。这套系统中的核心设备是高频加速腔,可采用常温结构,也可采用超导结构,常温腔有设计成熟、加工相对容易、水冷却等优势,而超导腔的发展历史相对较短,但超导腔的加速梯度要远远高于常温腔,应用前景广阔。建造加速器时采用什么结构的腔要根据具体情况下的诸多因素来综合考虑。如果采用超导腔就要涉及射频超导技术。

1.3 超导技术带来的革命——超导腔

美国斯坦福大学高能物理实验室第一次成功将超导技术应用到射频腔上,其电压梯度能够达到 2~3 MV/m,从此以后射频超导技术开始蓬勃发展。从 1980 年开始,世界上采用超导腔作为加速手段的大型加速器装置多了起来,众多国际上的先进实验室也开始研究超导技术及超导材料的特性,超导腔在大型加速器装置中得到了广泛的应用。特别是近二十年来,超导腔以其优异的性能,为加速器技术的发展带来了新的活力。

尽管制造超导腔的材料比较贵,工艺技术也比常温加速腔复杂许多,还需要专门的低温系统为它提供超导环境,但它具有许多常温腔无法比拟的优势,再加上低温超导技术成熟、稳定,射频超导技术成为各新建加速器的首选技术。

具体来说,超导腔主要具有以下优点:

(1) 超导腔具有高的分路阻抗,可以用很小的入射功率建立很高的加速电场,高的加速电场梯度可以减少加速腔的数量(例如,BEPC II 若用常温腔需要 6 支,而超导腔 2 支就可满足要求),减小束流阻抗,提高流强限,这是加速器设计者所希望的。

(2) 超导腔具有很高的品质因子(Q 值),超导腔的 Q 值可达 10^9 量级以上,这样可将腔设计得更平滑;选用大的束流孔径,不仅减小了管道的束流阻抗,还可使高阶模由束流管道传出超导腔;束流管道上采用吸收材料,从而深度抑制了高阶模,提高了束流的稳定性。

(3) 由于超导腔的 Q 值非常高,这就允许采用较低特征因子(R/Q)的设计(常温腔由于损耗大,Q 值低,R/Q 太低,得不到高的分路阻抗),从而减小束流在腔上感应的电压,或者减小在一定的束流和腔压下引起的频偏和相移,提高束流的稳定性。如式(1.1)所示。

$$V \propto I_{\mathrm{b}} \frac{R}{Q} \cdot \frac{f}{\Delta f} \tag{1.1}$$

式中,V 为在空腔中感应的电压,I_{b} 为束流流强,f 为高频频率,Δf 为引起的频偏,Q 为腔的品质因子。

或者将束流通过超导腔时产生的频偏 Δf 表示为

$$\Delta f = \frac{I_{\mathrm{b}} \sin \varphi_{\mathrm{s}}}{2 V_{\mathrm{c}}} \cdot \frac{R}{Q} \tag{1.2}$$

式中,V_{c} 为腔压,φ_{s} 为同步相角,I_{b} 为束流流强,U 为腔的储能。

(4) 超导腔的 Q 值非常高,腔的欧姆损耗非常小,可以大大减小对高频功率的需求,从而大大减少功率源的建造限制和费用。如果研制超导腔时采用一些可以大大提高腔的 Q 值的先进技术,则可大大降低制冷需求,从而减少低温系统的造价。当然,采用超导腔将额外增加一项低温系统的建造费用,这是它的缺点。但是其可以大大降低高频功率的需求,节省高频发射机的造价,同时,降低大功率发射机的建造难度。

简而言之,与常温腔相比,用超导腔加速粒子的突出优势如下:

(1) 超导腔的表面电阻接近于零,因此腔壁损耗接近于零,其 Q 值为 10^9 量级。这样可以减少射频功率源的需求并降低运行费用。

(2) 超导腔可以提供更高的加速梯度。

(3) 超导腔具有束流孔径大的优点,因而有利于深度抑制高阶模,这对强流加速器来说十分重要。

按照加速粒子速度的不同,超导腔可以分为高 β 腔、中 β 腔和低 β 腔;按照材料的不同,可以分为纯铌腔(大晶粒、细晶粒、单晶)、镀膜腔;按照形状的不同,可以分为椭球腔、轮辐腔、半波长腔等。目前,世界上许多国家已经在运行和正在建设及拟建的大型加速器上均采用了射频超导技术,即利用超导腔来加速带电粒子。从目前世界上射频超导加速器的运行状况来看,系统性能稳定,超导技术的优势比较明显,并且该技术日趋成熟,射频超导加速器越来越成为未来的发展趋势。世界上采用超导腔的大型加速器装置如表 1.1 所示。

表 1.1 世界上采用超导腔的大型加速器装置

用 途	装 置
环形对撞机	KEKB(日本)、HERA(德国)、LHC(瑞士)、RHIC(美国)、BEPCⅡ(中国)、CEPC(中国)
直线对撞机	ILC(日本)、TESLA(德国)
光源	DIAMON(英国)、CLS(加拿大)、SSLS(新加坡)、ALS(美国)、APS(美国)、SLS(瑞士)、ESRF(法国)、PAL(韩国)、TPS(中国)、SSRF(中国)、SHINE(中国)、HEPS(中国)
散裂中子源	ESS(瑞典)、CSNSⅡ(中国)、SNS(美国)

除了加速带电粒子以外,超导腔在加速器上还有一些特殊用途,例如:① 同步辐射光源上常用的高次谐波腔,主要用于拉伸束团长度、提升束流的托歇克寿命[1]。② 蟹钳形(Deflecting/Crabbing)超导腔,广泛用于高能对撞机、束团分离与聚合、束流诊断等领域。大型强子对撞机(Large Hadron Collider,LHC)的高亮度升级项目(LHC High Luminosity,LHC-HL)就采用了蟹钳形超导腔,其使得粒子束进行正面碰撞,从而提高对撞亮度,如图 1.1 所示[2]。

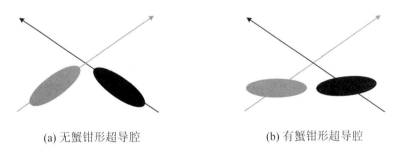

(a) 无蟹钳形超导腔　　　　　　　　(b) 有蟹钳形超导腔

图 1.1 粒子束的对撞

国内近二十年研发了多种类型的超导腔[3-6],包括加速低能($\beta<0.5$)质子用的 325 MHz 轮辐腔,加速光速($\beta=1$)电子所用的 166.6 MHz 超导腔,500 MHz 1-cell、650 MHz 2-cell 和 1.3 GHz 9-cell 椭球腔,324 MHz 双轮辐腔等,如图 1.2 所示。

超导腔的形状和功能虽然各不相同,但是都尽可能追求高的加速梯度(E_{acc})和品质因子:加速梯度越高,则加速器上需要的超导腔数量越少,这可以降低加速器的规模和造价;品质因子越高,则超导腔的微波损耗越低,这可以降低配套低温系统的造价和运行费用。因此,超导腔如何达到高加速梯度和高品质因子是射频超导的核心技术。

325 MHz 轮辐腔

166.6 MHz 超导腔

500 MHz 1-cell 椭球腔

650 MHz 2-cell 椭球腔

1.3 GHz 9-cell 椭球腔

324 MHz 双轮辐腔

图 1.2　多种类型的超导腔(高能所提供)

此外,要想超导腔真正用在加速器上,还要很多附属设备:

(1) 低温恒温器,为超导腔提供低温、高真空的环境。

(2) 主耦合器,将微波功率馈入超导腔内,以建立电场加速带电粒子。

(3) 调谐器,将超导腔的谐振频率调到目标值。

(4) 高阶模抑制器,将超导腔内的高阶模功率引出并阻尼。

最后,将超导腔和这些附属设备集成到一起,形成超导模组,就可以用在加速器上了。

图 1.3 是高能所自主研制的 500 MHz 超导模组(包含一支 500 MHz 1-cell 超导腔及附属设备),图 1.3(a)是模组的结构示意图,图 1.3(b)是模组在进行高功率实验(水平测试)。该超导模组于 2017 年 10 月投入 BEPCⅡ运行至今,国产超导腔首次代替进口超导腔在大科学装置上实现了长期稳定运行。

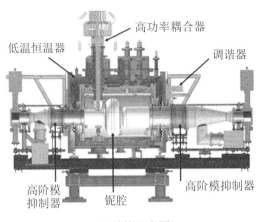
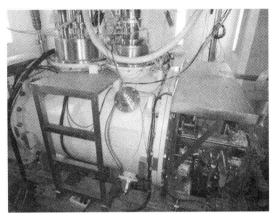

(a) 结构示意图　　　　　　　　　　(b) 高功率实验

图 1.3　BEPCⅡ 500 MHz 超导模组(高能所提供)

参 考 文 献

［1］ Zheng H，Zhang P，Li Z，et al. Design optimization of a mechanically improved 499. 8 MHz single-cell superconducting cavity for HEPS［J］. IEEE Transactions on Applied Superconductivity，2021，31(2)：1-9.

［2］ Calaga R，Alekou A，Antoniou F，et al. First demonstration of the use of crab cavities on hadron beams［J］. Physical Review Accelerators and Beams，2021，24(6)：062001.

［3］ Zhang P，Dai J，Deng Z，et al. Radio-frequency system of the high energy photon source［J］. Radiation Detection Technology and Methods，2023，7(1)：159-170.

［4］ Huang T，Pan W，Wang G，et al. The development of the 499. 8 MHz superconducting cavity system for BEPCⅡ［J］. Nuclear Instruments and Methods in Physics Research Section A：Accelerators，Spectrometers，Detectors and Associated Equipment，2021，1013：165649.

［5］ Zheng H，Sha P，Zhai J，et al. Development and vertical tests of 650 MHz 2-cell superconducting cavities with higher order mode couplers［J］. Nuclear Instruments and Methods in Physics Research Section A：Accelerators，Spectrometers，Detectors and Associated Equipment，2021，995：165093.

［6］ He F，Pan W，Sha P，et al. Medium-temperature furnace baking of 1.3 GHz 9-cell superconducting cavities at IHEP［J］. Superconductor Science and Technology，2021，34(9)：095005.

第2篇

射频超导技术

第 2 章　射频超导物理

超导性是指某些材料被冷却到一定温度以下时,表现出的零电阻和完全抗磁的特性。超导现象的发现依赖于低温技术的进步。超导性是由荷兰物理学家卡麦林·昂内斯于 1911 年首次发现的,他发现汞的电阻在约 4 K 的温度下降至零。从那以后,科学家又发现了新的超导材料,包括金属、合金和陶瓷。本章将介绍超导体的特性以及在射频场作用下的表面电阻等内容。

2.1　超　导　性

2.1.1　临界温度、临界磁场和临界电流密度

临界温度(T_c)是指超导材料从正常态转变为超导态的温度不同。根据临界温度不同,可以将超导体分为两大类,分别为高温超导体和低温超导体。高温超导体是指临界温度高于液氮温度(>77 K)的超导体,低温超导体是指临界温度低于液氮温度(<77 K)的超导体。表 2.1 列出了已发现的低温超导体和高温超导体。

表 2.1　低温超导体和高温超导体

低温超导体	高温超导体
汞、铅、铅铋合金	La 系超导体
铌、碳化铌、氮化铌	Y 系氧化物高温超导体
铌三锡、钒三硅、矾三镓、钒三铝	REBCO 高温超导体
铌锆、铌钛合金	铋系氧化物高温超导体
铌三锗化合物	钛系超导体
有机超导体	铁基超导材料

当外加磁场小于临界磁场(H_c)时,超导体才能保持超导性;否则失去超导性,而转变为正常态。临界磁场与温度的关系为

$$H_c(T) = H_c(0)\left(1 - \frac{T^2}{T_c^2}\right) \tag{2.1}$$

根据临界磁场不同,超导体可以分为第一类超导体和第二类超导体。第一类超导体只存在一个临界磁场。第二类超导体则具有两个临界磁场,分别用 H_{c1}(下临界磁场)和 H_{c2}(上临

界磁场)表示。目前已发现的超导元素中只有钒、铌和锝为第二类超导体,其他元素均为第一类超导体,大多数超导合金则属于第二类超导体。图2.1给出了两种类型超导体的临界磁场的对比。

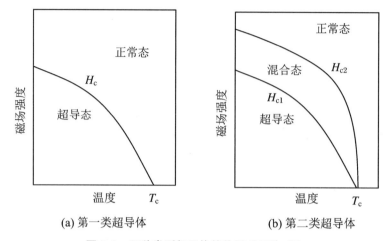

(a) 第一类超导体　　　　　　　　(b) 第二类超导体

图 2.1　两种类型超导体的临界磁场的对比

第一类超导体,当外磁场 $H < H_c$ 时,具有完全抗磁性,体内磁感应强度为零;当外部磁场 $H > H_c$ 时,超导体失去超导性。

第二类超导体,当外磁场 $H < H_{c1}$ 时,具有完全抗磁性,体内磁感应强度为零;当外磁场满足 $H_{c2} \leqslant H < H_{c1}$ 时,超导态和正常态同时存在,磁力线通过体内正常态区域,将该状态称为混合态;当外磁场 H 增加时,超导态区域缩小,正常态区域扩大,当 $H \geqslant H_{c2}$ 时,超导体完全变为正常态。

当通过超导材料的电流密度超过临界电流密度(J_c)时,超导体将失去超导性,恢复为正常状态。临界电流密度与温度、磁场强度有关。图2.2给出了超导体的临界温度、临界磁场和临界电流密度之间的关系。

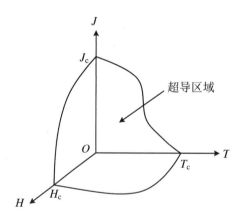

图 2.2　超导体的 T_c,H_c,J_c 关系

2.1.2　迈斯纳效应

迈斯纳(Meissner)效应和零电阻是判断一种材料是超导体必须同时具备的条件。迈斯纳效应是指材料从正常态转变至超导态时对磁场产生的排斥效应,这种效应发现于 1933 年。当施加外部磁场后,超导体内部的磁通量会立刻清空。

产生迈斯纳效应的原因是,在外部磁场的作用下,超导体表面出现了超导电流。超导电流会在超导体内部产生与外磁场大小相等、方向相反的磁场,两个磁场会完全抵消。此时超导体内部的磁感应强度为零。超导电流的作用使超导体能够完全排空其内部的磁感线。

图 2.3 和图 2.4 对比了理想导体和超导体在改变施加磁场、降温的顺序时的磁通量变化。

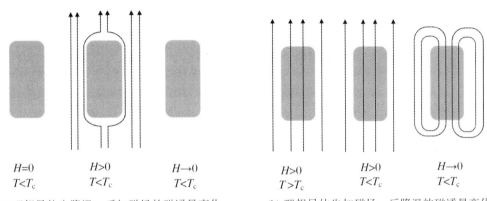

(a) 理想导体先降温、后加磁场的磁通量变化　　(b) 理想导体先加磁场、后降温的磁通量变化

图 2.3　理想导体

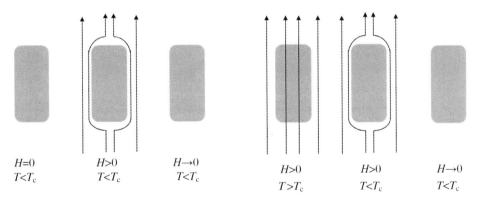

(a) 超导体先降温、后加磁场的磁通量变化　　(b) 超导体先加磁场、后降温的磁通量变化

图 2.4　超导体

2.1.3　BCS 理论简介

为探索常规超导体的超导性的微观机制,物理学家进行了长期的努力和尝试。巴丁(J. Bardeen)、库珀(L. V. Cooper)和施里弗(J. R. Schrieffer)在 1957 年发表的文章中,首次从

微观上揭示了超导性的机制。BCS 理论（Bardeen-Cooper-Schrieffer Theory）是以近自由电子模型为基础,在电子-声子作用很弱的前提下建立起来的理论。BCS 理论是解释常规超导体的超导性的微观理论[1]。

BCS 理论假设电子间存在可以克服库仑斥力的吸引力,在低温超导体中,吸引力来自电子-晶格振动（声子）的相互耦合,这种吸引力是间接的。在该理论中,超导是由冷凝库珀对导致的一种宏观效应。超导体中的电子在穿过时,会使周围的晶格（正电荷）发生畸变,这种畸变会吸引另一个电子,正是通过这种间接作用,两个电子联系起来。配对形成的库珀对通过晶格交换能量,而电子对的中心能量并没有变化,因而实现了没有能量损失的流动,即零电阻。在超导体中,存在很多这样的电子对,BCS 理论描述的是一群电子的集体行为。

BCS 理论可以成功地解释低温超导体的微观机制,但是不适用于高温超导体。目前,高温超导体的微观机制还在探索中。

2.2　射　频　超　导

2.2.1　正常导体的趋肤深度和表面电阻

当良导体表面处于微波场时,会有一部分电磁场在良导体的表面的趋肤深度内产生趋肤电流。将电磁场用时谐表示,并结合麦克斯韦方程组,可得

$$\nabla^2 \boldsymbol{E} = \mathrm{i}\omega\mu_0\sigma\boldsymbol{E} \tag{2.2}$$

令 $\tau_n = \sqrt{\mathrm{i}\omega\mu_0\sigma}$,可得

$$\nabla^2 \boldsymbol{E} = \tau_n{}^2\boldsymbol{E} \tag{2.3}$$

以简单的良导体平板为例,如图 2.5 所示,式（2.3）的一个解为

$$E_z = E_0\exp(-\tau_n x) = E_0\exp\left(\frac{-x}{\delta}\right)\exp\left(\frac{-\mathrm{i}x}{\delta}\right) \tag{2.4}$$

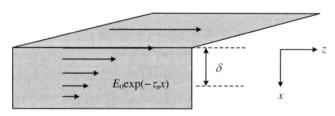

图 2.5　良导体的趋肤深度示意图

进一步得到

$$\delta = \frac{1}{\sqrt{\pi f\mu_0\sigma}} \tag{2.5}$$

此为微波场下正常导体的趋肤深度。表面电阻为

$$R_\mathrm{s} = \sqrt{\frac{\pi f\mu_0}{\sigma}} = \frac{1}{\sigma\delta} \tag{2.6}$$

所以微波只会进入导体表面一段距离,电场的幅值按照指数衰减。同理可得

$$j_z = j_0 \exp(-\tau_n x) \qquad (2.7)$$

$$I = \int_0^\infty j_z \mathrm{d}z = \frac{j_0}{\tau_n} \qquad (2.8)$$

2.2.2　超导体的表面电阻

BCS 理论可以解释超导体在微波场下的表面电阻。式(2.9)即为铌的 BCS 电阻的表达式[2]:

$$R_{\mathrm{BCS}} = 2 \times 10^{-4} \frac{1}{T} \left(\frac{f}{1.5}\right)^2 \exp\left(-\frac{17.67}{T}\right) \qquad (2.9)$$

其中, f 为微波场的频率,单位为 GHz。该表达式在 $T < T_c/2$ 、频率远小于 10^{12} Hz 时拟合得很好。剩余电阻比(Residual Resistivity Ratio,RRR)对材料的表面电阻有很大的影响,式(2.9)没有对此进行修正。超导体的表面电阻与很多参数有关,包括伦敦(London)穿透深度、相干长度和电子平均自由程。

在射频超导相关的应用中,表面电阻是影响设备性能的关键因素。研究者们为了降低材料的表面电阻进行了大量的尝试,如中温退火、快速降温、掺氮(Nitrogen Doping,N-Doping)等技术。

参 考 文 献

[1]　赵继军,陈岗. 超导 BCS 理论的建立[J]. 大学物理,2007,26(9):46-51.

[2]　Padamsee H,Knobloch J,Hays T. RF superconductivity for accelerators[M]. New York:John Wiley & Sons,1998.

第 3 章　微波谐振腔理论

微波谐振腔是一种能够在微波范围内进行能量存储和放大的装置,常用于加速器、激光器、核磁共振等领域。微波谐振腔的工作原理是利用空腔共振,在腔内形成谐振模式,实现能量的反射、吸收、耗散和放大等过程。高频微波谐振腔通常由金属腔体和电介质材料组成,金属腔体的内部空间形成一个封闭的共振空腔。用于超导加速器的超导腔,一般由铌制成,中间空腔为高真空状态。本章从电磁场的基本原理出发,分析了简单谐振腔的电磁场分布,并介绍了影响谐振腔性能的关键物理参数。

3.1　电磁场基础简述

3.1.1　麦克斯韦方程组

麦克斯韦方程组描述了电场和磁场的演化规律。电磁场是由空间分布的电荷、电荷的移动以及电磁场自身的相互激发所产生的,它是一种物质在空间的波动传递形式,电场和磁场都是矢量场。麦克斯韦方程组的微分形式见式(3.1)～式(3.4)。

$$\nabla \times \boldsymbol{E} = -\frac{\partial \boldsymbol{B}}{\partial t} \tag{3.1}$$

$$\nabla \times \boldsymbol{H} = \boldsymbol{J} + \frac{\partial \boldsymbol{D}}{\partial t} \tag{3.2}$$

$$\nabla \cdot \boldsymbol{D} = \rho \tag{3.3}$$

$$\nabla \cdot \boldsymbol{B} = 0 \tag{3.4}$$

本构关系为

$$\boldsymbol{D} = \varepsilon \boldsymbol{E} \tag{3.5}$$

$$\boldsymbol{B} = \mu \boldsymbol{H} \tag{3.6}$$

$$\boldsymbol{J} = \sigma \boldsymbol{E} \tag{3.7}$$

其中,$\boldsymbol{E}$ 为电场强度,V/m;$\boldsymbol{B}$ 为磁通密度,T;$\boldsymbol{H}$ 为磁场强度,A/m;$\boldsymbol{J}$ 为体电流密度,A/m³;$\boldsymbol{D}$ 为电通密度,C/m²;ρ 为体电荷密度,C/m³;ε 为相对介电常数;μ 为相对磁导率;σ 为电导率,$(\Omega \cdot m)^{-1}$。

式(3.1)为法拉第定律,描述了变化的磁场激发电场的规律。在没有自由电荷的空间,由变化磁场激发的涡旋电场的电场线是一系列的闭合曲线,感应电场是有旋场。

式(3.2)为安培环路定律,描述了变化的电场激发磁场的规律——电流和变化的电场是怎样产生磁场的。磁场可以由传导电流激发,也可以由变化电场的位移电流激发,磁感应线都是闭合线。

式(3.3)为电场的高斯定律,反映了静电场是有源场这一特性。正电荷是电力线的源头,是电力线发出的地方;负电荷是电力线的尾端,是电力线汇聚的地方。

式(3.4)为磁场的高斯定律,描述了磁场的性质,论述了磁单极子的不存在。因为自然界中没有单独的磁极存在,N 极和 S 极是不能分离的,磁感线都是无头无尾的闭合线,所以通过任何闭合面的磁通量必等于零。

电流的连续性方程(3.8)可以作为式(3.1)~式(3.4)的补充:

$$\nabla \cdot \boldsymbol{J} + \frac{\mathrm{d}\rho}{\mathrm{d}t} = 0 \tag{3.8}$$

本构关系式(3.5)~式(3.7)补充了物理量之间的关系,封闭了方程组。以上的式(3.1)~式(3.8)是相互关联的,只有三个方程是独立的,对式(3.1)求散度并加上适当的初始条件,可得到式(3.4);对式(3.2)求散度并代入式(3.8),可导出式(3.3)。通常认为只有式(3.1)、式(3.2)和式(3.8)是独立的。

麦克斯韦方程组的微分形式将空间某点处的场矢量随空间的变化和该点处场矢量随时间的变化、该点处的电荷密度、电流密度联系了起来。其最重要的特点是揭示了不仅电荷、电流激发电磁场,而且变化的电磁场相互激发。

3.1.2　真空下电磁场的波动方程

在真空中,$\varepsilon = \varepsilon_0$,$\mu = \mu_0$,将式(3.6)代入式(3.2),式(3.1)两边取旋度,得到

$$\nabla \times (\nabla \times \boldsymbol{E}) = -\frac{\partial}{\partial t} \nabla \times \boldsymbol{B} = -\mu_0 \varepsilon_0 \frac{\partial^2 \boldsymbol{E}}{\partial t^2} \tag{3.9}$$

又 $\nabla \cdot \boldsymbol{E} = 0$,可得

$$\nabla \times (\nabla \times \boldsymbol{E}) = \nabla (\nabla \cdot \boldsymbol{E}) - \nabla^2 \boldsymbol{E} = -\nabla^2 \boldsymbol{E} = -\mu_0 \varepsilon_0 \frac{\partial^2 \boldsymbol{E}}{\partial t^2} \tag{3.10}$$

$$\nabla^2 \boldsymbol{E} - \mu_0 \varepsilon_0 \frac{\partial^2 \boldsymbol{E}}{\partial t^2} = 0 \tag{3.11}$$

令

$$c = \frac{1}{\sqrt{\mu_0 \varepsilon_0}} \tag{3.12}$$

得到

$$\nabla^2 \boldsymbol{E} - \frac{1}{c^2} \frac{\partial^2 \boldsymbol{E}}{\partial t^2} = 0 \tag{3.13}$$

同理可得

$$\nabla^2 \boldsymbol{B} - \frac{1}{c^2} \frac{\partial^2 \boldsymbol{B}}{\partial t^2} = 0 \tag{3.14}$$

式(3.13)、式(3.14)为真空中电磁场的波动方程,电磁波在真空中的传播速度为光速 c,不同频率的电磁波在真空中的传播速度相同。

3.1.3　亥姆霍兹方程

将以一定频率做正弦振荡的电磁波定义为时谐电磁场。采用复数形式表示电磁场：

$$E(x,t) = \text{Re}[E(x)e^{-i\omega t}] \tag{3.15}$$

$$B(x,t) = \text{Re}[B(x)e^{-i\omega t}] \tag{3.16}$$

式(3.15)、式(3.16)中，$E(x)$和$B(x)$分别代表了不含时间因子、包含空间坐标的电场强度和磁通密度。

$$e^{-i\omega t} = \cos \omega t - i \sin \omega t$$

有意义的仅是实部 $\cos \omega t$。

此时，真空中的麦克斯韦方程组可以写为

$$\nabla \times E = i\omega\mu H \tag{3.17}$$

$$\nabla \times H = -i\omega\varepsilon E \tag{3.18}$$

$$\nabla \cdot E = 0 \tag{3.19}$$

$$\nabla \cdot H = 0 \tag{3.20}$$

对式(3.17)两边取旋度，通过变化，可得无源麦克斯韦方程组在一定频率下的形式为

$$\nabla^2 E + k^2 E = 0 \tag{3.21}$$

$$\nabla \cdot E = 0 \tag{3.22}$$

$$B = -\frac{i}{k}\sqrt{\mu\varepsilon}\,\nabla \times E \tag{3.23}$$

或者

$$\nabla^2 B + k^2 B = 0 \tag{3.24}$$

$$\nabla \cdot B = 0 \tag{3.25}$$

$$E = \frac{i}{k\sqrt{\mu E}}\,\nabla \times B \tag{3.26}$$

其中，$k = \dfrac{\omega}{v} = \omega\sqrt{\mu\varepsilon}$为传播常数。式(3.21)、式(3.24)即为亥姆霍兹(Helmholtz)方程。亥姆霍兹方程是一定频率下电磁波的基本方程。在一定的几何空间内和确定的边界条件下，存在多个符合方程的 $E(x)$，即存在多个解。解 $E(x)$ 代表电场强度在空间中的分布，每一种可能的形式称为一种波模，每个解的空间分布不同，具有不同的频率，这就是在给定边界条件下所求得的一系列本征模式。在超导腔中，为了对束流进行加速，一般选择最低阶的 TM_{010} 模作为加速模式。要采用一定的方式消除其余的高阶模对束流的影响，如高阶模抑制器。

3.2　谐振腔中的电磁场

3.2.1　微波谐振腔

在微波谐振腔中,电磁波在腔内形成谐振模式,从而实现能量的反射和存储。电磁波在腔体中来回反射,并在腔壁和电介质材料中发生耗散。随着时间的推移,电磁波在腔内的能量不断累积,直至达到一个稳定的谐振态,此时能量的吸收和耗散达到平衡,电磁波的振幅和能量密度达到最大值。

微波谐振腔要采用分布参数的谐振电路,而不能采用集中参数的谐振电路。在微波谐振腔中,电感和电容难以区分,电场和磁场分布在整个腔中。从谐振系统振荡的实质来看,LC 回路和谐振腔是相同的。图 3.1 展示了从 LC 回路到谐振腔的演化过程。

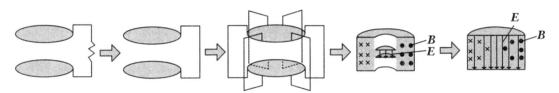

图 3.1　从 LC 回路到谐振腔的演化过程

由于微波谐振腔用的是分布参数的谐振电路,为了分析谐振腔中的电磁场分布,采用场分析的方法。

3.2.2　谐振腔中的电磁场

先以无限长均一无耗波导为研究对象,分析其电磁场分布。图 3.2 为无限长均一无耗波导示意图。

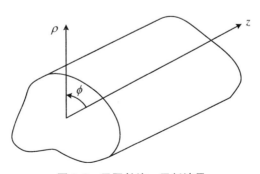

图 3.2　无限长均一无耗波导

根据麦克斯韦方程组,电场强度垂直于导体表面,切向电场为零,磁场强度平行于导体表面,法向磁场为零,即为式(3.27)、式(3.28):

$$\boldsymbol{n} \times \boldsymbol{E} = 0 \tag{3.27}$$

$$\boldsymbol{n} \cdot \boldsymbol{H} = 0 \tag{3.28}$$

其中，$\boldsymbol{n}$ 是垂直于导体表面的单位矢量。

假设无限长波导内的电磁场为

$$\boldsymbol{E}(x,t) = \boldsymbol{E}(\rho,\phi) \mathrm{e}^{\mathrm{i}kz - \mathrm{i}\omega t} \tag{3.29}$$

$$\boldsymbol{H}(x,t) = \boldsymbol{H}(\rho,\phi) \mathrm{e}^{\mathrm{i}kz - \mathrm{i}\omega t} \tag{3.30}$$

其中，ω 为角频率，k 为波数。将式(3.29)、式(3.30)代入式(3.13)和式(3.14)，可得

$$\left(\nabla_\perp^2 + \left(\frac{\omega^2}{c^2} - k^2 \right) \right) \binom{\boldsymbol{E}}{\boldsymbol{H}} = 0 \tag{3.31}$$

其中，$\nabla_\perp^2 = \nabla^2 - \dfrac{\partial^2}{\partial z^2}$，对应本征值 $\gamma^2 = \dfrac{\omega^2}{c^2} - k^2$，$\gamma$ 为横向相移常数。

由麦克斯韦方程组导出的场的横向分量可以用场的纵向分量表示。E_z 和 H_z 相互独立。方程(3.31)的解在各向同性介质和金属边界条件下对应三种模式，分别记为横磁(TM)模、横电(TE)模和横电磁(TEM)模。

(1) TM 模(横磁波)。磁场纵向分量为零，电场纵向分量不为零。

(2) TE 模(横电波)。电场纵向分量为零，磁场纵向分量不为零。

(3) TEM 模(横电磁波)。没有纵向场，只有横向场。空心波导中不能存在 TEM 模，TEM 模只有在自由空间或者绝缘的两个导体之间才能传输，如同轴线。

对方程(3.31)，先求解纵向电场(或磁场)，然后用纵横关系求解横向电场(或磁场)，再利用横向场关系求解横向磁场(或电场)。

横向电场和磁场满足如下关系：

$$H_\perp = \pm \frac{z \times E_\perp}{Z} \tag{3.32}$$

其中，$Z = \dfrac{k}{\varepsilon_0 \omega}$ 为 TM 模的波阻抗，$Z = \dfrac{\mu_0 \omega}{k}$ 为 TE 模的波阻抗。

TM 模的横向电场为

$$E_\perp = \pm \frac{\mathrm{i}k}{\gamma^2} \nabla_\perp E_z \tag{3.33}$$

TE 模的横向磁场为

$$H_\perp = \pm \frac{\mathrm{i}k}{\gamma^2} \nabla_\perp H_z \tag{3.34}$$

此处 E_z 和 H_z 满足方程(3.31)。

因为我们关注的是谐振腔而不是波导的电磁场分布，所以一个最简单的方法是在 $z = 0$ 和 $z = d$ 处添加两个理想导体端面，如图 3.3 所示。

在波导中传播的电磁波在这两个端面来回反射并叠加形成驻波场，同时边界条件式(3.27)、式(3.28)也需要满足。其中的一个解为

TM 模：

$$E_z(x,t) = \varphi(\rho,\phi) \cos\left(\frac{p\pi z}{d} \right) \mathrm{e}^{\mathrm{i}\omega t}, \quad p = 0,1,2,\cdots \tag{3.35}$$

TE 模：

$$H_z(x,t) = \varphi(\rho,\phi) \sin\left(\frac{p\pi z}{d} \right) \mathrm{e}^{\mathrm{i}\omega t}, \quad p = 0,1,2,\cdots \tag{3.36}$$

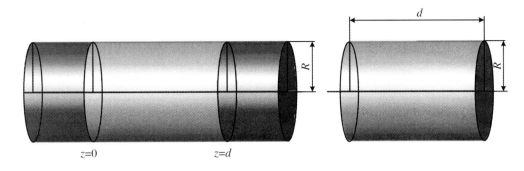

图 3.3　从圆柱波导到圆柱谐振腔

其中，$k = \dfrac{p\pi}{d}$。将式(3.35)、式(3.36)代入式(3.31)，则可以看出 $\varphi(\rho,\phi)$ 是以下本征方程的解：

$$(\nabla_{\perp}^2 + \gamma_j^2)\varphi(\rho,\phi) = 0 \tag{3.37}$$

此处，$\gamma_j^2 = \left(\dfrac{\omega_j}{c}\right)^2 - \left(\dfrac{p\pi}{d}\right)^2$ 为 j 阶本征值($j = 0,1,2,\cdots$)。

将式(3.35)代入式(3.33)，并结合式(3.32)，可以得出 TM 模的横向电磁场分别为

$$E_{\perp} = -\frac{p\pi}{d\gamma_j^2}\sin\left(\frac{p\pi z}{d}\right)\nabla_{\perp}\varphi(\rho,\phi) \tag{3.38}$$

$$H_{\perp} = \frac{\mathrm{i}\omega_j}{\eta c\gamma_j^2}\cos\left(\frac{p\pi z}{d}\right)z \times \nabla_{\perp}\varphi(\rho,\phi) \tag{3.39}$$

同理可得，TE 模的横向电磁场分别为

$$E_{\perp} = -\frac{\mathrm{i}\eta\omega_j}{c\gamma_j^2}\sin\left(\frac{p\pi z}{d}\right)z \times \nabla_{\perp}\varphi(\rho,\phi) \tag{3.40}$$

$$H_{\perp} = \frac{p\pi}{d\gamma_j^2}\cos\left(\frac{p\pi z}{d}\right)\nabla_{\perp}\varphi(\rho,\phi) \tag{3.41}$$

其中，$\eta = \sqrt{\dfrac{\mu_0}{\varepsilon_0}}$ 为自由空间波阻抗。

下面详细介绍圆柱谐振腔。

圆柱谐振腔(Pill-Box 腔)是少数几种可进行数学求解场分布的腔型之一，其他各种具有轴回旋对称结构的谐振腔都可以认为是由圆柱谐振腔演变而成的。轴回旋对称结构的谐振腔中模式的场分布形态仍和圆柱谐振腔相似，这两种腔中各种模式在腔中心线附近的分布形态是可以类比的。因而，对圆柱谐振腔中的模式分布进行分析非常必要。

现在讨论一个半径为 R，长度为 d 的圆柱谐振腔内的 TM 模。本征方程(3.37)的解为贝塞尔(Bessel)函数。一般地，圆柱谐振腔 TM$_{mnp}$ 模的场分布为

$$E_z = E_0\cos\left(\frac{p\pi z}{d}\right)\mathrm{J}_m\left(\frac{\mu_{mn}\rho}{R}\right)\cos(m\phi) \tag{3.42}$$

$$E_{\rho} = -E_0\frac{P\pi R}{d\mu_{nn}}\sin\left(\frac{p\pi z}{d}\right)\mathrm{J}_m\left(\frac{\mu_{nn}\rho}{R}\right)\cos(m\phi) \tag{3.43}$$

$$E_{\phi} = E_0\frac{m\rho\pi R^2}{P\rho_{mn}^2}\sin\left(\frac{p\pi z}{d}\right)\mathrm{J}_m\left(\frac{\mu_{nn}\rho}{R}\right)\sin(m\phi) \tag{3.44}$$

$$H_z = 0 \tag{3.45}$$

$$H_\rho = \mathrm{i}E_0\,\frac{m\omega_{mnp}^2}{\eta c\,_P\mu_{mn}^2}\cos\left(\frac{p\pi z}{d}\right)\mathrm{J}_m\left(\frac{\mu_{mnp}}{R}\right)\sin(m\phi) \tag{3.46}$$

$$H_\phi = \mathrm{i}E_0\,\frac{\omega_{mnp}R}{\eta c\mu_{mn}}\cos\left(\frac{p\pi z}{d}\right)\mathrm{J}_m\left(\frac{\mu_{mnp}\varphi}{R}\right)\cos(m\phi) \tag{3.47}$$

$$\gamma_{mn} = \frac{\mu_{nn}}{R}, \quad \omega_{mn} = c\sqrt{\gamma_{nn}^2 + \left(\frac{p\pi}{d}\right)^2} \tag{3.48}$$

其中,μ_{mn} 是 $\mathrm{J}_m(x)$ 的第 n 个根。TM_{mnp} 中,m 代表横向场的变化,n 代表径向场的变化,p 代表纵向场的变化。

其最低阶的 TM 模场分布为

$$E_z = E_0\mathrm{J}_0\left(\frac{2.405\rho}{R}\right)\mathrm{e}^{-\mathrm{i}\omega t} \tag{3.49}$$

$$H_\phi = -\mathrm{i}\,\frac{E_0}{\eta}\mathrm{J}_1\left(\frac{2.405\rho}{R}\right)\mathrm{e}^{-\mathrm{i}\omega t} \tag{3.50}$$

J_0 和 J_1 分别为 0 阶和 1 阶贝塞尔函数。该模式记为 TM_{010} 模。其电磁场分布如图 3.4 所示。

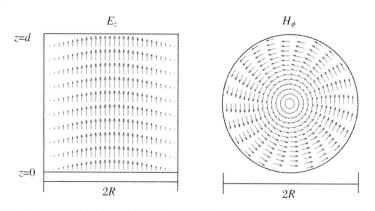

图 3.4　圆柱谐振腔 TM_{010} 模的电磁场分布(E 在 ρ-z 平面,H 在 ρ-φ 平面)

谐振频率为

$$\omega_{010} = \frac{2.405c}{R} \tag{3.51}$$

可以看出,谐振频率与腔的长度 d 无关。

圆柱谐振腔内 TE_{mnp} 的场分布与式(3.42)～式(3.47)类似。但是,TE_{mnp} 模没有纵向电场,因而无法加速粒子。

要加速粒子,在束流轴线上必须要有纵向电场。在所有的贝塞尔函数中,只有 J_0 满足此条件,因而可能的加速模式为 TM_{0np} 模,该模式也叫单极模(Monopole)。一般选用最低阶的 TM_{010} 模作为加速模式。要在实际使用的加速腔腔壁的两端侧面上开束流孔,并在束流孔上连接束流管道,作为被加速的带电粒子进出腔的通道,如图 3.5 所示。带束流管道的圆柱谐振腔中的电场如图 3.6 所示。

为了确保腔内的加速场不通过束流孔跑到腔外,必须保证束流管道的截止频率高于加速模式的谐振频率。添加束流管道后,解析求解场分布变得非常困难,因而转用数值求解。

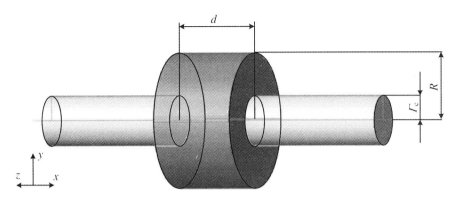

图 3.5 带束流管道的圆柱谐振腔

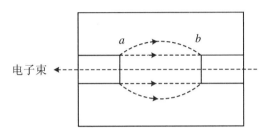

图 3.6 带束流管道的圆柱谐振腔中的电场

3.2.3 影响超导腔性能的参数

3.2.3.1 无载品质因子 Q_0

描述谐振腔性能的一个重要的参数是无载品质因子 Q_0，它的定义式为

$$Q_0 = 2\pi \frac{U}{TP_c} = \frac{\omega U}{P_c} \tag{3.52}$$

其中，U 为腔中的储能；T 为高频周期；P_c 为一个高频周期内损耗的能量，即腔本身的功耗。因此，Q_0 等于腔壁本身将腔中所有储能消耗完所需的高频周期数的 2π 倍。谐振腔的无载品质因子 Q_0 代表腔的储能与损耗的比值。在损耗一定的情况下，Q_0 越大，腔的储能越大；腔的储能一定时，Q_0 越大，损耗越小。当腔的形状一定时，Q_0 的大小取决于所选材料的电导率和表面的加工光洁度。

3.2.3.2 外部品质因子 Q_{ext}

外部品质因子 Q_{ext} 定义为

$$Q_{ext} = \frac{\omega U}{P_{ext}} \tag{3.53}$$

其中，P_{ext} 为通过外部耦合器损耗在外电路中的功率。Q_{ext} 与谐振腔的损耗无关，只依赖于腔与外电路的耦合度，改变耦合状态，只改变 Q_{ext} 而不影响 Q_0。所以 Q_{ext} 是度量耦合情况的一个物理量。

3.2.3.3 有载品质因子 Q_L

实际的谐振腔都要与外电路相耦合。因此在耦合系统中,不仅有部分能量消耗在腔内,而且还有一部分能量消耗在腔外。我们将耦合状态下谐振腔的品质因子称为有载品质因子 Q_L。

$$Q_L = 2\pi \frac{\text{腔内电磁场的总储能}}{\text{谐振一个周期内耦合系统中的总损耗}} \tag{3.54}$$

有载品质因子 Q_L 定义为

$$Q_L = 2\pi \frac{U}{T P_{\text{tot}}} = \frac{\omega U}{P_c + P_{\text{ext}} + P_b} \tag{3.55}$$

$$\frac{1}{Q_L} = \frac{1}{Q_0} + \frac{1}{Q_{\text{ext}}} \tag{3.56}$$

其中,P_{tot} 为腔中功率损耗的总和(可能来自腔壁损耗、外部耦合器的耦合、束流功率等),P_b 为束流功率。Q_L 是耦合腔的特性参量,其大小取决于腔的特性和腔与外部电路的耦合。

3.2.3.4 耦合度 β

耦合度表示腔和外部耦合器的耦合程度,用 β 表示。

$$\beta = \frac{P_{\text{ext}}}{P_c} = \frac{Q_0}{Q_{\text{ext}}} \tag{3.57}$$

当 $\beta < 1$ 时,为弱耦合;当 $\beta = 1$ 时,为临界耦合;当 $\beta > 1$ 时,为强耦合。

3.2.3.5 峰值表面电磁场

一般来说,加速腔的最大加速梯度取决于腔的峰值表面电场 E_{pk} 和峰值表面磁场 H_{pk}。

若局部电场超过 E_{pk},则在高电场区容易出现场致发射(Field Emission,FE)和打火的危险。特别地,对超导腔来说,存在一个极限磁场 H_c^{rf},若峰值表面磁场 H_{pk} 超过 H_c^{rf},则会导致超导腔失超(Quench)。所以为了增大加速梯度,我们希望减小峰值表面电场与加速梯度的比值 η_E 以及峰值表面磁场与加速梯度的比值 ξ_H。

$$\eta_E = \frac{E_{\text{pk}}}{E_{\text{acc}}} \tag{3.58}$$

$$\xi_H = \frac{H_{\text{pk}}}{E_{\text{acc}}} \tag{3.59}$$

3.2.3.6 模式的分路阻抗和特性阻抗

从腔体内某一模式的电磁场分布,可以求得模式的特性参量,其中,模式的分路阻抗 R_s 表示为

$$R_s = \frac{V_c^2}{P_c} = \frac{\left(\int_0^d E(z) \cdot \mathrm{d}z\right)^2}{\frac{1}{2} \oiint R_{\text{surf}} (H(\hat{s}) \times n)^2 \mathrm{d}S} \tag{3.60}$$

其中,V_c 为加速腔的腔压,$E(z)$ 为带电粒子所经过腔的加速间隙的路径 z 上的电场强度,$H(\hat{s})$ 为腔表面的磁场强度,$\hat{s}$ 为腔表面的二维位置矢量,n 为腔表面的单位法向矢量。R_s 直接表示在一定的功率下腔中建立的加速场的大小。

分路阻抗 R_s 与无载品质因子 Q_0 的比值为

$$R_s/Q_0 = \frac{V_c^2}{\omega U} = \frac{\left(\int_0^d E(z) \cdot \mathrm{d}z\right)^2}{\omega \frac{1}{2} \iiint_V \mu H^2(\rho) \mathrm{d}V} \tag{3.61}$$

它是单位储能在腔中建立的加速场大小的度量，是一个不依赖于腔体比例尺度和腔体材料性质的结构参数，称为模式的特性阻抗。优化腔型时，期望加速模式的 R_s/Q_0 越高越好。通过测量 R_s/Q_0 和计算 Q_0，可以求得 R_s。

第4章 超 导 腔

4.1 概 述

超导腔的全称为超导高频加速腔,顾名思义这是加速带电粒子的腔体,是加速器的核心部件。人们将微波(或高频)馈入该腔体内,建立合适的电磁场,粒子通过超导腔时得到加速。传统常温加速腔也要经历这个过程,但腔里的电磁场除了为粒子加速外,大部分能量因电磁波和金属腔体的相互作用损耗在了腔壁上。这不但造成能量的浪费,而且由于发热,加速腔难以在连续波下高梯度运行。例如,常温下铜腔受腔耗限制,其连续功率下的加速梯度一般只有几百千伏每米,腔体过热导致无法提高加速梯度。随着超导材料的不断开发和性能的深入研究,人们找到了提高加速梯度的更好办法,即利用超导材料铌制造加速腔来大大降低腔体的欧姆损耗,将这种铌腔称为超导腔,如图4.1所示。人们将采用超导腔作为核心加速结构的加速器称为射频超导加速器,目前其已成为大型加速器的主要研究和发展方向。

图 4.1　1.3 GHz 9-cell 超导腔

4.1.1 超导腔的发展

超导腔的想法最早在1961年由斯坦福大学和卢瑟福实验室分别提出,其被用于加速电子和质子。斯坦福大学完成了首支原型超导铌腔的研制,该腔频率为8.6 GHz,腔壁损耗仅为几十瓦,但受到当时技术水平的限制,二次电子倍增效应(Multipacting,MP)等问题没能得到完美解决,故此类腔没能投入实际应用。直到 20 世纪 80 年代,美国连续电子束加速装置(CEBAF)项目立项,该技术才得以发展。以超导腔性能提高为主线,超导腔的发展大致经过了以下四个阶段:

(1) 从 20 世纪 70 年代到 80 年代中,微波设计的发展使得腔型不断优化,腔体由圆柱形改进为椭球形,大大降低了二次电子倍增效应,超导腔开始得到应用,最大加速梯度约为 6 MV/m。

(2) 从 20 世纪 80 年代中到 90 年代初,高纯铌的研发使加速梯度增加到了 10 MV/m 左右。到 1991 年超导腔所用铌材料的 *RRR* 提高至 250 以上。

(3) 从 20 世纪 90 年代初到 2010 年左右,由于表面处理技术不断进步,如超导腔电抛光(EP)、高压水冲洗(High Pressure Water Rinsing,HPR)和洁净组装等,超导腔性能得到历史上的最大发展。以 1.3 GHz 超导腔为例,加速梯度由以前的 10 MV/m 提高到 40 MV/m。

(4) 从 2010 年至今,以进一步降低超导腔损耗为目标的技术不断涌向,如掺氮、中温退火、低温电抛光等技术,使得腔表面损耗大大降低。此外,新材料的研发也取得了突破性的进展。

在超导腔不断发展的过程中,射频超导逐步发展成为一个多专业交叉的学科,涵盖了固体物理、表面科学、低温学、电磁学、材料学、束流物理学、微波技术、控制与反馈技术、真空技术、机械等诸多专业。

4.1.2　超导腔分类

根据加速粒子速度的不同,超导腔一般可分为高 β 腔、中 β 腔和低 β 腔;根据超导腔内电磁场的不同,又可分为横磁场超导腔和横电磁场超导腔。这两种分类存在着内在联系。其中,横磁场超导腔主要为接近光速的粒子增能,如电子、正电子等具有高 β 值的粒子;而横电磁场超导腔主要为速度比光速低很多的离子提供能量,如是光速的 $0.01\sim0.5$ 倍的重离子等;对于加速中间速度粒子的中 β 腔,横磁场和横电磁场两种超导腔均可使用,这主要取决于实际情况。图 4.2 为不同粒子速度对应的超导腔频率和类型。

4.1.2.1　高 β 超导腔

横磁场超导腔主要对 β 值大约为 1 的粒子(如电子、正电子、高能的质子等)进行加速,这里的 $\beta = v/c$,v 为粒子的速度,c 为光速,其典型加速结构为椭球腔,如图 4.3 所示。其加速器间隙 $L = \beta\lambda/2$,这里的 λ,对于多 cell 超导腔来说为超导腔 π 模的波长。对于 β 值较低的超导腔,如 $\beta = 0.8$ 或 0.6 等,也可使用椭球形结构,但由于较小的加速间隙,超导腔的侧壁变得竖直,其机械结构不稳定。对于更小 β 值或者较低频率(如 500 MHz 以下)的超导腔,我们将会使用其他加速结构,如半波长腔、四分之一波长(QWR)腔以及轮辐腔等,对于这类超导腔将在稍后介绍,这里我们主要对椭球腔进行介绍。

图 4.3 为 1-cell 及多 cell 的椭球腔结构。所谓的"椭球",是指其 cell 的截面为椭圆线,通常由两端的椭球抛物线和中间的一个直线段组成。其中,最大和最小直径处分别称为"赤道"和"Iris"。赤道之所以设计为弧形,有两个原因:其一,这种结构有利于克服超导腔的

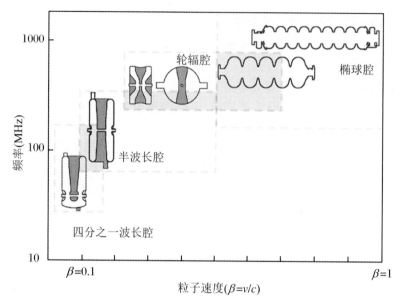

图 4.2　不同粒子速度对应的超导腔频率和类型[1]

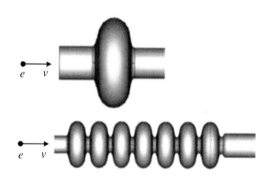

图 4.3　1-cell 及多 cell 的椭球腔

MP,而 MP 是限制 Pill-Box 性能的主要原因之一;其二,经过优化,这种结构可以使得超导腔的磁场分布更加均匀,从而降低椭球形磁场的峰值,所以可以提高超导腔的加速梯度。而 Iris 采用椭球形的主要目的是降低超导腔表面的峰值电场,避免超导腔的场致发射。

　　一个典型的椭球腔加速器结构,通常为一串 cell 组合而成的多 cell 结构,每个 cell 直接通过 Iris 进行耦合。最极限的例子为 1-cell 腔,经常用于高流强的环形加速器。除了椭球 cell 外,两端还有束管结构,用于引导粒子通过。此外,在束管上,通常还设计许多端口,用于向椭球腔内馈入功率、引出高阶模功率以及天线探针探测腔内场强。

　　对于一个超导加速器,超导腔的数量不相同,可能为几支,也可能达到成百上千支。例如,北京正负电子对撞机重大改造工程使用了 2 支 500 MHz 1-cell 超导腔;高能环形正负电子对撞机需要 300 多支超导腔;而国际直线对撞机 250 GeV 则需要 8000 多支腔。图 4.4 为 ILC 采用的 TESLA(Tera-Electrovolt Superconducting Linear Accelerator)型超导腔,其在国际上得到了广泛的应用,如 LCLSⅡ、SHINE 项目等。

图 4.4 1.3 GHz 9-cell TESLA 型超导腔

4.1.2.2 中低 β 超导腔

对于重粒子,通常需要许多腔进行加速才能接近光速。因此,在这个过程中,对应不同的速度区间,需要采用不同 β 值的超导腔。

对于中 β 值粒子,也常采用椭球腔的加速结构,如散裂中子源(SNS)等项目中的质子加速。然而,中 β 超导腔的参数要根据许多实际情况权衡确定。例如,我们选择超导腔频率时,一个比较低的频率,一方面,可以提高每个 cell 的增能和能量接收度、提高束流品质、减少微波损失及束流损失等;另一方面,会增加结构的尺度、增加麦克风(Microphonic)效应的风险以及 RF 控制的难度等。而对于中 β 椭球腔 cell 数目的选择上,cell 数目越多,粒子获得的电压越高,然而对于粒子的能量(速度)的接收度越低,因此,我们需要优化的超导腔数量将越多,以适应不同速度的粒子。也就是说,在粒子速度较低的情况下,由于其速度的变化快,要求对不同速度的粒子设计或优化不同参数的超导腔,以保持最优的加速效率。

对于 β 值在 0.5~0.9 的加速结构,我们可以采用直接压缩轴向距离的同时保持直径不变的方式,来获得高效的加速,如图 4.5 所示。例如,在 SNS 项目中,使用了两种 β 值的椭球腔:$\beta=0.6(200\sim600\,\text{MeV})$ 以及 $\beta=0.8(600\,\text{MeV}\sim1\,\text{GeV})$。对于椭球形结构,一般 β 最小值只能到 0.5,此时腔壁接近竖直,机械结构十分不稳定。

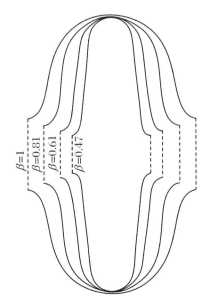

图 4.5 对于相同频率不同 β 值设计时轴向压缩的情况[2]

对于 β 值为 0.5 左右的加速结构,另外一种方案是采用轮辐结构。图 4.6 是一种采用横电磁场模式对粒子进行加速的超导腔,由同轴线谐振腔转化而来,其内部存在一根(或多根)轮辐柱,具有结构比较紧凑、速度接受范围较大等优点。

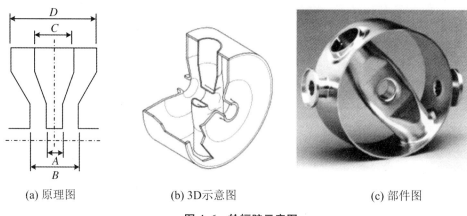

(a) 原理图　　　　　　(b) 3D示意图　　　　　　(c) 部件图

图 4.6　轮辐腔示意图

对于速度小于光速一半的重离子,TEM 型超导腔是最有效的加速结构。常用的加速结构有四分之一波长腔、半波长腔以及轮辐腔等。图 4.7 为几种典型的低 β 超导腔。其中,半波长腔为半波长谐振腔,具有对称的电磁场分布,是中低能区加速结构中较常使用的候选腔型,但由于其腔体细长,加工制造的难度增大;四分之一波长腔,体积较半波长腔要小,但轴向电磁场不对称分布,需要增加矫正线圈;轮辐腔则在兼顾半波长腔特点的同时,腔体结构紧凑,具有良好的机械性能,具有更高的分路阻抗,也可进行多加速间隙(Gap)设计,提高了超导腔的加速效率。

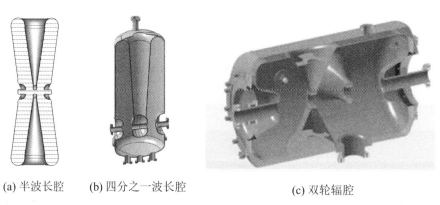

(a) 半波长腔　　(b) 四分之一波长腔　　　　(c) 双轮辐腔

图 4.7　几种典型的低 β 超导腔

4.1.3　表征超导腔性能的重要参数

对于超导腔性能而言,最重要的两个参数是平均加速电场梯度 E_{acc}(通常称为加速梯度)和无载品质因子 Q_0。E_{acc} 是指每个加速器单元加速电压 V_c 与该单元长度的比值。优化后,每个单元长度一般由其速度决定,典型值为 $\beta\lambda/2$,其中,$\lambda(=c/f)$ 为加速高频场的波

长。因此得到

$$E_{acc} = \frac{V_c}{\frac{\beta\lambda}{2}} \tag{4.1}$$

另一个参数 Q_0 是表征超导腔内储能 U 与损耗之比的物理量,其定义为

$$Q_0 = \frac{\omega_0 U}{P_c} = \frac{\omega_0 \mu \iiint_V | H(r) |^2 dV}{\oint_A R_s | H(r) |^2 dA} \tag{4.2}$$

其中,P_c 为微波功率在腔壁上的损耗,R_s 为超导腔的表面电阻。对上式进行简化可以发现,Q_0 与超导腔的表面电阻 R_s 有关,即

$$Q_0 = \frac{G}{R_s} \tag{4.3}$$

其中,G 为几何因子,只与超导腔的形状有关,与大小无关;R_s 为超导腔的表面电阻,与超导腔的频率、温度及材料性能有关,是反映材料性能的物理量。超导腔的 R_s 通常在纳欧量级。此外,峰值电场比(E_{pk}/E_{acc})和峰值磁场比(B_{pk}/E_{acc})在超导腔设计中也是两个非常重要的参数,直接表征超导腔的电场和磁场性能。相关设计将在后续章节详细讨论。

4.1.4 小结

如上述所述,从 20 世纪 70 年代超导腔诞生至今,超导腔凭着自身的优势迎来了突飞猛进的发展,已成为当今大型粒子对撞机、现代光源、散裂中子源、加速器驱动次临界系统等大型加速器项目的主流技术。随着电磁设计等手段不断成熟,腔型和用途不断丰富;随着射频超导技术的发展,尤其是超导腔表面处理、洁净清洗与组装等技术的提高,其性能有了长足的进步。在这个过程中,超导腔的相关技术也得到充分发展,如超导腔垂直测试技术、水平测试技术、低电平控制技术等,在下面章节将会详细讨论。

4.2 超导腔设计

国际上对加速器建设提出的要求为高性能、高可靠性、低造价和低功耗。超导腔设计是在加速器建设需求的基础上根据加速器物理设计要求开展的。超导腔结构设计主要考虑的参数包括频率、腔压、Q 值、腔型、加速单元数、束流孔径、运行梯度、工作温区、耦合器及高阶模类型等。这些参数需要根据加速器应用类型(加速粒子速度、工作电压、运行占空比、流强、束流功率以及束流性能)和射频超导性能(选定频率下的微波表面电阻、设计加速场下峰值电磁场等)进行合理选择[3],如表 4.1 所示。

表 4.1　与加速器需求相关的超导腔结构参数

加速器性能需求	相关加速结构参数
高加速梯度	低峰值电磁场比
高可靠性	低峰值电磁场比、低温稳定性、腔型、频率控制（较低的洛伦兹失谐、df/dp 和储能、可控的麦克风效应）
低造价	运行梯度（加速单元与恒温器数量）、低工作频率、腔型（加工、后处理和测试）、低热损（低温机组建造与运行）
宽束流接收度	大束流孔径（横向）、低工作频率（纵向）
宽速度接收度	加速单元数少、低工作频率

通常，参数的选择还取决于需求竞争和最后平衡。例如，输入耦合器的功率越高，对耦合器的功率承受能力要求就越高，这样就要考虑是否采用多个耦合器馈入功率，也会结合结构内加速单元数大、结构太长的难度，设置结构内单元数上限；多 cell 椭球腔中 cell 数目一般存在着加速梯度和高阶模阻尼需求间的平衡和选择。大束流孔径有利于高阶模从结构中引出，但是会降低超导腔基模的本征阻抗，但如果不是降低很多，对于超导腔，因为其 Q 值很高，所以这是可以接受的。对于低流强的加速器，超导腔的稳定性成为设计者的主要关注点。对于强流加速器，深度抑制高阶模成为主要限制因素。对于直线高能量超导加速器，腔的加速梯度是所追求的重要指标。所以，一般对于不同的超导腔用途，关注的主要问题也会不同，选择的参数也各有侧重。

4.2.1　超导腔设计基本原则

当加速器整体物理设计完成后，能量范围所用的腔型、频率、束流孔径、加速单元数、运行梯度、工作温区等就可以确定了，即根据超导腔的用途，得到超导腔的设计目标。超导腔的设计流程如图 4.8 所示。

腔型选定后，优化超导腔结构和腔的端口，降低峰值电场比和峰值磁场比、提高特性阻抗和几何因子，进行高阶模分析和二次电子倍增效应分析，使腔的电磁性能满足设计要求。超导腔的外尺寸应大小适中，以减小制造难度；加速间隙应尽量大，以提高纵向加速空间利用率；淋洗口应保证高压水冲洗范围覆盖腔内全部表面；耦合器口位置、直径和高度应可以满足最大输入功率要求、阻抗匹配以及腔内横向电子不会直接撞击窗表面；信号提取口位置一般选在耦合器口对面，结构对称可避免对束流产生横向影响；所有端口的高度应考虑微波漏场在表面的发热情况，同时考虑对氦槽体积的影响。

在腔体结构满足电磁性能要求后，进行超导腔体壁厚和结构的优化。仿真计算腔上应力最大的位置，通过增大部分位置倒角、增加腔的局部壁厚、采用必要而简洁的加强筋等来降低腔上的应力、氦压灵敏度和洛伦兹失谐系数，提高调谐能力，直至满足裸腔检漏和垂直测试的性能要求；结构调整后的模型需要重新校核电磁参数。

优化氦槽结构、设计合理的调谐结构，使槽腔满足应力安全要求，降低氦压灵敏度和洛伦兹失谐系数，提高调谐能力，检查机械振动、屈曲安全和疲劳等性能，直至满足槽腔检漏、垂直测试、水平测试和运行的性能要求。

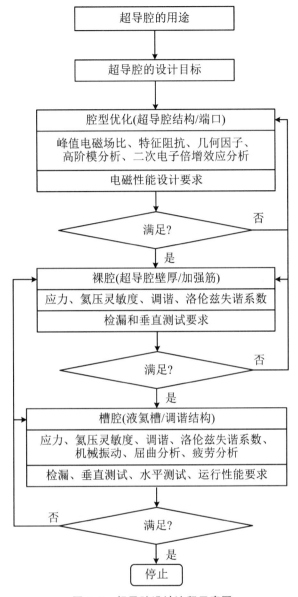

图 4.8　超导腔设计流程示意图

常用的超导腔建模软件为 Solidworks 和 Inventor。常用的设计优化软件有 CST Studio Suite、ANSYS 和 COMSOL Multiphysics。这三种软件都可以实现超导腔的"电磁-机械-热"多物理场仿真。CST Studio Suite 起源于加速器物理领域,在尾场仿真、束流耦合阻抗计算、微波后处理等方面具有优异的处理能力,但是其无法实现模态分析和屈曲分析;ANSYS 可以很好地实现电磁分析和机械模拟,尤其在机械仿真方面具有优秀的表现,但是其无法完成粒子追踪仿真;COMSOL Multiphysics 是多物理场仿真领域的先驱,为用户提供了更灵活、更开放的访问条件,但是对于加速器物理学家来说,其后处理器开发还需进一步完善。三种软件的适用条件如表 4.2 所示,设计者可以应用它们进行仿真结果的相互校核。

表 4.2　多物理场仿真软件比较

项目	CST Studio Suite	ANSYS	COMSOL Multiphysics
"电磁-热-机械"多物理场仿真	√	√	√
粒子追踪仿真	√	×	√
模态分析	×	√	√
屈曲分析	×	√	√

4.2.2　电磁场设计

对于特定的频率、加速模式、腔型，经过电磁场优化，加速电场应均匀分布，超导腔获得更高的加速梯度，而单腔获得更大的能量增益，并且系统的低温热负荷降低。一般来说，超导腔的设计要点如下：

（1）获得更高的加速梯度（低峰值电场比 E_{pk}/E_{acc}、低峰值磁场比 B_{pk}/E_{acc}）。E_{pk}/E_{acc} 表征在给定加速梯度下，超导腔内表面电场最大值。低峰值电场比可降低场致发射的可能性，提高超导腔最大加速梯度。B_{pk}/E_{acc} 表征在给定加速梯度下，超导腔内表面磁场最大值。在超导腔材料确定的情况下，降低峰值磁场比可以提高超导腔失超的梯度阈值，从而提高超导腔的最大加速梯度。

（2）低热损（高几何因子 G、高特性阻抗 R/Q）。可以提高加速能量利用率、提高腔的加速有效性。

（3）高阶模的分析和抑制。选择正确的腔束流孔径，尽可能引出腔里的高阶模而不泄漏基模，这样可以最大程度降低高阶模损耗因子，避免高阶模的俘获（Trapped）模式留在腔里。详细介绍请见第 4.2.3 节。

（4）优化结构以减少 MP 的发生。详细介绍请见第 4.2.4 节。

（5）设计便于高频功率耦合及腔清洗的孔径。选择耦合口位置时，应尽量减小功率耦合器对超导腔内电磁场的影响，降低腔内磁场在功率耦合器内导体表面的欧姆损耗。从功率耦合器的角度考虑，磁耦合型耦合器多用于功率小于 1 kW 情况；对于大功率机器，为了避免磁耦合型耦合器在运行时产生较大的热损耗，多选用电耦合方式；耦合器口的位置、直径和高度应仔细优化，以保证输入功率稳定进腔、腔内电子轨迹不会直接指向窗表面等。信号提取口位置一般选在耦合器口对面，避免结构不对称对束流产生的影响。在超导腔后处理中，高压水冲洗对提升超导腔性能至关重要。淋洗孔的位置应覆盖腔内所有表面，使其均能得到有效的高压水冲洗，且淋洗孔增加后对腔内电磁场分布扰动最小，也不会引起场强集中。

（6）设计便于调谐的腔表面。调谐器一般选取在强电场区或强磁场区，是通过调整频率变化敏感位置的参数来实现其功能的。

常用的电磁场仿真优化软件有 CST Studio Suite、HFSS、COMSOL Multiphysics、Superfish 等。通过结构优化及参数的扫描分析，最终确定腔体的结构。在软件仿真过程中，为了准确评价网格密度对高频参数结果准确性的影响，要对网格进行收敛性分析。此外，在结构优化阶段可以通过设置对称面节约计算资源。

图 4.9 中，(a)和(b)是优化后的 650 MHz 2-cell 超导腔的电磁仿真模型尺寸，(c)和(d)

分别是该超导腔电场和磁场的分布图[4]。

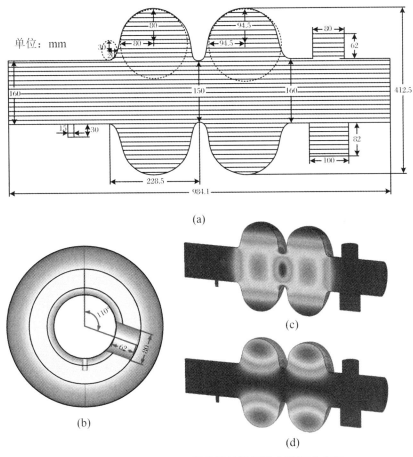

图 4.9   650 MHz 2-cell 超导腔的模型及电磁场分布图

图 4.10 为优化后的 325 MHz 半波长超导腔轴向加速场分布和渡越时间因子(TTF)[5]。轴向加速场分布图给出了超导腔沿束流中心线的腔压。由渡越时间因子曲线可知,渡越时间因子最大值出现在 $\beta = 0.14$ 时,且 $0.103 < \beta < 0.213$ 内 TTF 均大于 0.7,说明超导腔具有较大的纵向速度接受度,这有利于超导腔的稳定运行。

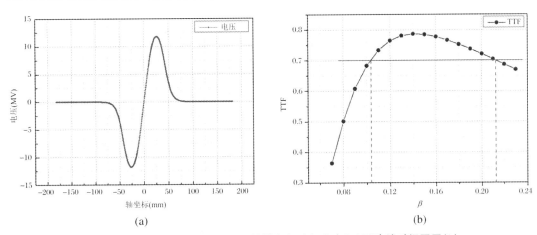

图 4.10   325 MHz 半波长超导腔的轴向加速场分布(a)及渡越时间因子(b)

4.2.3 高阶模

相对论粒子束团通过超导腔时,除了会在腔里激励起基模模式的场以外,还会激励起很多高于基模频率的模式,将这些模式称为高阶模式(High Order Modes,HOMs)。高阶模引起的短程效应,会造成束团中粒子的能量损失,增大束团能散,增加发射度;长程效应则会引起多束团不稳定。在直线加速器中,高阶模影响束流品质,束团激起的高梯度尾场将引起束流崩溃(Beam Break Up,BBU),导致丢束。在环形加速器或能量回收型加速器中,高阶模除了引起单束团不稳定外,还会引起多束团不稳定,限制束流流强的提高。电子束通过超导腔时,纵向上会激励起单极模,此外,束团具有一定尺寸并可能存在横向振荡,因此还会激励起偶极模,比如二极模、四极模、六极模等。这些横向和纵向的高阶模与束流相互作用,可能会使束团不稳定,造成束团丢失,这些在腔里激起的高阶模式场会增加高频功率的损耗,同时也会给低温系统带来负担。

在超导腔设计中,超导腔的高阶模分析和抑制很重要。高阶模的分析软件有 CST Studio Suite、二维软件 ABCI,它们可以计算高阶模的功率、高阶模损耗因子、高阶模频谱、高阶模阻抗等。根据超导腔的频率和束管半径,可以计算得到束管的截止频率。高于截止频率的高阶模从腔中传出,为了不增加低温冷量的损耗,应将高阶模引至常温段并通过高阶模抑制器吸收。有个别低于截止频率的高阶模会俘获在腔内,要评估一下这些模式是否对束流产生比较大的影响,如果有必要抑制,则要设计高阶模抑制器。图 4.11 为 CEPC 650 MHz 2-cell 超导腔的高阶模功率频谱分布[6],由图可知,单腔的高阶模总功率为 3.6 kW,高于截止频率 1.355 GHz 的高阶模功率为 3 kW。

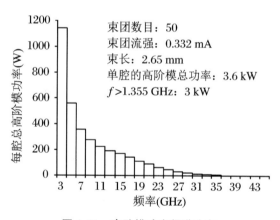

图 4.11 高阶模功率频谱分布

储存环中,对于 n 个相同且等间距分布的束团,只考虑同步辐射阻尼,高频腔高阶模的纵向阻抗阈值可通过同步辐射阻尼时间等于多束团不稳定性上升时间的方式得到[7-8],即

$$R_{\mathrm{L}}^{\mathrm{thresh}} = \frac{2\left(\dfrac{E_0}{e}\right)V_{\mathrm{s}}}{N_c f_{\mathrm{L}} I_0 \alpha_p \tau_z} \tag{4.4}$$

$$\tau_z = \frac{E_0 T_0}{U_0} \tag{4.5}$$

其中,E_0 是束流能量,V_s 是纵向同步振荡工作点,N_c 是超导腔数目,f_L 是纵向高阶模频率,

I_0 是单环束流流强，α_p 是动量压缩因子，τ_z 是纵向辐射阻尼的时间，T_0 是回旋时间，U_0 是每圈同步辐射损失能量。对纵向阻抗起作用的主要是单极模，上式表示的是单个超导腔的阈值。

横向不稳定性主要是由二极模和四极模的二极分量引起的，一般四极模的 R/Q 较小，可以忽略，所以高频腔高阶模的横向阻抗阈值为

$$R_{\mathrm{T}}^{\mathrm{thresh}} = \frac{2\left(\dfrac{E_0}{e}\right)}{N_c f_{\mathrm{rev}} I_0 \beta_{x,y} \tau_{x,y}} \tag{4.6}$$

$$\tau_{x,y} = \frac{2E_0 T_0}{U_0} \tag{4.7}$$

其中，f_{rev} 是回旋频率，$\beta_{x,y}$ 是超导腔处的 β 函数，$\tau_{x,y}$ 是横向辐射阻尼时间。

将阻抗计算值与阻抗阈值进行对比，如果单极模、偶极模的阻抗低于阻抗阈值，则表明单极模和偶极模的阻尼效果满足束流稳定性要求；如果阻抗高于阻抗阈值，则表明该高阶模为危险模式，需要抑制。在实际运行中，多个超导腔的频率具有一定的离散性，这会提高阻抗阈值，有利于束流稳定。

图 4.12 为高能同步辐射光源 166 MHz 超导腔的阻抗计算结果和单腔阈值的比较[9]。腔的阻抗计算至 22 GHz，并与阻抗阈值进行比较。由图可知，在有、无谐波腔的两种情况下，高阶模阻抗都满足阻尼要求，可以避免耦合束团不稳定性。

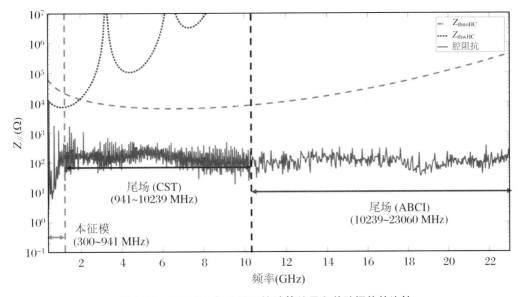

图 4.12　166 MHz 超导腔阻抗计算结果和单腔阈值的比较

高阶模阻尼设计将有效降低束流不稳定性和丢束风险，并减小低温系统的功率负载。目前，普遍采用的高阶模阻尼方法有三种，分别是束管型高阶模抑制器、波导型高阶模抑制器和同轴型高阶模抑制器。

束管型高阶模抑制器的工作原理为通过增大束管直径将高阶模式引出，然后在常温下采用铁氧体等材料进行吸收。该方法的优势是结构简单；缺点是基模阻抗有所下降，有可能导致加速效率降低。束管型高阶模抑制器主要应用在强流加速器领域，如 KEKB、CESR 等。束管型高阶模抑制器如图 4.13 所示[10]。

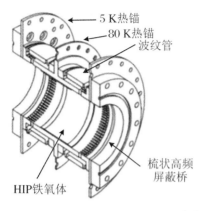

图 4.13　束管型高阶模抑制器(KEK ERL)

　　波导型高阶模抑制器采用圆波导、方波导将高阶模从腔中引出,然后在常温下通过负载吸收。该高阶模抑制器的优势是结构简单,其天然的带阻滤波器性能将基模截止,且具有较高的功率处理能力。波导型高阶模抑制器已经应用在 PEP Ⅱ、CEBAF 和 JLab(图 4.14)研制的强流低温单元等设施中[11-12]。

图 4.14　JLab 设计的波导型抑制器

　　如图 4.15 所示,同轴型高阶模抑制器可以分为耦合环型和天线型两种,两种耦合方式都存在天线和耦合环顶端发热、二次电子倍增效应和加工误差导致的失谐(Mistuning)问题等。LEP Ⅱ 高阶模抑制器采用耦合环(Loop)结构,高阶模被引出后在室温下由负载吸收。SOLEIL 高阶模抑制器采用 L 形、T 形两种耦合环结构分别吸收单极模和偶极模。HERA高阶模抑制器采用天线结构。此外,LHC、HL-LHC、E-XFEL 和 ILC 等国际大型加速器装置均展开了相关同轴型高阶模抑制器的研究[13-14]。

4.2.4　二次电子倍增效应

　　射频结构中的二次电子倍增效应是指从高频器件表面逃逸出来的初始电子在射频场作用下加速、偏转后又再次碰撞器件表面,激发出更多的次级电子的效应,是一种电子共振放电现象。超导腔发生 MP 时,电子大量吸收射频功率,导致腔内的场强不再随入射功率的提高而增大,同时腔内局部温度升高并可能导致失超。在超导腔测试中,当 MP 发生时,Q_0 会

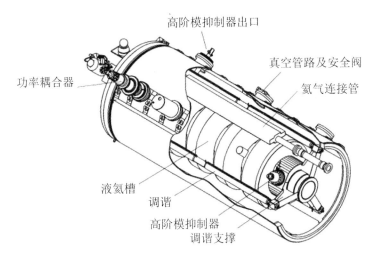

（a）LEP Ⅱ 耦合环型高阶模抑制器

（b）SOLEIL 耦合环型高阶模抑制器　　　（c）HERA 天线型高阶模抑制器

图 4.15　同轴型高阶模抑制器

突然下降。很多时候 MP 可以通过高频老炼来克服，且重复测试将不再出现该效应。可以通过老炼克服的 MP 称为软 MP，否则称为硬 MP。超导腔 MP 的分析主要是关注无法通过老炼克服的硬 MP。

　　MP 的分析软件有 CST Studio Suite、SLAC 实验室开发的 Track 3P 等。MP 产生的条件为以下两个方面[15]：

　　第一，初级电子碰撞腔壁产生的二次电子数目比初级电子数目多。二次电子产生的数目仅和初级电子碰撞能量有关，二次电子发射系数（Secondary Emission Coefficient，SEC）可以用 $\delta(K)$ 来表示。假设初始电子数目为 N_0，经过 k 次碰撞后的电子数目可以表示为 $N_e = N_0 \prod_{m=1}^{k} \delta(K_m)$，$K_m$ 为第 m 次碰撞时的能量。MP 发生时，需要满足 $k \to \infty$ 时 $N_e \to \infty$，此时必须满足条件 $\delta(K_m) > 1$。一般条件下，电子碰撞能量 K 在 $50 \sim 1500$ eV 时，$\delta(K) > 1$。二次电子发射系数通常受材料种类、表面处理方式、表面吸附物等影响。图 4.16 展示了根据 Furman-Pivi 模型拟合的，铌经过三种不同处理方式后粒子垂直撞击表面的二次电子发射系数曲线图。

　　第二，电子在腔内场的作用下能够与腔壁持续碰撞，这要求腔的结构合适以及电子运动周期和场的周期满足某种规律。下面以两种典型的 MP 为例进行分析：一种为单点式 MP，

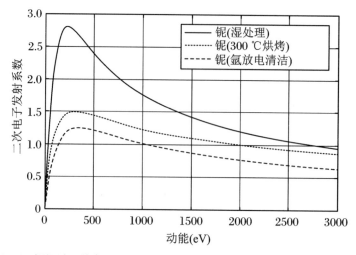

图 4.16　铌经过三种表面处理方式后粒子垂直撞击表面的二次电子发射系数

初始粒子在某处发生碰撞产生的二级电子在场的作用下退回到原位再次碰撞,电子轨迹形成闭合的曲线,此时电子运动周期(T_e)和电磁场周期(T_{rf})的关系为 $T_e = nT_{rf}$(n 为整数),电子轨迹如图 4.17(a)所示。另一种为两点式 MP,初始电子在位置 1 碰撞后产生的二级电子在位置 2 碰撞,产生的三级电子在相反的场作用下回到位置 1,循环往复,此时 T_e 和 T_{rf} 的关系为 $T_e = \dfrac{2n-1}{2}T_{rf}$($n$ 为整数),电子轨迹如图 4.17(b)所示。

　　　　　(a) 单点式MP　　　　　　　　(b) 两点式MP

图 4.17　MP 发生时的电子轨迹

　　抑制 MP 应从破坏 MP 产生的条件入手。

　　第一,降低材料的二次电子发射系数使 $\delta < 1$。最直接的办法为换用低 δ 的材料。但是 $\delta < 1$ 的材料如钛、不锈钢等导电性太弱,不适用于射频结构,而常用于射频结构的强导电性材料如铜、铝、银等,包括用于超导结构的铌,二次电子发射系数在一定的能量段内 $\delta > 1$。因此,可以采用镀膜的方式降低材料表面二次电子发射系数的同时保留材料的强导电性,如铜镀钛或氧化钛。由于二次电子发射系数受材料表面清洁度的影响很大,选择合适的表面处理方式,来提高清洁度十分重要,通常采用的方法有真空烘烤、氩放电处理等。图 4.16 中,经过 300 ℃烘烤和氩放电清洁的铌材料的二次电子发射系数大大降低。

第二,破坏电子周期轨迹,改变腔体结构,使电子不能形成稳定的共振轨道。图 4.18 为通过优化椭球腔壁结构抑制单点式 MP 的例子。球形或椭球形腔中沿腔壁的场不均匀,电子在几次碰撞后到达赤道附近,由于赤道处垂直腔壁的电场为 0,电子不再获得能量,不会发生 MP。还可以施加直流电场或磁场改变电子轨迹,使得 MP 的条件不再满足,此办法多用于抑制耦合器内的 MP。

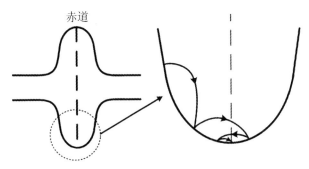

图 4.18 椭球腔内单点式 MP 被抑制

4.2.5 机械设计及热分析

在腔体结构满足电磁性能要求后,对其机械性能进行分析是超导腔设计中的重要环节。机械设计完成以后,结构调整后的模型要重新校核电磁参数。

第一,通过优化超导腔结构、倒角和超导腔的壁厚,设计合理的加强筋、液氦槽等,降低腔体上的应力,使其满足检漏、转运、垂直测试、水平测试、运行等工况下的应力安全性要求。

第二,超导腔运行时,在液氦波动、腔的调谐、洛伦兹力、麦克风效应,甚至降温中的各种作用力下,腔体将产生一定的形变,并反映到谐振频率偏移上,影响超导腔的稳定运行,并给低电平环路控制提出更多要求。所以,在超导腔满足应力安全性的同时,还要降低氦压灵敏度和洛伦兹失谐系数,提高调谐能力,优化麦克风效应。对于脉冲工作的机器,要特别关注洛伦兹失谐系数;对于连续波工作的机器,麦克风效应是影响机械稳定性的重要因素。

第三,因为超导腔属于薄壁结构,并经受运行过程中的压力和温度的循环变化,所以还要检查屈曲安全和疲劳安全等性能。

第四,为了确保超导腔在低温下运行于目标频率上,要在设计阶段评估超导腔的频率变化,比如缓冲化学抛光(Buffered Chemical Polishing,BCP)、退火、腔内的介质变化、降温、氦压、预调谐等,给出超导腔的频率控制方案。

第五,腔体的机械设计还需结合国内工业制造水平,要易于工程实现。

超导腔的机械模型可应用 Solidworks 或 Inventor 进行绘制,应用 CST、ANSYS 或 COMSOL 软件进行仿真。超导腔的材料一般为高纯铌($RRR > 300$),超导腔法兰的材料为铌钛,液氦槽的材料一般为钛或者不锈钢,材料的密度、泊松比和杨氏模量等如表 4.3 所示[16-17]。材料可允许的最大应力 S,应满足以下关系:

$$S = \text{Min}\left(\frac{抗拉强度}{3.5}, \frac{2}{3} \times 屈服强度\right) \tag{4.8}$$

由于低温下材料的抗拉强度、屈服强度会增加,为了留有一定的安全余量,一些设计者选择常温的抗拉强度、屈服强度计算材料可允许的最大应力 S。

表 4.3　材料属性及可允许的最大应力

材料	密度（kg/m³）	泊松比	杨氏模量（GPa）		屈服强度（MPa）		抗拉强度（MPa）		可允许的最大应力（MPa）	
			4 K	293 K	4 K	293 K	4 K	293 K	4 K	293K
Nb	8560	0.38	118	105	699.0	70.3	742.0	184.7	212.0	47.0
Nb/55Ti	5700	0.34	68.3	62.1	475.8	475.8	544.7	544.7	156.0	156.0
Ti-Gr.2	4500	0.32	117	106	834.0	275.0	1117.0	344.0	319.0	98.0
SS316	8000	0.29	208.1	195.1	665	172.4	1382	517	443.3	147.7

根据压力容器设计标准，为了防止塑性形变，应力的评价准则为

$$P_m \leqslant S \tag{4.9}$$
$$P_L \leqslant 1.5S \tag{4.10}$$
$$P_L + P_b \leqslant 1.5S \tag{4.11}$$

其中，P_m 为一次总体薄膜应力，P_L 为一次局部薄膜应力，P_b 为一次弯曲应力。

为了防止局部失效（Local Failure），还应满足以下评价准则[18]：

$$\sigma_1 + \sigma_2 + \sigma_3 < 4S \tag{4.12}$$

其中，σ_1，σ_2，σ_3 是结构上任一点的主应力。即三个主应力的代数和不得超过 $4S$。

650 MHz 2-cell 腔在 2 bar① 的外界压力作用下，不同壁厚下的应力分布、壁厚和加强筋优化曲线如图 4.19 所示[4]。由图 4.19(b) 可以看出，随着腔上的壁厚由 2.5 mm 增加至 4.5 mm，腔上的最大应力由 105 MPa 下降到 47 MPa。因为超导腔壁太厚会影响液氦对腔体的冷却，所以腔体的壁厚最终选为 4 mm，并在腔体的 cell 上设计环状加强筋，最终超导腔上的应力降至 40 MPa，满足应力安全性要求。

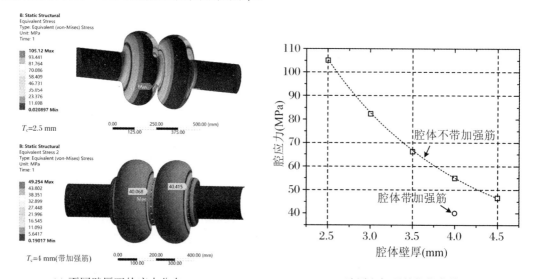

(a) 不同壁厚下的应力分布　　　　　　(b) 壁厚和加强筋优化曲线

图 4.19　650 MHz 2-cell 腔不同壁厚下的应力分布及壁厚和加强筋优化曲线

---

① bar 为压强单位。1 bar = 1×10⁵ Pa。

电磁场与腔内表面的壁电流发生作用产生洛伦兹力使腔体发生形变,导致腔谐振频率改变,即腔的洛伦兹失谐。洛伦兹力作用在腔壁上的辐射压[15]

$$P = \frac{1}{4}(\mu_0 H^2 - \varepsilon_0 E^2)\qquad(4.13)$$

超导腔频率的失谐量与 ΔE_{acc}^2 成正比:

$$\Delta f = -K_{LFD}\Delta E_{acc}^2 \qquad(4.14)$$

其中,K_{LFD} 为洛伦兹失谐系数。K_{LFD} 越小说明相同加速场下引起的频率偏移越小,超导腔的机械稳定性越好。

在 4 K 左右温区,液氦尚未进入超流态,液氦压强起伏将引起超导腔壁形变,从而产生频率偏移。腔体谐振频率变化与压强变化量的关系为

$$\Delta f \propto \Delta P \qquad(4.15)$$

在超导腔设计阶段,通过合理的腔体和加强筋机械设计,降低 K_{LFD} 和氦压灵敏度 $(\mathrm{d}f/\mathrm{d}P)$,可以降低低电平控制的难度。由于洛伦兹力是随着腔内加速电场的建立而周期变化的,所以超导腔的频率也随之周期变化。在实际运行控制方面,氦压灵敏度和洛伦兹失谐引起的超导腔频率偏移都可采用前馈控制补偿。

超导腔的调谐范围 R 的定义为

$$R = \frac{s}{k} \times F \qquad(4.16)$$

其中,s 为调谐灵敏度,k 是调谐刚度,F 是调谐力。通过优化腔体结构和加强筋,可以获得超导腔合理的调谐刚度和调谐灵敏度。随着调谐力的不断增加,超导腔产生形变,腔上的应力达到材料允许的最大阈值时对应的调谐范围即为超导腔可以接受的最大调谐范围。

在腔体运行过程中,调谐器将超导腔拉伸,所以超导腔的氦压灵敏度和洛伦兹失谐系数是随调谐刚度变化的,如图 4.20 所示[4]。由图可知,当调谐刚度大于 50 kN/mm,氦压灵敏度和洛伦兹失谐系数几乎不再变化。鉴于超导腔的调谐刚度为 25 kN/mm,为了保证足够的调谐效率,最终调谐器的刚度选为 90 kN/mm。

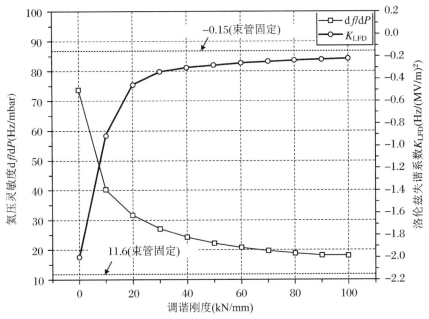

图 4.20　氦压灵敏度和洛伦兹失谐系数随调谐刚度变化的曲线

麦克风效应是对外部及腔本身机械振动、外部噪声的总称，它可以通过束流管道、支撑结构等传递给超导腔。这些振动会对腔的谐振频率产生调制作用。一般低温下超导腔有载品质因子很高，对应的带宽仅有几百千赫兹，对外界的机械扰动非常敏感。当加速器工作时，麦克风效应是引起腔失谐的主要原因之一，且其具有随机性，控制难度较大。为了降低麦克风效应的影响，在设计阶段，可以通过仿真计算将超导腔的固有振动频率提高到 100 Hz 以上，以避免与环境发生共振。在运行阶段，可以采取噪声屏蔽措施。此外，国际上一般采用自适应学习算法，根据大量数据的分析学习，实时调整控制参数，应用调谐补偿来阻尼由麦克风效应引起的频率偏移。图 4.21 为高能同步辐射光源验证装置（HEPS-TF）166 MHz 超导腔原型腔的麦克风效应仿真结果[19]。由图可知，超导腔的最低模式频率为 124 Hz（将仿真结果四舍五入），满足高于 100 Hz 的设计要求。

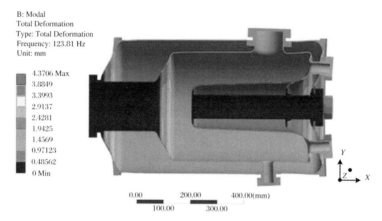

图 4.21　HEPS-TF 166 MHz 超导腔原型腔的麦克风效应仿真结果

由于超导腔属于薄壁结构，除了要具有足够的强度、刚度，还要进行屈曲分析，避免因施加压力载荷导致超导腔变形而丧失承载能力。屈曲分析主要用于研究结构在特定载荷下的稳定性以及确定结构失稳的临界载荷和结构发生屈曲反应时的屈曲模态形状（Mode Shape）。根据压力容器设计标准，最小的临界载荷因子定义为

$$\Phi = \frac{2}{\beta_{\mathrm{cr}}} \tag{4.17}$$

对于轴向压缩下的未加加强筋或仅有环加强筋的圆柱体和锥体，当 $\frac{D_0}{t} \geqslant 1247$ 时，$\beta_{\mathrm{cr}} = 0.207$；当 $\frac{D_0}{t} < 1247$ 时，$\beta_{\mathrm{cr}} = \frac{338}{389 + \frac{D_0}{t}}$。其中，$D_0$ 为圆柱体直径，t 为壁厚。对于施加了外部压力的未加加强筋或仅有环加强筋的圆柱体和锥体，β_{cr} 为 0.8。对于施加了外部压力的球壳、球形和椭圆形封头，β_{cr} 为 0.124。在 2 bar 的外界压力下，650 MHz 2-cell 腔的屈曲分析结果如图 4.22 所示[4]。计算得到的超导腔半碗上的临界载荷因子为 343，远远大于 16.1 的允许值，满足设计要求。仿真结果表明，腔束管上的屈曲可以忽略。

图 4.23 是 650 MHz 2-cell 腔的频率控制曲线[4]，包括裸腔预调谐、化学抛光、退火、抽真空、降温以及槽腔的制造、化学抛光、抽真空、降温、施加调谐预载力后的频率变化过程。4 号和 6 号超导腔在调谐器的作用下，在束线验证装置上均成功达到了目标频率。

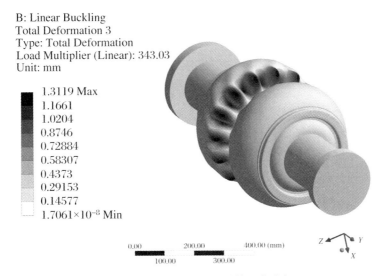

图 4.22 650 MHz 2-cell 腔的屈曲分析

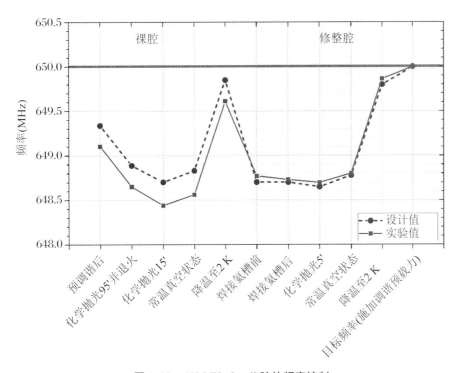

图 4.23 650 MHz 2-cell 腔的频率控制

图 4.24 为三种 Pickup 结构的磁场和热分析的比较图[20]。三种结构的 Pickup 均位于超导腔的高压水冲洗口上,由于高压水冲洗口位于强磁场区,三种 Pickup 结构在满足信号提取的功能之外,还应尽量避免磁场集中。应确保设备的温升合理,不会引起超导腔失超。三种结构的 Pickup 中,图 4.24(a) 为 Pin 型,图 4.24(b) 为 Hook 型,图 4.24(c) 为 Loop 型,超导腔的场归一化至 1.5 MV,磁场和热分析结果如图所示,其中 Loop 型 Pickup 的温升最小,为 27 K。最终 Loop 型 Pickup 被采用。

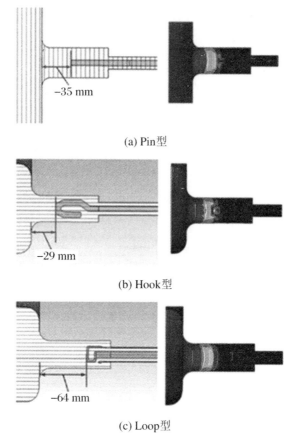

(a) Pin型

(b) Hook型

(c) Loop型

图 4.24　磁场及热分析

4.2.6　同步光

在环形加速器中,接近光速运动的电子在储存环磁场作用下改变运动方向,这时,沿运动切线方向将产生同步辐射光(同步光)。如果同步光照射到超导腔上,将导致腔壁温度升高,甚至失超,此外还会增加额外的功率消耗。除了超导腔外,同步光也不能直接照射到超导直线节的绝热管、屏蔽波纹管和闸板阀上,否则将引起低温漏热增大、波纹管损坏和真空泄漏等问题。

降低弯转磁铁的强度、增加同步光挡块是缓解同步光问题的两个方法。在超导直线节设置了同步光挡块后,要计算同步光照射后的光斑位置和大小、照射功率等。同步光的光斑大小、照射功率及功率密度可以通过 SynRad 仿真软件[21]计算得到,也可以通过经验公式[22]获得。必要时,要对挡块设计冷却方案,以确保束线设备温升在合理的范围内并保持机械性能稳定。此外,根据设备的安装误差和电子束的横向轨道偏差,容差分析也是必要的。

图 4.25 是 HEPS 166 MHz 超导腔直线节的同步光评估示意图。该直线节中,共有两个166 MHz 超导模组,每个模组的下游位置设置了同步光挡块,挡块的内径为45 mm。同步光从上游的弯转磁铁发出,经过一段漂移距离后,进入超导腔直线节;经过上游超导模组时,部

分同步光被上游挡块遮挡,同步光长度和同步光张角分别为 32.55 mm 和 0.1715°,其余部分进入下游超导模组并落到下游挡块上;部分同步光被下游挡块遮挡,同步光长度和同步光张角分别为 42.52 mm 和 0.1339°,其余同步光照到直线节外的锥管上。上游超导模组的闸板阀与束线距离最小,约为 6.5 mm。经计算,该同步光挡块上的光斑功率密度为 11.75 W/mm²,温升及材料应力大大超过安全阈值,需要设计水冷结构。

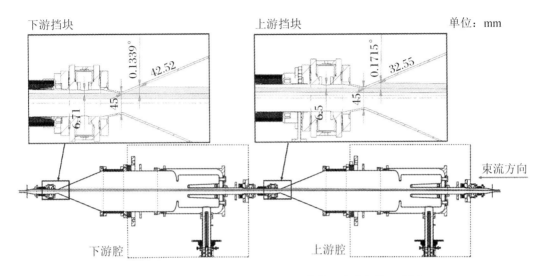

图 4.25　HEPS 166 MHz 超导腔直线节的同步光评估示意图

4.3　超导腔材料及加工

超导铌腔的制造一般分为两种:一种是采用铌材通过机加工或成型工艺完成部件制造,然后通过焊接将各部件连接在一起;另一种是在预成型的铜腔上溅射铌膜。其中,铜镀铌腔将在 4.11 节介绍,本节仅描述国际上使用最普遍的、由高纯铌制成的超导腔。

4.3.1　材料

铌是稀有高熔点金属,具有超导转变温度高、塑性加工性能好、热传导性能好等优点,在冶金、化工、航天、原子能、电子、超导等领域有重要而广泛的应用。由于铌的热力学临界磁场约为 200 mT,其是纯金属超导材料中临界磁场最高的材料,可以有效避免超导腔失超,国际上超导腔制造最常使用的母材就是金属铌。

超导铌材可以在美国、德国、日本和中国等高纯铌材供货商处购买,其中,我国宁夏东方超导科技有限公司的铌材性能稳定、质量可靠,已与国际水平接轨。高纯铌材的重要评价指标之一是剩余电阻比,定义为

$$RRR = \frac{R(300\ \text{K})}{R(10\ \text{K})} \tag{4.18}$$

其中,$R(300\ \text{K})$ 和 $R(10\ \text{K})$ 分别是高纯铌在 300 K、10 K 温度下的电阻。RRR 对超导腔的

表面电阻、失超、场致发射等均有影响，*RRR* 越高，铌材的热导率越好、机械性能越差，通常我们选择 *RRR* 为 300 的材料制造超导腔。

由于制造工艺成熟，超导腔制造普遍采用细晶粒铌材。一些学者认为，使用大晶粒铌材的超导腔可以获得更优的高频面质量，同时对俘获磁通量的敏感度更低，可以获得更高的超导腔无载品质因子。但是大晶粒铌材的制造工艺尚不稳定，所以大晶粒超导腔的研究成果少于细晶粒。

超导腔的法兰一般采用铌钛(Ti/45Nb)材料制成。为了方便与超导腔铌钛法兰焊接，超导腔的液氦槽一般采用钛(Grade 2)或不锈钢材料制成。

4.3.2　加工

目前，超导腔制造通常采用的成型工艺包括冲压、旋压、机械加工和胀形。超导腔的部件成型后，通过电子束焊接成一个整体[15]。

4.3.2.1　冲压

冲压是靠压力机和模具对板材施加外力，使之产生塑性形变，从而获得所需形状和尺寸的工件成型加工方法，工作原理如图 4.26 所示。用于加工成型的模具的材料一般为钢。冲压时，铌板通过中心定位孔固定在阴模(或阳模)上，在压力机作用下阳模(阴模)向下运动，并与阴模(阳模)扣合，使铌板逐渐变形。为了减小回弹，保证冲压件的质量，一般采用多次冲压并设计合理的压边装置。冲压制成的铌部件精度高、效果好，冲压技术在超导腔制造中的应用非常广泛。图 4.27 为冲压完成的 500 MHz 椭球腔半碗。

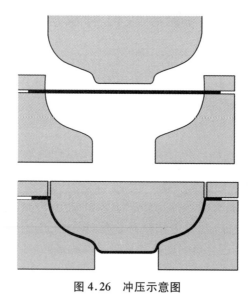

图 4.26　冲压示意图

4.3.2.2　旋压

旋压是通过旋轮等工具做进给运动，对随芯模沿同一轴线旋转的板坯或管坯施压，使其产生连续局部塑性成型，成为所需空心回转件的成型方法，工作原理如图 4.28 所示。将坯

图 4.27　冲压完成的 500 MHz 椭球腔半碗

料放置在主轴和芯模中间,转动主轴并使坯料做径向转动;令旋轮作用到坯料上,旋轮本身做轴向运动;旋轮对坯料给予一定的力,推动其向芯模移动。旋压技术具有材料利用率高、生产成本低等优点。旋压技术的局限性包括大批量生产时效率低、一致性不如冲压、厚度均匀性难以保证等。图 4.29 为正在旋压的 325 MHz 半波长腔的外导体。在旋压过程中,由于高纯铌材料在塑性形变过程中产生了位错与孪晶,会产生坯料表面的硬化问题[5]。旋压结束后可进行酸洗及高温退火,以达到应力释放和消除表面硬化的目的。

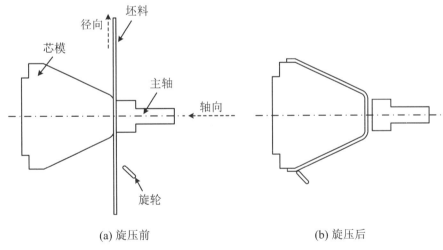

(a) 旋压前　　　　　　　　　　　　　(b) 旋压后

图 4.28　旋压示意图

4.3.2.3　机械加工

机械加工是应用非常广泛、技术非常成熟的工艺之一,是指通过各种机械设备改变零件的形状或尺寸,使零件的加工精度和加工表面质量达到图纸规定的过程。可采用加工中心、车铣中心、高压水切割等设备进行数控加工。在超导腔部件冲压成型或旋压成型后,或者在法兰制造等加工过程中,都要用机械加工将尺寸调整到符合图纸的状态。

图4.29 正在旋压的325 MHz半波长腔的外导体

4.3.2.4 胀形

胀形加工是在管坯内部放入高压液体、气体或刚体瓣模,迫使管坯塑性变形的冲压成型工艺。管材胀形可在机械压力机或液压机上完成。胀形作为一种加工手段,主要用于平板毛坯的局部成型、管类空心毛坯的胀形以及平板毛坯的张拉成型等。图4.30和图4.31分别是325 MHz半波长腔外导体胀形前、后示意图,采用柔性凸模、刚性凹模和外套的胀形工装实现了高纯铌筒的胀形成型。

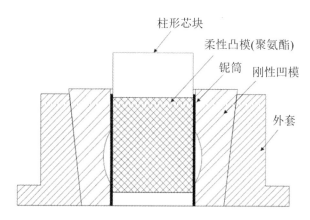

图4.30 325 MHz半波长腔外导体胀形前示意图

4.3.2.5 电子束焊接

电子束焊接是将极致密的高速电子流打到待焊接金属的接缝上,使金属加热、熔化并最终形成焊缝。电子束的功率密度高,焊接过程中工件的变形与收缩量可减至最小,焊接的精度高,焊缝的影响区域小,焊缝深宽比大。电子束焊接无需使用焊料,直接熔化零件的母体金属。在真空电子束焊接中,焊缝的化学成分纯净,其可实现背成型(腔外焊接腔内连接缝),十分适用于超导腔制造的铌材焊接,是国际上超导腔制造普遍选择的焊接技术。

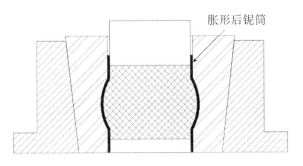

图 4.31 325 MHz 半波长腔外导体胀形后示意图

电子束焊接的工艺参数主要有焊接电压、焊接电流、束流焦点、焊接速度、函数扫描和工作室的真空度等。它们的选择将影响电子束焊接的焊接深度、内部质量、焊缝的横截面和几何形状。为了保证焊缝质量,部件之间的间隙要一致,缝隙两侧部件厚度应均匀、错边小。图 4.32 为封焊完成的 325 MHz $\beta = 0.24$ 轮辐超导腔。

图 4.32 封焊完成的 325 MHz $\beta = 0.24$ 轮辐超导腔

4.3.2.6 表面质量控制

超导腔性能对腔内表面质量极其敏感,超过 200 μm 的缺陷就能引起失超的发生,所以在制造过程中,微波面的保护尤其重要。收到货后,需要检查铌材表面是否存在缺陷,目测没有缺陷后,可以将其浸入盐水中,几天后检查铌材表面是否存在锈点。微小的锈点表明有铁屑杂质,一般情况下打磨后可以继续使用。如杂质较多,或多次打磨泡水仍无法去除,则说明该铌材质量不合格。在冲压、旋压等部件成型过程中,铌材表面和模具表面要充分清洁,确保整洁、无污染、无灰尘颗粒等,整个成型过程中要妥善保护,避免缺陷嵌入。在部件电子束焊接前,要将部件超声去油、纯水清洗,使用缓冲化学抛光去除表面污染层,使用酸洗后再次纯水冲洗,并在 100 级洁净间(Clean Room)晾干。

超导腔部件成型或整腔制造完成后,可以通过迪光内窥镜检查部件表面质量和腔体内表面质量。检查过程中如果发现缺陷,可以采用320目砂纸或百洁布粗打,最后用600目砂纸细打。对于密封面,应沿着密封面以画圆方式打磨,以确保其整体均匀一致。

4.4 超导腔预调谐

超导腔预调谐是超导腔研制过程中比较关键的一个环节。在完成上一节所述的加工过程之后,超导腔的一些腔体参数通常不会完全符合设计指标,比如腔体频率偏离设计频率较远、腔体场平误差较大、腔体同轴度误差较大等。这种情况下,要先进行预调谐,然后才能进行超导腔的其他测试。当然,除此之外,其他一些情况也会导致超导腔的参数变化,比如在BCP或EP、中温退火等一系列后处理程序处理之后,或者在后续处理中,某些人为失误造成的腔形变化等。在这些变化之后,都要对超导腔进行预调谐。因此,在一支超导腔的研制过程中,预调谐可能进行若干次。

超导腔预调谐一般用预调谐机完成,本节主要对高能所的一套超导腔预调谐设备进行介绍,如图4.33所示。该设备用于1.3 GHz 9-cell超导腔的预调谐,包含超导腔支撑及移动平台、场平坦度及同心度测量分析装置、超导腔cell拉伸与挤压机械结构等。

图 4.33　1.3 GHz 9-cell 超导腔预调谐设备

4.4.1　预调谐目标

超导腔预调谐主要有四大目标:

首先,超导腔频率与功率源匹配是腔内建立射频电场的必要条件,对于1.3 GHz 9-cell超导腔来说,一般需要把 π 模频率调至目标频率 ±25 kHz 之内。

其次,较好的平坦场分布是各 cell 均匀达到一定加速梯度的必要条件,一般来说,调谐后超导腔场平坦度应该优于 95%。

再次,低温恒温器对超导腔长度误差有一定的要求,否则会导致无法放入超导腔。一般把超导腔长度误差控制在 ±3 mm 之内。

最后,几个 cell 之间的同心度会影响束流动力学,从而影响最终的束流品质。一般把整腔同心度(半径)误差控制在 0.4 mm 之内。

4.4.2　超导腔支撑及移动平台

超导腔支撑及移动平台包括基本框架、滑动支架以及调谐支架,主要作用是在调谐过程中对大质量的超导腔进行稳定支撑。它能够灵活移动,从而可以调谐不同的 cell。

4.4.3　场平坦度及同心度测量分析装置

场分布测量一般用拉小珠微扰法完成。数据通过同轴线传至网络分析仪并结合软件进行分析处理。

同心度一般通过测距方式得到,有激光测距及机械测距等几种方法。图 4.34 展示了基于机械测距的同心度测量结构。

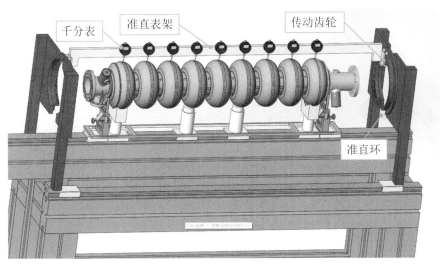

图 4.34　基于机械测距的同心度测量结构

4.4.4　超导腔 cell 拉伸与挤压机械结构

在上一小节介绍了场平坦度和同心度的测量分析装置,对测量数据进行一定的分析和算法处理之后可以得到针对单个 cell 的调谐变量。接下来就是利用拉伸与挤压机械结构让单个 cell 产生塑性形变,以使得相应的参数到达目标值。由于铌材的特性,在这个过程中要注意腔形状的回弹。

图 4.35 展示了具有双平板结构的拉伸与挤压机械结构,其可以实现对单个 cell 拉伸与挤压及超导腔整体同心度调节的功能。调谐机械使用 3 台分布间隔为 120° 的精密步进电机驱动,3 台电机分别控制 3 个丝杆,通过 2 块平板实现整体拉伸与挤压,就可以调节 cell 的长度和频率;同时通过调节 2 块平板的平行度可以调节同心度。

图 4.35　超导腔 cell 拉伸与挤压机械结构

4.4.5　其他

由于超导腔预调谐过程对温度和湿度有一定的要求,预调谐设备一般放置在带有空调系统的房间中。另外预调谐的过程中,操作人员需要和超导腔直接接触,甚至在一些时候需要对超导腔进行频繁的移动和旋转以调整调谐位置,这就导致超导腔被污染的可能性大大增加,所以给预调谐的设备和人员配置较高洁净度的洁净间是非常必要的。

4.5 超导腔后处理技术

4.5.1 超导腔表面处理技术概述

高纯铌以其特有的性能,如较高的超导转变温度(~9.2 K)、临界磁场(~200 mT)等,成为目前超导腔制造中使用最广泛的材料。本小节主要将以超导铌腔为例,对其后处理技术进行介绍。

图 4.36 为 DESY 实验室在 E-XFEL 项目中所用的超导腔处理流程。在超导铌腔实际运行中,微波仅能穿透铌表面几十纳米的厚度(以 1.5 GHz 超导腔为例,其微波的穿透深度仅为 40 nm 左右),因此超导腔表面的状况成为影响其性能的关键因素。一支超导腔只有经过表面处理之后,才能正常使用。从图 4.36 可以看出,E-XFEL 项目采用了两种处理方案,其中左侧箭头流程为电抛光重抛加电抛光轻抛方案,右侧箭头流程为电抛光重抛加化学抛光轻抛方案,均达到了项目所要求的梯度。其处理流程主要是在超导腔加工完成后,以电抛光技术的重抛,之后进行电抛光或化学抛光的轻抛为主线,两者之间穿插进行 800 ℃ 的高温退火和若干次高压水冲洗和洁净组装的表面处理,最后进行 120 ℃ 的低温烘烤。目前,这个流程已成为国际直线对撞机等高梯度超导腔处理的基准方案。

除了以高梯度为主要发展方向外,近年来,国际超导腔前沿领域在高品质因子方向也有了长足的进步,主要以在美国费米实验室 LCLS Ⅱ 项目的引领下开发的掺氮和中温退火技术为代表。该流程在原高梯度超导腔处理工艺的基础上,引入新的工艺或改进原有技术,如掺氮、中温退火(烘烤)以及低温电抛光(Cold-EP)等。值得一提的是,这些年来我国在射频超导领域也取得了较大进展,尤其以高能所射频超导团队为代表,在国内率先开展了中温退火、掺氮等工艺的研究,并完成了国内首台实用性电抛光设备的研制和阶段性工艺开发,对多个频率和多种腔型的超导腔进行了电抛光研究和处理,确立并优化了电抛光工艺流程和参数,抛光后的超导腔测试性能优异,使我国在该领域达到了国际先进水平。图 4.37 是高能所中温退火超导腔研制过程的流程示意图。

现对超导腔表面处理中的相关技术进行简要描述。

4.5.1.1 超声清洗

超导腔经过机械加工后往往带有油脂等污染物,因此以除去表面有机物为主要目的的清洗成为表面处理的第一个环节。通常是用有机清洗剂进行超声清洗,常用的溶剂有 Micro-90©、Liqui-Nox©、FM20©。之后可使用超纯水进一步超声清洗处理。图 4.38 为常用小型超声清洗柜以及超声前后样品的形貌对比图。通过超导清洗后样品的形貌对比,可以看出超声清洗后材料表面没有油脂等有机物,因此可以在表面形成一层均匀的水膜。此外,乙醇、丙酮、异丙醇等化学试剂也有着较好的去污效果。

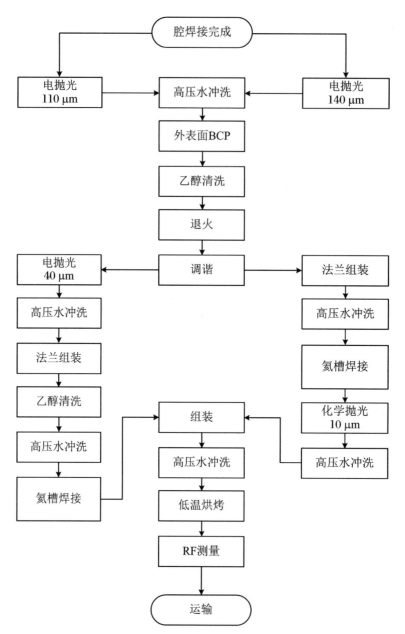

图 4.36 DESY 实验室 E-XFEL 项目超导腔处理流程[23]

4.5.1.2 化学清洗

超导腔端腔组件或中间哑铃等部件的焊接过程中，由于电子束焊接机真空度不够高，或者焊接前部件表面清洗不充分等问题，超导表面时常会生成一层薄膜状污染物，图 4.39 为化学清洗用通风橱及焊接所致半腔的污染（右下），因此需要进行初步的化学清洗。常用的去除办法为微米量级的缓冲化学抛光。其溶液通常为氢氟酸、硝酸以及磷酸的混合溶液，按体积比 1:1:2 或者 1:1:1 进行配置。

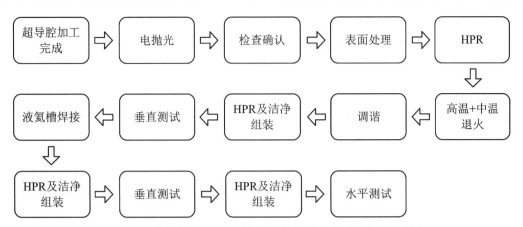

图 4.37 高能所 1.3 GHz 中温退火超导腔研制过程流程示意图

图 4.38 小型超声清洗柜及超声前后样品的形貌对比(左下)

图 4.39 化学清洗用通风橱及焊接所致半腔的污染(右下)

4.5.1.3　超导腔表面重抛

超导腔加工完成后通常会有一个所谓的 $150\sim200\,\mu m$ 的损坏层（Damage Layer）要移除。这一步骤对超导腔表面形貌改变最大，因此是最为关键的处理步骤之一。在超导腔的发展过程中，这一步骤的不断完善使超导腔的性能不断提高。目前这一步骤常用的方法有缓冲化学抛光、电抛光以及滚动抛光（Centrifugal Barrel Polishing，CBP）。图 4.40～图 4.42 分别是超导腔缓冲化学抛光、滚动抛光和电抛光设备。

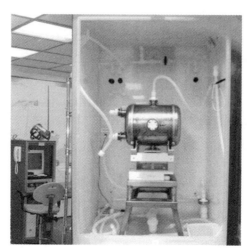

图 4.40　超导腔缓冲化学抛光设备(JLab)

图 4.41　超导腔滚动抛光设备(FNAL)

4.5.1.4　高(中)温退火及掺氮技术

对于铌来讲，化学处理中常常伴随吸氢的问题。在 $100\sim150\,K$ 的温度下，Nb 会与 H 原

图 4.42 超导腔电抛光设备(DESY)

子形成 Nb-H 化合物,从而增加超导腔在超导态下的表面电阻,有可能会严重影响超导腔的品质因子。尤其是电抛光成为主流技术后,电抛光过程用时较长,大大增加了超导腔吸氢的概率。因此,去氢处理成为电抛光后处理的必要步骤。对于退火工艺,不同实验室常采用各自的方式,目前常用的退火工艺有 10 h 600 ℃、2 h 800 ℃、3 h 750 ℃ 等,其真空度通常要求在 $1×10^{-3}$ Pa 以下。此外,近年来发展的超导腔高温掺氮技术,通常在高温退火(如 800 ℃)这一过程充入氮气;而中温退火则是不通氮气的情况下,对高温退火后的超导腔在 300~400 ℃ 再次退火,使得超导腔品质因子有了明显提高。图 4.43 是超导腔退火炉照片。

图 4.43 超导腔退火炉照片(高能所)

4.5.1.5 低温烘烤

为获得高的加速梯度,经过电抛光处理后会对超导腔进行 120 ℃ 的低温烘烤。这对于高场下超导腔的 Q-Drop 有着明显的改善作用。因此,低温烘烤是目前高梯度超导腔处理中的关键环节。图 4.44 显示了低温烘烤对超导腔性能的影响。

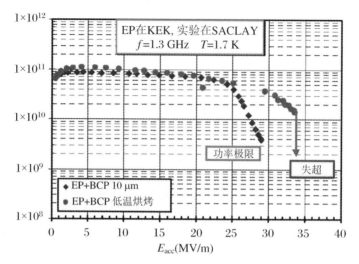

图 4.44　低温烘烤对超导腔性能的影响[24]

以上是超导腔处理的主要流程和技术手段,正是这些处理技术的发展和应用,超导腔的加速梯度才能从最初的几兆伏每米提高到今天的几十兆伏每米。然而,这些工艺的开发和趋于成熟并不是一蹴而成的,而是经历了几十年的发展,这也是超导腔性能逐步提高的过程。与此同时,用于超导腔的检测技术也得到了不断开发,如内窥镜与内部研磨技术、内表面形貌复制技术、温度地图探测技术、第二声(Second Sound)探伤技术等,为超导腔处理技术的发展提供了重要的信息反馈。后续章节我们将对超导腔处理中的一些关键技术,如超导腔的掺氮和中温退火技术(或称中温烘烤技术)、缓冲化学抛光技术、电抛光技术、洁净组装技术等进行详细介绍。

4.5.2　超导腔的掺氮和中温退火技术

近十年来,为了提高超导腔的品质因子、降低超导腔的微波损耗,世界各大加速器实验室采用了各种方法,其中,掺氮和中温退火两种技术最为成功。下面就先对这两种技术做简要介绍。

掺氮的本质是采用热扩散(约 800 ℃)的方法,对纯铌超导腔进行掺杂,将氮原子渗入铌的晶格间隙,实现超导腔的表面改性,降低超导腔的 BCS 表面电阻,从而提高超导腔的品质因子。此外,在如此高的温度下,氮原子会与铌发生化学反应,生成铌氮化合物(图 4.45)。这些铌氮化合物会降低超导腔的性能,所以,要对超导腔表面进行轻电抛光(5～20 μm)以去除铌氮化合物。

与掺氮的物理机制类似,中温退火的本质也是一种掺杂——氧掺杂:在 250～400 ℃ 的温度下,超导腔表面的铌氧化合物(Nb_2O_5、NbO_2 等)分解,氧原子会渗入铌的晶格间隙,也可以降低超导腔的 BCS 表面电阻、提高品质因子,与掺氮有异曲同工之妙。

4.5.2.1　掺氮

2012 年,美国费米实验室(Fermi National Accelerator Laboratory,FNAL)首先发现纯铌超导腔经过掺氮处理后,可以大幅降低铌的表面电阻 R_s,从而提高超导腔的 Q 值、降低

(a) 掺氮前纯净的铌晶粒   (b) 掺氮后铌晶粒内出现了铌氮化合物

(c) 掺氮前纯净的铌晶格   (d) 掺氮后铌晶格夹杂铌氮化合物

图 4.45　超导腔铌样品的电镜测试（高能所提供）
(a)、(b) 扫描电镜；(c)、(d) 透射电镜

微波损耗（降低低温系统的造价和运行费用）[25]。如图 4.46 所示，1.3 GHz 1-cell 超导腔经过掺氮处理后，Q_0 值比经过传统电抛光处理的高了两倍以上；此外，掺氮之后，1.3 GHz 1-cell 超导腔的 Q_0 与加速梯度 E_{acc} 的对应关系（Q_0-E_{acc}）跟电抛光处理过的相反，出现了 Q_0 反转的现象（Anti-Q-Slope），也就是 Q_0 一开始随着加速梯度的上升而上升，到了高加速梯度时才出现缓慢下降。继费米实验室之后，美国的杰斐逊实验室（Thomas Jefferson National Accelerator Facility，JLab）和康奈尔（Cornell）大学也迅速开展了类似的研究，验证了超导腔掺氮的效果。

此外，德国电子同步辐射加速器、日本高能加速器研究机构、高能所、中国科学院上海高等研究院、北京大学等国内外的加速器实验室也都纷纷开展了超导腔的掺氮研究，取得了不错的研究成果。图 4.47 是高能所对 1.3 GHz 1-cell 超导腔进行掺氮处理的图片，其测试结果（图 4.48）与费米实验室的非常接近[26]。

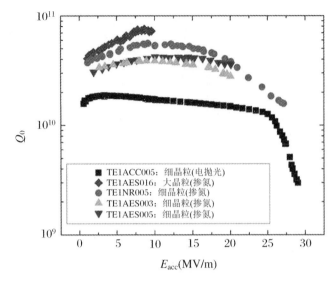

图 4.46　1.3 GHz 1-cell 超导腔测试结果(美国费米实验室提供)

图 4.47　在真空退火炉内对 1.3 GHz 1-cell 超导腔进行掺氮处理

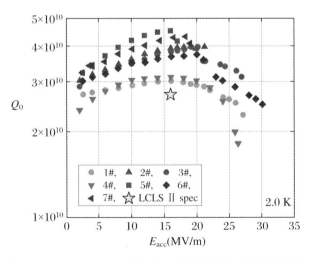

图 4.48　1.3 GHz 1-cell 超导腔的掺氮测试结果(高能所提供)

掺氮对超导腔 Q_0 的提升非常明显,而且该技术容易被复制、推广。为了降低低温系统的造价和运行费用,美国的 LCLS Ⅱ 已经采用这一技术,对约 300 支 1.3 GHz 9-cell 超导腔进行了批量的掺氮处理[27],过程如下所示:

(1) 先对 1.3 GHz 9-cell 超导腔进行重电抛光(Bulk EP)。

(2) 对 1.3 GHz 9-cell 超导腔进行 3 h 的高温退火。

(3) 在 800 ℃ 时,对 1.3 GHz 9-cell 超导腔进行掺氮处理:往真空退火炉内注入 26 mTorr① 的高纯氮气,时长 2 min。

(4) 保持 800 ℃,对 1.3 GHz 9-cell 超导腔进行 6 min 的退火。

(5) 对 1.3 GHz 9-cell 超导腔进行轻电抛光(Light EP)。

第(3)、(4)步的时间分别为 2 min 和 6 min,因而上述的掺氮处理也称作"2/6 掺氮工艺",其在 LCLS Ⅱ 上取得了成功。批量的 1.3 GHz 9-cell 掺氮超导腔均超过了 LCLS Ⅱ 的设计指标,如图 4.49 所示[28]。

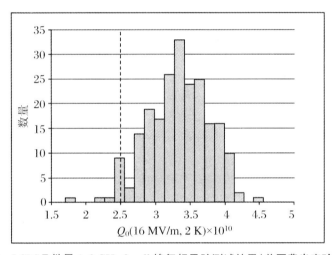

图 4.49　LCLS Ⅱ 批量 1.3 GHz 9-cell 掺氮超导腔测试结果(美国费米实验室提供)

在 1.3 GHz 超导腔掺氮成功的基础上,美国费米实验室对各种频率(650 MHz、2.6 GHz 和 3.9 GHz)的超导腔都开展了掺氮实验[29],测试结果发现,频率越高,Q_0 反转现象越明显,而 650 MHz 超导腔经过掺氮处理后,没有出现 Q_0 反转现象。研究结果表明,超导腔经过掺氮处理后,其 BCS 表面电阻随加速梯度的变化趋势与超导腔的谐振频率有关,频率越高,则 BCS 表面电阻随着加速梯度的增长而下降的趋势越明显。

4.5.2.2　中温退火

2019 年,美国费米实验室将 1.3 GHz 1-cell 超导腔抽真空、密封好后,对其进行了中温退火处理(在烤箱内加热到 300 ℃ 以上),2 K 下的 Q_0 达到了 5×10^{10} 以上,比中温退火前(约 2×10^{10})有明显提高[30]。随后,日本高能加速器研究机构对中温退火的工艺做了修改,将 1.3 GHz 1-cell 超导腔放在真空退火炉内进行中温退火,也获得了成功[31],取得了与费米实验室类似的结果。2020 年以来,高能所、北京大学、中国科学院上海高等研究院、近代物理

---

① 托(Torr)是压强单位。1 Torr = 10^3 mTorr = 133.322 Pa。

所等单位也开展了超导腔中温退火的研究,并取得了不错的成果[32-35]。

高能所在国际上首次开展了 1.3 GHz 9-cell 超导腔的中温退火实验,并成功完成了小批量 1.3 GHz 9-cell 超导腔的中温退火处理。图 4.50 和图 4.51 展示了高能所 1.3 GHz 9-cell 超导腔中温退火处理过程中的一些参数[31],具体处理过程如下:首先利用两个低温泵将真空退火炉抽到高真空($<5\times10^{-6}$ Pa);然后,将超导腔加热到 300 ℃,开始 3 h 的中温退火;最后,等真空退火炉自然冷却到室温时,将超导腔取出。中温退火处理后的测试结果如图 4.52 所示,12 支 1.3 GHz 9-cell 超导腔均超过 LCLSⅡ及其能量升级项目(LCLSⅡ-HE)的设计指标,达到了国际领先水平,其中,性能最好的腔(N11)达到了 4.7×10^{10}(24 MV/m)及 4.3×10^{10}(31 MV/m)的国际最高水平。此外,12 支 1.3 GHz 9-cell 超导腔的测试也都有 Q_0 反转现象,跟掺氮处理后的测试相似。

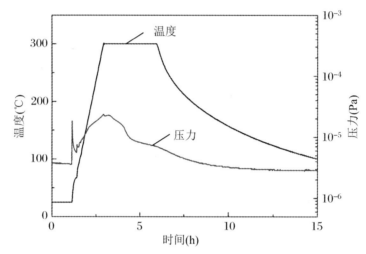

图 4.50　1.3 GHz 9-cell 超导腔的中温退火过程的温度、压力曲线(高能所提供)

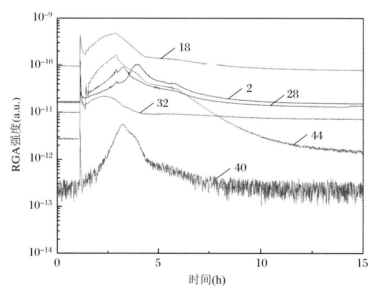

图 4.51　1.3 GHz 9-cell 超导腔的中温退火过程的残余气体监测(Residual Gas Analyzer, RGA) (高能所提供)

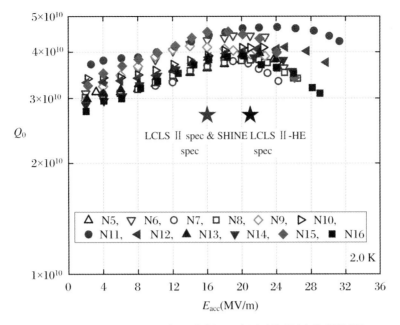

图 4.52　1.3 GHz 9-cell 超导腔中温退火测试结果(高能所提供)

此外,高能所还在 650 MHz 超导腔上开展了中温退火的实验,同样采用了"300 ℃ 3 h"的工艺,650 MH 1-cell 超导腔的 Q_0 超过了 8×10^{10} (22 MV/m),如图 4.53 所示[36]。

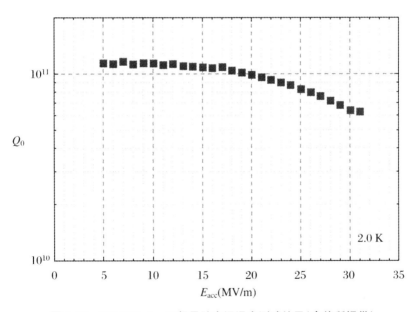

图 4.53　650 MHz 1-cell 超导腔中温退火测试结果(高能所提供)

而且,进一步的研究结果也发现,超导腔经过中温退火处理后,其 BCS 表面电阻随加速梯度的变化趋势也与超导腔的谐振频率有关。如图 4.54 所示,650 MHz 超导腔的 BCS 表面电阻随着加速梯度的增长而上升,而 1.3 GHz 超导腔的 BCS 表面电阻随着加速梯度的增长而下降。前面提到的掺氮也有类似的结果。

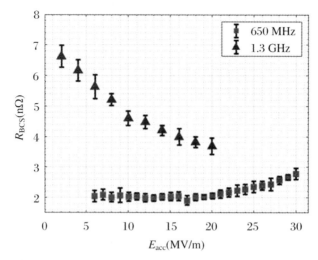

图 4.54　650 MHz 和 1.3 GHz 超导腔经过中温退火处理后的 BCS 表面电阻（高能所提供）

4.5.3　超导腔缓冲化学抛光技术

超导腔在机械加工过程中，会产生各种划伤、缺陷。电子束焊接过程中的高温飞溅，也会使腔表面沉积铌点，造成缺陷。此外，如果清洗、包装、运输过程中质量把控不到位，也会引起各种粘污和缺陷。所以，在对超导腔进行高压水冲洗之前，一般会通过化学抛光方式，对表面进行 $100\sim200~\mu m$ 的化学刻蚀，去除各种加工及焊接过程中造成的表面缺陷。

缓冲化学抛光一般采用浓度为 49% 的 HF、浓度为 65% 的 HNO_3 和浓度为 85% 的 H_3PO_4，按照 1∶1∶2 体积比进行配比的混合液，对铌腔内表面进行化学刻蚀。基本的反应式如下：

$$2Nb + 5NO_3^- \longrightarrow Nb_2O_5 + 5NO_2 + 5e^-$$
$$Nb_2O_5 + 6HF \longrightarrow H_2NbOF_5 + NbO_2F \cdot 0.5H_2O + 1.5H_2O$$
$$NbO_2F \cdot 0.5H_2O + 4HF \longrightarrow H_2NbOF_5 + 1.5H_2O$$

铌材表面的一层 Nb_2O_5 氧化层厚约 5 nm，化学性质稳定，只与氢氟酸反应，生成可溶于水的物质，故氢氟酸是铌腔化学抛光的基本化学原料，这给化学抛光带来了一定的环保成本。硝酸具有强氧化性，能将铌材表面的铌氧化，氢氟酸再对这些新生成的氧化铌进行溶解。磷酸（H_3PO_4）作为缓冲剂，调节反应速度。

缓冲化学抛光过程中，反应产生的氢会渗入到被腐蚀的晶格边界中。在铌腔降温进入超导态过程中，氢有可能与铌结合生成氢化铌，影响超导腔性能，即一般所说的"Q 病"（Q-Disease）现象。所以，要严格控制三种酸的比例，同时在酸洗过程中，控制腔温不超过 15 ℃，减少氢的产生速度及氢在铌腔表面的渗透。在酸洗完毕之后，还应对腔进行 750 ℃ 退火，释放铌材吸入的氢的同时，消除表面应力。工艺一般为 3 h 升温至 750 ℃，于 750 ℃ 保温 3 h，然后自然降温至 60 ℃。

缓冲化学抛光设备的主要作用是使酸在超导腔内循环流动，带动反应过程产生的气泡，使之不会滞留在腔表面而引起反应不均衡，提高腔的表面光洁度及与之相伴的高频性能。

酸洗过程中,需要水冷、风冷等辅助设施,对超导腔和其内的酸进行温控,以不超过15 ℃为宜。

4.5.4 超导腔电抛光技术

4.5.4.1 电抛光技术简述

超导腔加工完成后要经过150 μm表面损坏层的重抛光才可以应用。历史上,常用的重抛光方法有两种:电抛光和缓冲化学抛光。这两种方法处理后的形貌如图4.55所示,通常电抛光处理后表面粗糙度远小于缓冲化学抛光处理后的。因此,在超导腔梯度要求不高的情况下,缓冲化学抛光由于过程简单、易控等特点,一般会成为超导腔处理的主要手段。但随着电抛光技术在超导腔领域的发展和逐步完善,经过电抛光处理后,超导腔梯度往往有大幅度提高。以1.3 GHz TESLA腔型为例,其梯度可以从缓冲化学抛光处理后的25 MV/m左右提高到30 MV/m以上。因此,以高梯度为目标的项目,如E-XFEL项目、国际直线对撞机项目等,电抛光技术成为超导腔处理的首选。

 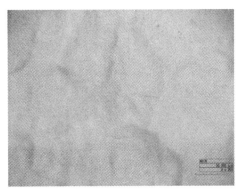

(a) 缓冲化学抛光处理   (b) 电抛光处理

图4.55 经两种方法处理后样品的形貌[37]

近年来,以美国LCLSⅡ项目为代表的高品质因子超导腔的研究表明,如果希望超导腔达到较高的品质因子,例如,1.3 GHz超导腔品质因子在16 MV/m下达到2.7×10^{10}以上,则超导腔的本底仍需要经过电抛光处理。此外,对于最新前沿的掺氮技术,超导腔在高温掺氮后仍然需要经过微米量级的电抛光处理才能实现高品质因子。因此,电抛光技术成为目前高性能超导腔处理的必不可少的关键技术。相关研究也在国际各大射频超导实验室得以开展,如KEK、JLab、FNAL、DESY等。

4.5.4.2 电抛光技术的发展

超导腔的电抛光技术最初源于西门子公司对铌材的电抛光工艺,后经过日本的KEK和Nomura Plating公司引入到超导腔领域,并在国际上得到广泛关注。此后,该技术迎来了蓬勃发展,国际上各实验室纷纷开展相关研究。经过近三十年的共同努力和探索,人们对这项复杂技术的理解逐步加深,这项技术也得到不断优化,直到2010年前后,通过该技术处理的超导腔性能大幅提高,获得了较高的成品率,因而人们将其广泛应用于超导腔的研制。近年来,随着高品质因子超导腔研究的不断深入,冷电抛光工艺被提出来,并成为提高超导腔品质因子的重要处理环节。

虽然电抛光技术被国际广泛采用,但由于设备复杂以及长期经验积累的差异和理解的分歧,至今在电抛光设备规格、工艺流程、参数选择等方面,每个实验室仍不尽相同。例如,日本的 KEK 通常采用不同阶段不同电压的抛光模式进行处理,美国 ANL 等则喜欢使用恒压模式;氢氟酸和硫酸有 $1:9$ 或 $1:10$ 的不同配制方式;在电抛光清洗方面,工艺流程参数也不尽相同;等等。虽然这些方面不同,但通过电抛光流程和参数的优化,各实验室均能形成一套相对稳定的工艺,以保证超导腔的性能。因此,对于电抛光技术来说,在确定总体技术方向后,根据设备特点以及超导腔性能反馈进行具体处理参数的制定和工艺优化尤为重要。

4.5.4.3 超导腔电抛光原理

为了研究电抛光的反应过程,常用的实验装置如图 4.56 所示,包含直流电源、待测样品以及参比电极等。对于电抛光而言,待测样品一般作为阳极。观测其在不同溶液和不同电压下的反应情况,如电流变化。但整套系统中,电源提供的电势不仅仅落在阳极,即待测样品上,在阴极以及溶液也将占有一部分电势,因此往往引入参比电极用于测量相对阳极反应时所占的电势。这样可以抽离出阳极上的反应,更好地找到物理规律。

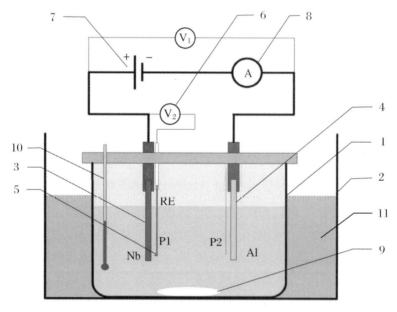

图 4.56 电抛光实验装置

1. 反应池;2. 冷却容器;3. 阳极铌片(待测样品);4. 阴极铝片;5. 参比电极;
6. 电位计;7. 直流电源;8. 电流计;9. 搅拌装置;10. 温度计;11. 冷却水

图 4.57 是超导腔所用材料铌的典型阳极极化曲线。电压由高到低分为四个区域。第一个区域为 $A \sim B$ 区,这个区域主要发生腐蚀反应,其电压-电流呈欧姆特性,也称为欧姆反应区;第二个区域为 $B \sim C$ 区,这个区域是阳极表面钝化层形成的区域,电流开始振荡,称为振荡区,这个区域电流不再随着电压的增加而增加,通常反而减小,呈现"负电阻"现象;第三个区域为 $C \sim D$ 区,这个区域阳极表面往往会形成稳定的双电层,电流的大小通常不受电压

的影响,用该区域抛光,阳极表面通常会呈现光亮平整的形貌,因此也称为抛光区;最后是 $D\sim E$ 区,该区域电流再次随电压的增加而增加,此时在阳极会有氧气产生,因此称为放气区,这个区域可能因为放气而产生小的缺陷,因此我们在超导腔处理中要尽量避免此区。

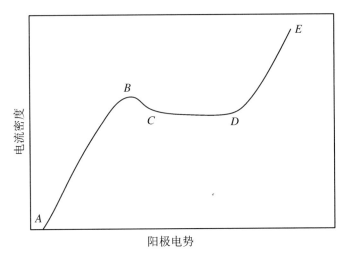

图 4.57　铌电抛光过程中阳极极化曲线

图 4.58 是电抛光过程的原理示意图。主要过程是在硫酸的作用下,强制在铌表面形成一层氧化层 Nb_2O_5,然后用氢氟酸将该氧化层溶解,从而完成表面层的去除。在这个过程中,如果我们选择适当的工作电压让反应处在抛光区,则整个过程将受到 F^- 离子扩散作用的控制,反应速度将与 F^- 离子浓度相关,实现无视晶界,抛光后达到光亮的效果。

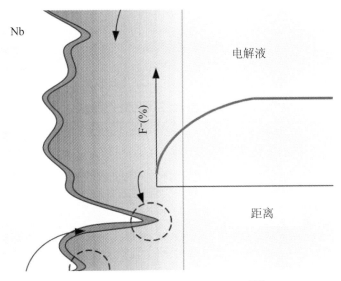

图 4.58　电抛光过程的原理示意图[37]

4.5.4.4　超导腔电抛光设备

超导腔的电抛光设备,主要分为水平电抛光设备和竖直电抛光设备两种。前者较为复杂,但运行稳定,因而使用广泛。后者结构简单,但发展较晚,仅有少数实验室开展了研究,如美国康奈尔大学、日本的 KEK、美国 JLab 提出的 ICP(Integrated Cavity Processing)计划等,其仍有较大的发展空间。从实际处理效果和稳定性来说,水平电抛光设备仍有较大的优势。图4.59为两种电抛光设备的照片。

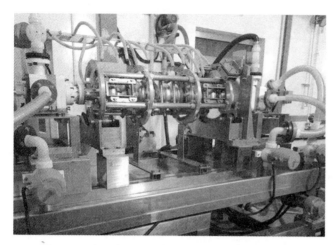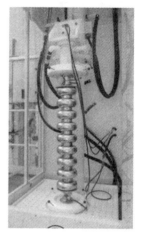

图4.59 水平电抛光设备(左,高能所)和竖直电抛光设备(右,美国康奈尔大学)

超导腔电抛光的基本原理图如图4.60所示,具体如下:

(1)超导铌腔作为阳极,空心铝棒作为阴极,沿着超导腔束线方向置入超导腔内部。铝棒材料要兼顾纯度和机械强度,一般选用1100的纯铝系列。

(2)电抛光的溶液一般选用氢氟酸(49%)和浓硫酸(98%)的混合溶液(酸液),不同实验室有着不同的配制比例,通常按体积比1∶9或1∶10进行混合。

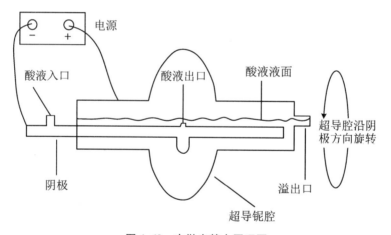

图4.60 电抛光基本原理图

(3)当有电流通过时,铌的表面会吸收电子和氧原子生成铌的氧化物,接着该氧化物被氢氟酸去除,阴极表面吸附氢离子生成氢气,具体过程如式(4.19)～式(4.20)所示:

$$氧化:2Nb + 5SO_4^- + 5H_2O \longrightarrow Nb_2O_5 + 10H^+ + 5SO_4^- + 10e^- \qquad (4.19)$$

$$还原:Nb_2O_5 + 6HF \longrightarrow H_2NbOF_5 + NbO_2F \cdot 0.5H_2O + 1.5H_2O \qquad (4.20)$$

$$NbO_2F \cdot 0.5H_2O + 4HF \longrightarrow H_2NbOF_5 + 1.5H_2O \qquad (4.21)$$

(4)阴极产生大量氢气,因此超导腔内不能充满溶液,通常其占总体积的60%左右,以利于氢气排出。此外,还要通入氮气或空气来对氢气进行稀释,从而消除氢气堆积带来的安全隐患。

(5) 溶液并不充满整个腔体,因此,电抛光过程中要旋转超导腔,使其表面均匀进行反应。

超导腔电抛光处理的整个流程包括溶液配制、阴极组装、溶液循环、在线清洗等过程,还有处理后的清洗,如超声清洗、高压水冲洗等。因此,该设备需要完整的管路图,如图 4.61 所示。电抛光时,酸液先由旧酸储存容器或新酸储存容器经相应循环回路输送至溶液缓冲容器进行冷却与循环;然后由抛光循环回路进入超导腔进行抛光;电抛光结束后的酸液根据情况进行回收或排废。管路中还包含了去离子水冲洗回路、管道及容器的清洗回路,用于超导腔、管路以及相关容器清洗等。此外,电抛光过程中将会产生大量热量,因此要在管路中增加热交换器以控制温度。可以通过这套系统来实现整个处理流程。

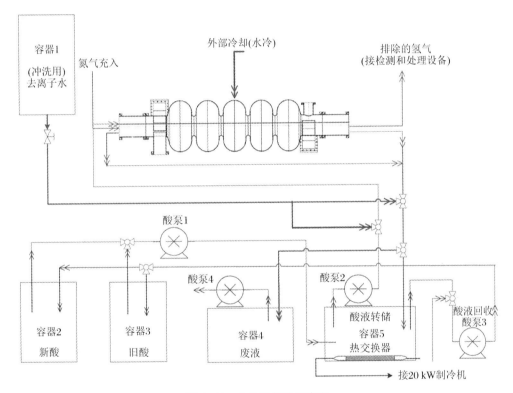

图 4.61 电抛光管路示意图

4.6 洁净组装技术

洁净组装技术是超导腔研制过程中的关键技术。图 4.62 为高能所 1.3 GHz 中温退火高品质因子超导腔研制流程示意图,其中阴影部分为需要使用洁净组装技术的环节。无论在退火前,还是在垂直测试或水平测试前,均需要洁净处理来保证超导腔的性能。洁净组装技术主要涉及两个方面:① 高压水冲洗;② 洁净间技术。下面我们就从这两方面展开介绍。

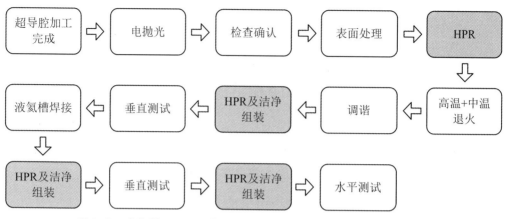

图 4.62　高能所 1.3 GHz 中温退火高品质因子超导腔研制流程示意图

4.6.1　高压水冲洗

高压水冲洗是除去超导腔内表面吸附灰尘和颗粒最有效的办法,已成为超导腔表面处理的一个标准步骤。其主要工作方式是将纯水加压后,由带孔的喷头喷出,冲击超导腔内表面,从而达到清洁超导腔内表面的目的。除了洁净组装环境,超导腔在经过化学处理,如电抛光处理后,也要进行高压水冲洗以除去反应引入的颗粒,如析出的硫等。此外,场致发射至今仍是影响超导腔性能的重要因素,以在 2022 年 1—9 月 LCLS Ⅱ-HE 的统计为例,场致发射率仍高达 30%～45%,而高压水冲洗正是有效应对场致发射的关键技术。因此,该技术对超导腔而言至关重要。高压水冲洗装置如图 4.63 所示。

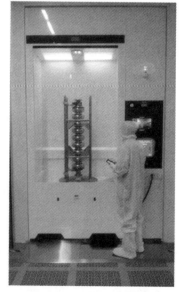

图 4.63　高能所(左)及美国 JLab 实验室(右)高压水冲洗装置

（1）水压。通常为 1000～1500 psi[①]，具体根据超导腔形状不同、目的不同进行选择。

（2）运动方式。喷头相对于超导腔同时进行旋转和上下运动。但要注意调整两者的速度，使水可均匀满布地喷淋在腔的表面上，避免出现螺旋轨迹。

（3）运行条件。要在洁净间使用，一般为 10 级洁净环境。水为 E-1 级（18 MΩ·cm）纯水，以避免颗粒在高压下损坏超导腔表面。

（4）处理时间。主要因超导腔腔型不同而有所区别。LCLS Ⅱ/XFEL 项目通常最后一轮清洗为 6 个周期 12 h。

（5）洁净晾干。清洗完成后，超导腔需放置在 10 级/100 级洁净间，远离所有可运动物体或人员，以免带来污染。

除此之外，不同腔型喷头优化也是该技术的关键，如喷孔大小、数量、角度等，表 4.4 为历史上国际部分实验室使用过的 HPR 参数。对于轮辐腔、HWR 腔等低 β 腔型，由于冲洗口并不在轴线位置且冲洗位置较多，HPR 设备可设计为自动机械臂结构，以方便超导腔处理。另外，HPR 系统还涉及水质颗粒监控装置、联锁保护装置等，以保证装置的稳定运行。

表 4.4　历史上国际部分实验室使用过的 HPR 参数[38]

实验室	喷嘴数量	流量 （L/min）	压力 （bar）	理论压力 （N）	实测压力 （N）
JLab Prod	2SSC-FAN	5(85 bar)	85	10.8	9.5
JLab R&D	2SSC-FAN	5(85 bar)	85	10.8	9.5
KEK Tsukuba	9	1.5(70 bar)	70～50	2.9	2.5
KEK Normal	8	1.1(50 bar)	50～40	1.8	1.6
	8	0.9(40 bar)		1.3	1.2
DESY	8	1.6(100 bar)	90～110	3.6	3.2

4.6.2　洁净间技术

4.6.2.1　洁净间及级别分类

洁净间是指利用技术手段使微粒的产生、引入以及滞留最小化，从而将空气中的微粒控制在某个较低水平的空间。为了达到这一目的，空气的温度、湿度等参数有时也需要控制。对于洁净间洁净度的分级，如表 4.5 所示。在超导腔的处理过程中，多个环节需要洁净间，例如，对于 EP 或 BCP 的化学清洗过程，我们通常希望环境保持在 ISO 6/7，即 209E 标准 1000 级/10000 级；对于 HPR 和洁净组装等过程，我们希望超导腔处于 ISO 4/5，即 209E 标准 10 级/100 级的环境等。

---

① psi 是美国常用的单位。1 psi = 6.895 kPa。

表 4.5　超导腔常用洁净度要求

| 等级 | ISO 14644-1 标准 最大浓度限值(个/m³) | | | | | | FED STD 209E 标准 对应等级 |
	$\geqslant 0.1\,\mu m$	$\geqslant 0.2\,\mu m$	$\geqslant 0.3\,\mu m$	$\geqslant 0.5\,\mu m$	$\geqslant 1\,\mu m$	$\geqslant 5\,\mu m$	
ISO 4	1×10^4	2.37×10^3	$1.02\times\times 10^3$	3.52×10^2	83	2.9	10 级
ISO 5	1×10^5	2.37×10^4	1.02×10^4	3.52×10^3	832	29	100 级
ISO 6	1×10^6	2.37×10^5	1.02×10^5	3.52×10^4	8320	293	1000 级
ISO 7	1×10^7	2.37×10^6	1.02×10^6	3.52×10^5	83200	2930	10000 级

4.6.2.2　洁净间工作原理

图 4.64 为简要的洁净间工作原理图。洁净间内的颗粒控制一般通过带有过滤器的空气循环来实现。空气由动力系统压缩至适当压力,通过过滤器净化后送入洁净间,从而实现室内的洁净度。根据空气循环方式,洁净间可分为两种:一种是空气层流模式(层流洁净间),通常用于 ISO 5 及以上的环境,如图 4.64(a)所示;另一种是空气湍流方式(湍流洁净间),这个方式气流比较复杂,因此一般用于较低洁净度的情况,如 ISO 6 及以下的级别,如图 4.64(b)所示。

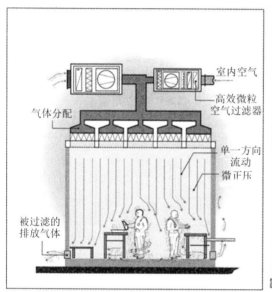

(a) 层流洁净间原理　　　　　　　　　　(b) 湍流洁净间原理

图 4.64　洁净间工作原理图

超导腔洁净组装一般需要 ISO 4 的环境,因此选用层流洁净间,此时过滤器覆盖率不低于 80%。对于过滤器的种类,可选用高效空气过滤器(High Efficiency Particulate Air Filter,HEPA),其对 0.3 μm 及以上颗粒过滤效率可达 99.97%,也可与更高效的超低微粒空气过滤器(Ultra Low Penetration Air Filter,ULPA)联合使用。其过滤机制大体分为较大颗粒的直接拦截、小颗粒的惯性撞击、0.5 μm 及以下颗粒的扩散吸附和微粒的静电吸附等。另外,为了带走洁净间内新产生的颗粒,洁净间的换气流量也需根据不同洁净等级而有所不同,一般对于 ISO 4 洁净间,换气次数为 200～600 次。图 4.65 为 HEPA 和 ULPA 的过滤效率与原理示意图。

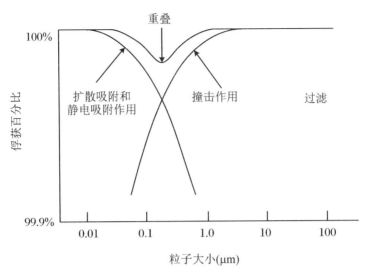

图 4.65　HEPA 和 ULPA 的过滤效率与原理示意图

4.6.2.3　洁净间颗粒污染控制

1. 人员控制

可以说在洁净间内的人员是洁净间最大的污染源。图 4.66 比较形象地说明了人体给洁净间带来的污染[39]。如果不带洁净手套,那么人手在洁净间的状态如图 4.66(a)所示,其充满了颗粒。图 4.66(b)为人体没有穿防护服的情况,如果风从上方吹下来,那么每分钟将有 10 万个颗粒掉落;图 4.66(c)为人体咳嗽时的情况,这时将有 100 万个颗粒产生;图 4.66(d)为人与其他物品发生了摩擦的情况,这也将有大量的颗粒产生。因此,洁净间工作的首要任务是穿戴好洁净服。

(a) 人手在洁净间的状态　　　　　　(b) 人体没有穿防护服的情况

图 4.66　人体给洁净间带来的颗粒污染示意图[39]

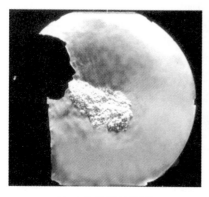

(c) 人体咳嗽的情况   (d) 人与其他物品发生了摩擦的情况

图 4.66　人体给洁净间带来的颗粒污染示意图[39]（续）

2. 操作流程控制

操作人员进入洁净间后，首先，要注意使用洁净间专用工具，不能与洁净间外物品混用，以避免引入不必要微粒污染。图 4.67 和图 4.68 为部分洁净间专用物品，如洁净间专用洁净布、洁净本等。此外，通用工具、座椅、叉车、紧固件等，进入洁净间前需清洗干净，一般不再带出洁净间。

图 4.67　洁净布   **图 4.68　洁净本**

其次，是对安装部件进行洁净处理。图 4.69 为粒子在物体表面吸附的原理图，主要包含以下四种力：重力，主要取决于粒子的质量；静电力，通过静电吸引粒子并将粒子吸附在表面；范德瓦耳斯力，又称分子间作用力，当粒子表面非常接近时开始起作用；毛细管力，由粒子表面薄薄的液层引起，与湿度和接触面积有关。由此图可以知道，粒子在物体表面的吸附是多种作用力共同的结果，与粒子大小、形状、表面的材质、湿度均有关系，而且较小的粒子比较大的粒子往往吸附得更紧，因此，需要更大的力来去除，比如洁净布带酒精擦拭、高压氮气吹扫等。因此，我们对部件的处理主要包括以下操作以达到洁净标准：

① 初步清洗。将部件用清洗剂或酒精擦洗，初步去除部件表面的颗粒或者有机污染物。

② 超声清洗。将零部件用洗涤剂进行超声清洗，并用大量纯水冲洗干净，用于去除表面的吸附物。

③ 高纯氮气吹扫。吹净时，先使用酒精进行脱水，然后使用高纯氮气进行吹扫，直至颗

粒计数仪显示达到规定参数。

此外,要注意在部件安装过程中引入的新污染物,如人员走动、安装过程中部件摩擦产生的新颗粒等。因此,轻缓的操作过程也是保持洁净非常重要的一环。

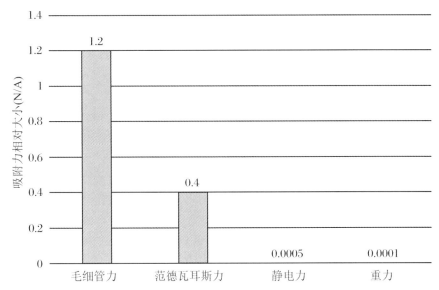

图 4.69 1 μm 大小粒子在湿度 60% 情况下吸附力包含的不同类型作用力的构成比例示意图

4.7　超导腔垂直测试

超导腔垂直测试是超导腔研制过程的关键环节之一。加工完成后的超导腔经过 BCP 或 EP、HPR 等一系列后程序处理后,就要通过垂直测试来判断一下其腔体自身性能是否良好,即是否达到了设计指标。如果垂直测结果试令人不满意,则要通过测试分析提出对超导腔进行进一步处理的方向。这个过程有可能会重复几次,直至被测腔满足设计指标,才进入后续的测试环节,即腔的水平测试。如图 4.70 所示为 1.3 GHz 9-cell 超导腔进杜瓦测试。

本节首先描述超导腔垂直测试的基本原理,然后介绍国内首次成功应用自激振荡系统进行 2 K 低温垂直测试的过程,接着展示应用于高性能超导腔性能测试研究的一些辅助设备,最后对垂直测试中的现象及结果进行分析。

4.7.1　测试原理

超导腔垂直测试是超导腔后处理完成后在耦合器、调谐器及恒温器等总装前的性能验证。测试结果直接决定着其是否满足总装的可行性要求。超导腔垂直测试基本要求是测量 Q_0 随 E_{acc} 变化的曲线。在超导腔进行垂直测试时,高频馈入功率天线一般设计为临界耦合,即 β 约为 1。

在低场区(一般馈入功率为 0.1~0.2 W)利用半功率点测量衰减时间常数 $\tau_{1/2}$,从而计

图 4.70　1.3 GHz 9-cell 超导腔进杜瓦测试

算腔的有载品质因子 Q_L,同时记录下此时各端口的提取功率值(P_{in},P_r,$P_{coupler}$ 及 P_{beam})来标定对应口的耦合参数(β_{in},$\beta_{coupler}$ 及 β_{beam})和对应的 Q 值,从而得出超导腔的 $Q_0\text{-}E_{acc}$ 关系曲线。

如果发现有二次电子倍增效应,则要先对超导腔进行老炼,如果老炼后发现腔的品质因子有了明显降低,则需要将腔复温至 40 K 左右,再进行降温测试。超导腔老炼结束后,微调输入天线长度至临界耦合状态(对于固定耦合的情况,如果天线设定不合适导致驻波比过大,则会增大测量误差),完成各端口耦合系数的精确标定。其中,耦合器端口耦合系数 $\beta_{coupler}$ 及束流端口耦合系数 β_{beam} 满足式(4.22)、式(4.23)的关系:

$$\beta_{coupler} = \frac{P_{coupler}}{P_c} = \frac{P_{coupler}}{P_{in} - P_r - P_{coupler} - P_{beam}} \tag{4.22}$$

$$\beta_{beam} = \frac{P_{beam}}{P_c} = \frac{P_{beam}}{P_{in} - P_r - P_{coupler} - P_{beam}} \tag{4.23}$$

输入端耦合系数 β_{in}:

$$\beta_{in} = \frac{1 + \Gamma}{1 - \Gamma} \tag{4.24}$$

其中,Γ 为反射因子,

$$\Gamma = \begin{cases} \sqrt{P_r/P_{in}}, & \text{过耦合}, & \beta_L = VSWR > 1 \\ 0, & \text{临界耦合}, & \beta_L = VSWR = 1 \\ -\sqrt{P_r/P_{in}}, & \text{欠耦合}, & \beta_L = VSWR < 1 \end{cases} \tag{4.25}$$

临界耦合状态下,切断腔的入射功率,超导腔内的储能会随时间衰减:

$$\frac{\mathrm{d}U(t)}{\mathrm{d}t} = -\frac{U(t)}{\tau_{\mathrm{L}}} \tag{4.26}$$

腔内的储能随时间呈指数衰减,如图 4.71 所示。

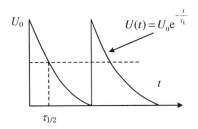

图 4.71 储能与时间的关系曲线

根据 Q_{L} 与衰减时间的关系,由式(4.27)和式(4.28)得到超导腔的无载品质因子 Q_0。衰减时间越长,超导腔的腔耗越小,Q 值越高。

$$Q_{\mathrm{L}} = \frac{\omega \cdot \tau_{1/2}}{\ln 2} \tag{4.27}$$

$$Q_0 = (1 + \beta_{\mathrm{in}} + \beta_t + \beta_{15d}) \cdot Q_{\mathrm{L}} \tag{4.28}$$

其余端口的 Q 值为

$$Q_{\mathrm{coupler}} = Q_0/\beta_{\mathrm{coupler}} \tag{4.29}$$

$$Q_{\mathrm{beam}} = Q_0/\beta_{\mathrm{beam}} \tag{4.30}$$

以上完成了超导腔测量前相关端口 Q 和相关参数的标定,在超导腔测试过程中实时 Q_0 与 E_{acc} 按下式计算:

$$Q_0 = Q_{\mathrm{coupler}}/\beta_{\mathrm{coupler}} \tag{4.31}$$

$$E_{\mathrm{acc}} = \frac{1}{L_{\mathrm{eff}}} \sqrt{R/Q} \cdot \sqrt{Q_{\mathrm{coupler}} \cdot P_{\mathrm{coupler}}} \tag{4.32}$$

4.7.2 自激振荡系统

由于超导腔的 Q 值很高,而带宽很窄,小于几赫兹,甚至小于 1 Hz,因此,跟踪锁定超导腔的频率是超导腔垂直测试的关键,锁不住超导腔的频率就意味着无法进行测试。过去通常的锁频方法是通过信号发生器给信号源外加调制进行频率扫描,然后慢慢逼近谐振频率。实践证明,对于 Q 值非常高的腔体来说,此方法扫描谐振效率比较低。还有一种方法是通过频谱分析仪观察发射机输出信号和腔本振信号的频谱,在腔谐振附近慢慢移动信号源的频率,当信号源频率与腔谐振频率接近时会观察到两个信号的频谱幅度逐渐增大,直至两者重合谐振。此方法提高了锁频的效率,但是当腔的频率与预估频率偏差较大时也需花费较长时间来寻找腔的谐振频率。在此基础上,人们为了进一步提高锁频效率,在超导腔吊入杜瓦后,通过发射机向腔内馈入一个小信号,然后用频谱仪跟踪腔的频率变化过程。

上述锁频技术基本可以应对超导腔 4.2 K 垂直测试的任务。但是在进行超导腔 2 K 垂直测试时会遇到比较大的问题。当液氦温度从 4.2 K 减压降温至 2 K 过程中,腔的频率会在短时间内大幅度变化(例如,325 MHz Spoke 012 超导腔由 4.2 K 减压降温至 2 K 过程中腔的频率变化将近 1 MHz),并且窄带宽下腔的频率受机械扰动较严重,因此上述方法几乎无法完成整个降温过程中频率跟踪的任务。

因此,高能所科研人员设计并搭建了国内首套自激振荡系统,完成了对超导腔频率的跟踪,成功进行了超导腔 4.2 K、2 K 下的低温性能测试。由于自激振荡系统的优越性,目前国内外大部分实验室也都开始采用自激振荡系统进行超导腔性能测试。

自激振荡指的是放大电路在无输入信号的情况下,就能输出一定频率和幅值的交流信号的现象。在自激振荡电路里核心的器件就是放大器。

放大电路示意图如图 4.72 所示(U_i 为输入信号,U_o 为输出信号,A_U 为放大倍数,F 为反馈系数)。开关合在"2"时,电路仍有稳定的输出。反馈信号代替了放大电路的输入信号。自激振荡需要满足两个条件:一是相位条件($\varphi_A + \varphi_F = \pm 2n\pi$,$n$ 是整数);二是幅度条件($|A_U F| = 1$)。相位条件意味着振荡电路必须是正反馈电路;幅度条件意味着反馈放大器如要产生自激振荡,必须有足够的反馈余量。

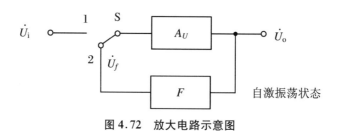

图 4.72 放大电路示意图

自激振荡电路一般由四部分组成:

(1) 放大电路:放大信号。

(2) 反馈网络:必须是正反馈,反馈信号即是放大电路的输入信号。

(3) 选频网络:保证输出为单一频率的正弦波,即使电路在某一特定的频率下满足自激振荡条件。

(4) 稳幅环节:使电路能从 $|A_U F| > 1$,过渡到 $|A_U F| = 1$,从而达到稳幅振荡。

电源接通时,在电路中会激起一个微小的扰动信号,它是个非正弦信号,含有一系列频率不同的正弦分量。经过选频、稳幅等环节电路逐步达到稳定的自激振荡状态。

图 4.73 为垂直测试自激振荡系统的原理图。这是一个正反馈环路,超导腔的提取信号作为限幅放大器的输入,限幅放大器的输出经过移相器后作为功率源的输入信号,功率源输出的微波功率经过方向耦合器、环形器等射频器件后馈入超导腔。其中的限幅放大器、移相器和衰减器被用来调节环路中的相位和反馈系数,超导腔是一个带通滤波器,相当于选频网络,选择需要的频率。

当开启自激振荡系统后,在电路中会激起一个有一系列正弦分量的信号(也称作白噪声),其经过发射机在一定程度上被放大,经超导腔后只有与腔谐振频率一致的信号被选择出来,其余信号均被滤掉。从腔内提取的信号为选频后单一频率的信号,其作为限幅放大器的输入信号构成自激回路。通过调节移相器和衰减器来调整幅度使其达到稳态。对于1-cell 腔的垂直测试,只需要一个简单的正反馈环路即可,不需要图 4.73 中的相控环路。但是对于多 cell 腔的测试,调节衰减器导致环路中的相位发生变化,从而将其他模式激起,因此需要有相控环路来实时调整相位。

超导腔测试时先用信号系统进行电缆系数校准,然后开启自激振荡系统进行测试。

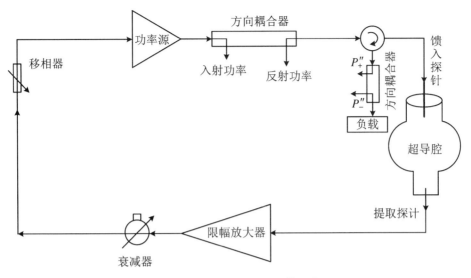

图 4.73　超导腔垂直测试自激振荡系统原理图

4.7.3　辅助测量设备

超导腔垂直测试除了验证性能是否达到设计指标之外,还需要通过测试现象分析判断影响超导腔性能的因素,因此需要多种辅助测量设备,对超导腔测试过程中的关键参数及现象进行分析。超导腔垂直测试过程中常用的辅助测量设备有 TX-Mapping、二次声探测系统、低温磁场补偿系统等。

超导腔加工制造和后处理过程中产生的缺陷或表面污染会限制腔的性能,表现在缺陷或场致发射部位的温度高于其他部分,通过 TX-Mapping 来测量超导腔表面的温度变化和产生的辐射剂量大小,能够很容易判断缺陷的位置和产生的原因。图 4.74 为 KEK 用于 1.3 GHz 9-cell TESLA 超导腔诊断的 TX-Mapping 系统[40],温度探头为碳电阻传感器,X 射线探头为 PIN 光电二极管。

图 4.74　TX-Mapping 系统(KEK)

由于 TX-Mapping 系统造价较高,每次测试安装时间也较长,部分实验室也借助二次声探测系统来定位超导腔的失超位置。图 4.75 为高能所研制的超导腔二次声探测系统,其通过多个探测器来定位超导腔的失超点。

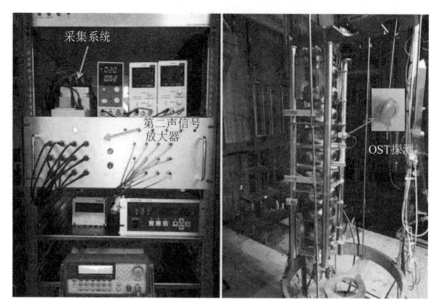

图 4.75 二次声探测系统(高能所)

此外,超导腔降温过程中可以通过亥姆霍兹线圈补偿环境磁场,从而降低超导腔由磁场钉扎导致的电阻,或是按照实验需求改变环境磁场,通过亥姆霍兹线圈测量不同工艺处理超导腔对磁场的敏感度。如图 4.76 所示为高能所[41]用于超导腔磁通效应研究的设备。

图 4.76 高能所用于超导腔磁通效应研究的设备

4.7.4　测试现象及分析

超导腔垂直测试可以检测出超导腔自身的性能,也能发现安装环节及测试系统的不足。下面以 325 MHz 轮辐超导腔和 1.3 GHz 9-cell 高 Q 超导腔为例,对测试中的一些典型现象和规律进行分析。

4.7.4.1　MP 现象

轮辐腔在低场区一般有比较严重的 MP 现象,功率大部分反射,在这种情况下要进行老炼。一般的做法是将馈入天线深入腔最里面,即让其处于过耦合状态,并将输入功率加至 30 W 左右,进行连续波老炼(固定耦合器老炼需要的时间会长些)。随着老炼的进行,腔内的打火现象逐渐缓和,腔内的电场逐渐增大,驻波比逐渐变小;随着老炼的进一步进行,腔内建场的速度也会逐渐加快。图 4.77 为轮辐腔老炼过程中典型的 MP 现象。

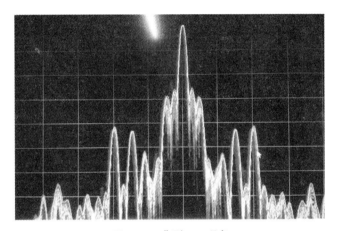

图 4.77　典型 MP 现象

4.7.4.2　热效应

1. 场致发射现象

在垂直测试过程中,慢慢增加入射功率,并保证驻波比在 1～2 范围内,腔内的场逐步增大,如图 4.78 所示。从高场区返回低场区比从低场区升至高场区的 Q_0 值要低,并且发射剂量也要比相同梯度下的剂量大。保持腔压在一定梯度下可以看到发射剂量会慢慢增大。同时也观察到贴在腔壁上的温度传感器值由 4 K 升至 7 K 左右。原因是从低场区到高场区,腔温低而性能稳定;从高场区返回低场区,腔的热损大,与外界液氦热交换效率不足,导致超导腔表面的热量不能及时被液氦带走,从而腔的表面温度逐渐升高,产生场致发射,发射剂量增加,腔的 Q_0 值也降低。实验过程中,从低场区快速增加入射功率至高场区,发现腔的 Q_0 值和加速梯度都会比慢慢提升功率要高。

2. 失超现象

测试 325 MHz Spoke 012 超导腔时发现对腔进行连续波功率老炼测试情况下,腔发生失超的梯度阈值不断降低,当腔冷却一段时间后梯度可恢复至高值,并且通过粘贴在腔上的温度探头可以观测到腔的温升效应。

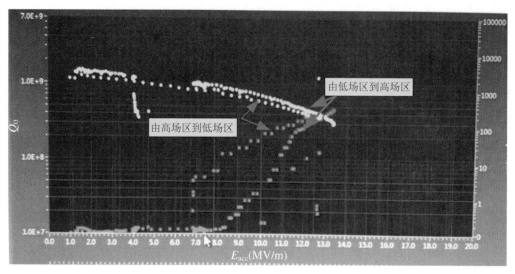

图 4.78　超导腔垂直测试场致发射测量

4.7.4.3　模式串扰

多 cell 超导腔会有多个模式。当超导腔表面处理、洁净总装等环节出现问题或结果不理想时,对超导腔进行垂直测试会出现场致发射的情况,从场致发射点发射的电子与微波场相互作用,激励起除 π 模式外的其他模式。模式串扰会导致 π 模式无法稳定测量,测试精度也会受到很大影响。

以 1.3 GHz 9-cell 高 Q 超导腔为例,高能所在对其进行垂直测试分析时,遇到了模式串扰问题。对于出现的 8/9 π 模式串扰问题,通过窄带滤波能够很好解决,但是对于出现的 7/9 π 模式及其他模式串扰的问题无法通过常规的滤波方法解决。图 4.79 为对 1.3 GHz 9-cell 超导腔测试过程中出现 7/9 π 模式串扰时的测试曲线。从图中可以看出,当出现 7/9 π 串扰模式后,在同样的入射功率下,超导腔的加速梯度会降低,品质因子 Q_0 会升高,无法准确反映出腔的 π 模式性能。通过频谱仪可以明显地监测到腔内的两个模式信号,如图 4.80 所示。

为了对串扰模式进行有效消除或抑制,需要从其产生的根源入手:一是对超导腔的表面处理和洁净总装进行严格要求,保证腔的洁净,这样会大大降低其出现的概率;二是通过外部测试系统对其进行抑制;三是采用快速测量的方法,在串扰模式激励起一定幅度前快速打点并关掉功率。从腔的自身要求和系统的稳定性来讲,可采用方法一,尽量保证腔的洁净,尽可能地消除污染源。国际上的实验室对于出现的模式串扰普遍采用的是方法三,但是在高 Q 腔的测试过程中由于腔的建场时间长,当 π 稳定后,串扰模式也已经激励起很大幅度,给测试带来很大困难;另外,无法在垂直测试过程中稳定地对 π 模式进行连续波测量,无法判断其长期的稳定性,不利于一些问题的发现。为此,高能所 1.3 GHz 9-cell 高 Q 超导腔研究人员开发了串扰模式抑制系统,采用方法二即通过外部测试系统对其进行有效抑制,图 4.81 为模式串扰抑制系统的原理图。采用射频直接反馈的方法,会降低超导腔阻抗,使串扰模式快速衰减,而无法稳定建立串扰场。并且环路移相器也能够对多个模式进行有效抑制。图 4.82 为在模式串扰抑制系统工作下超导腔连续波测量性能曲线。

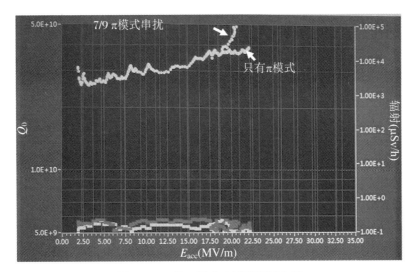

图 4.79 7/9 π 模式串扰时测试曲线

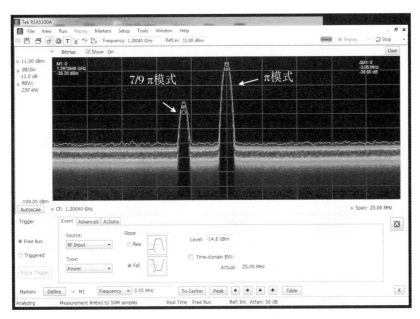

图 4.80 7/9 π 模式及 π 模式

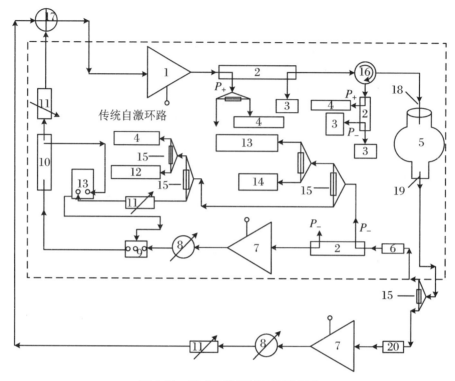

图 4.81　模式串扰抑制系统原理图

1. 功率源；2. 方向耦合器；3. 负载；4. 功率计；5. 超导腔；6. 带通滤波器；7. 限幅放大器；
8. 衰减器；9. 电控移相器；10. 耦合器；11. 移相器；12. 频率计；13. 频谱仪；14. 示波器；
15. 功分器；16. 环形器；17. 功率合成器；18. 入射天线；19. 提取天线；20. 低通滤波器

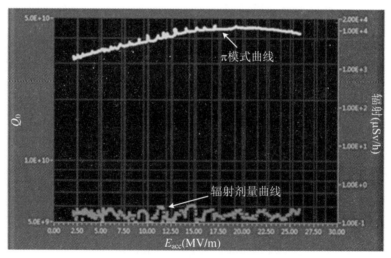

图 4.82　模式串扰抑制下超导腔测量曲线

4.8 超导腔水平测试

超导腔水平测试(超导模组测试)是超导腔研制过程中的最后一步,是对超导腔及其相关部件集成后的整体性能测试,只有通过了水平测试的超导腔才能够被安装到束线上进行带束流运行。本节对超导腔水平测试的基本原理进行介绍。

超导腔水平测试通常也称为超导腔水平高功率测试,其与超导腔垂直测试相比需要的功率更大,输入天线的耦合度设计为过耦合(根据束流负载的不同进行不同的设计调整)。图 4.83 为水平测试原理图。功率源的输出功率经过环行器、方向耦合器,通过输入耦合器馈入超导腔,只有一小部分功率在超导腔中建立加速电场,大部分功率反射回来经过环形器被负载吸收。

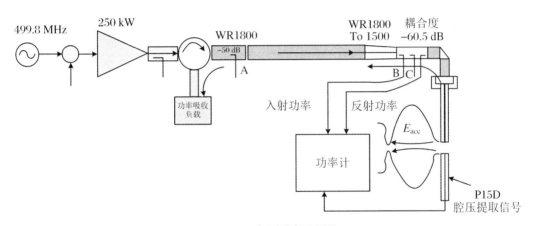

图 4.83　水平测试原理图

超导腔水平测试主要测量在设计工作频率下超导腔的无载品质因子 Q_0 随平均加速场强 E_{acc} 的关系曲线,并对恒温器的漏热及耦合器、调谐器等相关设备部件的工作状态进行测试。图 4.84 为 BEPCⅡ 500 MHz 超导模组的构成。

加速梯度测量方法:

(1) 用网分测量超导腔 P_t 的半衰减时间常数,推算 Q_t,再根据 $E_{acc} = \dfrac{1}{L_{eff}}\sqrt{\dfrac{r}{Q}Q_t P_{tran}}$ 进行腔压的计算。

(2) 在低腔压下,根据入射功率 P_f 和 Q_{ext} 获得单腔加速梯度 $E_{acc} = \dfrac{1}{L_{eff}}\sqrt{4\dfrac{r}{Q}Q_{ext}P_f}$,根据该加速梯度标定出 Q_t, $E_{acc} = \dfrac{1}{L_{eff}}\sqrt{\dfrac{r}{Q}Q_t P_{tran}}$。之后根据 Q_t 和 P_t 获得单腔 E_{acc}。

比较上述两种测量的结果,控制误差在 10% 以内。

可用加速梯度:超导腔能稳定运行 1 h 不失超的最高梯度。

Q_0 测量:

首先要进行超导腔动态负载测试。针对 2 K/4 K 下的模组静态负载与超导腔动态负载

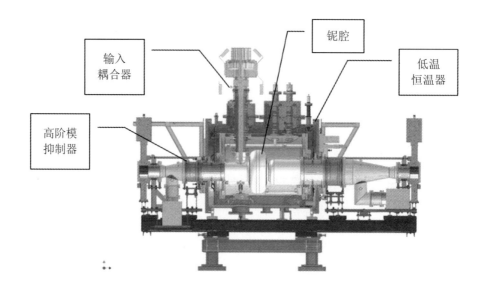

图 4.84 BEPCⅡ 500 MHz 超导模组构成

测试,国际同行常用的测试方法有三种:

(1) 流量计法:在一定热负载下(模组静态负载/超导腔动态负载),通过读取氦回气的实时流量 $\dot{m}_{He}$,可高效准确地计算出模组实时回气量带走的相应热负载,即 $q = \dot{m}_{He} h_{lg}$。

(2) 封闭憋压法(只对 2 K 测试):在一定热负载下(模组静态负载/超导腔动态负载),通过关闭模组上下游阀门,在完全封闭的系统内液氦自然蒸发,一段时间内气液两相整体升温升压(饱和压力)。该段时间内的压升速率即可对应该某一热负载值。

(3) 液位法(蒸发率测试):在一定热负载下(模组静态负载/超导腔动态负载),切断液氦供应并保持回气通畅,进而通过一定体积的液氦蒸发及相应的液位下降时间,测算热负载值。

基于水平测试站低温测试条件,我们将选用相应的测试方法,并获得相应射频性能(Q_0、E_{acc})。选用的测试方法为液位法(蒸发率测试)。

(1) 加热器归零,加载腔压至目标值 E_{acc},两相管积至理想液位(>85%),压力稳定在 $31 \sim 32$ mbar(± 0.1 mbar)。

(2) 关闭模组 JT 阀(建议:缓慢关闭,速率为 2.5%/min),保持阀箱 B 回阀畅通和压力稳定($\leqslant \pm 0.5$ mbar)。因模组静态负载与超导腔动态负载的共同作用,液位会因蒸发以一定速率下降。当液位下降至两相管底部时(<70%),记录固定液位差(同上:85%~77.5%,对应体积 ΔV 和液位下降时间 Δt_{cav}。

(3) 当测试完成后,腔压归零,打开模组 JT 阀,重新恢复液位至 85% 以上,压力值稳定在 $31 \sim 32$ mbar(± 0.1 mbar)。

(4) 根据以上数据,测算腔耗值 P_{cav} 以及相应的超导腔 Q_0 值。采用式(4.33)计算:

$$P_{cav} = \frac{\rho_{cav} \cdot \Delta V \cdot h_{lg,cav}}{\Delta t_{cav}} - P_0 \tag{4.33}$$

其中,液氦体积 ΔV 和静态负载 P_0 为标定测量的结果。模组在运行腔压处的 Q_0 采用式(4.34)计算:

$$Q_0 = \frac{(E_{acc} \cdot L_{eff})^2}{\dfrac{r}{Q} P_{cav}} \tag{4.34}$$

4.9 影响超导腔性能的因素

纯铌超导腔的理论加速梯度是由其临界磁场决定的,大约在 55 MV/m。可是不可能达到理论上的无缺陷和纯净,而超导腔的杂质和缺陷会引起各式各样的异常损耗,影响其加速梯度和 Q 值。影响超导腔性能的主要因素有二次电子倍增效应、失超、场致发射、氢中毒等。

4.9.1 射频超导

直流下,材料进入超导状态后其电阻变为零,即没有损耗。可是对于射频信号,当 $T < T_c$ 时,超导体的电阻并不为零,而是存在一个射频表面电阻。该电阻由两部分组成:一部分为 BCS 电阻,由 BCS 理论给出;另一部分为材料的剩余电阻,通常与材料所包含的杂质、材料的表面状况和环境的剩磁等有关。

$$R_s = R_{BCS} + R_0 \tag{4.35}$$

$$R_{BCS} = A_s \frac{\omega^2}{T} \exp\left(-\frac{\Delta(T)}{k_B T}\right) \tag{4.36}$$

其中,A_s 为与材料相关的参数(比如费米速度 ν、伦敦穿透深度 λ、相干长度 ξ 及电子的平均自由程),ω 为圆频率,k_B 为玻尔兹曼常数。

对于铌材,式(4.36)可以写为

$$R_{BCS} = 8.88 \times 10^{-5} \frac{f^2}{T} \exp\left(-\frac{17.67}{T}\right) \tag{4.37}$$

其中,R_{BCS} 的单位为 Ω,f 的单位为 GHz,T 的单位为 K。从式(4.37)可以看出,材料的 BCS 电阻与频率的平方成正比,与温度呈指数衰减关系。

通常,我们在选择超导腔的运行温度时,需要考虑使 BCS 电阻低到一个可以忍受的值。比如,对于 500 MHz 的超导腔,运行在 4.2 K 时的 BCS 电阻为 99.6 nΩ;对于一支 1.3 GHz 的超导腔,用 4.2 K 饱和液氦浸泡,其 BCS 电阻为 673 nΩ,将之冷却到 2 K 下,BCS 电阻可低于 20 nΩ。

射频电磁场中,超导临界磁场也与直流时不一样,因为此时射频电磁场的变化周期与超导—正常态转变的时间相比拟,所以对于射频场,我们定义一个射频临界过热磁场 $H_{c,RF}$ 或者 H_{sh}。$H_{c,RF}$ 位于上临界磁场 H_{c2} 和下临界磁场 H_{c1} 之间。图 4.85 为射频场中的过热临界磁场。

4.9.2 剩余电阻

实验中发现,在超导体温度低于超导转变温度以后,所测得的电阻要高于 BCS 理论给出的 BCS 电阻,这高出来的一部分要用剩余电阻理论来解释。

带来剩余电阻的原因很多,例如化学抛光后的残留物、其他的杂质金属嵌入或者某些杂

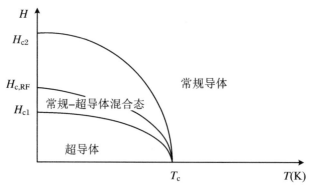

图 4.85　射频场中的过热临界磁场

质气体的存在等,到目前为止还不能掌握其所有的可能来源。我们所知道的主要包括外部磁场的影响、氢化物的影响和氧化物的影响。

当腔的表面有氢渗入时,将对表面电阻带来巨大的影响,这通常被称为"Q 病"。如果超导体中氢的质量含量超过 2 ppm(1 ppm $= 10^{-6}$),在降温过程中将会有很明显的氢化物形成,从而带来很大的表面电阻,根据氢含量和降温速率的不同,至少带来 1～2 个量级的 Q 值跌落。

通常要求超导腔母材中氢的质量含量低于 2 ppm,可是在加工制造中,特别是酸洗过程中由于酸液温度过高(超过 20 ℃),或者是产生的氢气泡未能充分引出而导致氢含量大大增加。如果其质量含量超过 10 ppm,即使使用快速降温法也很难阻止氢化物的形成。

这里要指出的是,在室温下要形成氢化物,氢含量需求非常高,但是随着温度降低,需要氢的浓度降低。在温度高于 150 K 时,形成氢化物的危险还不大;但是当温度低于 150 K 时,形成氢化物需要的氢含量降低到一个很危险的范围,即使氢含量低于 2 ppm 也可能会形成氢化物小岛。如果这些小岛形成在表面,则会增大表面电阻。

当温度在 150 K 到 60 K 之间时,氢原子的散射非常严重,故其很容易运动并聚集成核,满足形成氢化物的临界含量。只有当温度低于 60 K 时,氢原子的散射才不那么严重。因此对于一支氢含量较大的腔,在 150 K 到 60 K 停留的时间决定了其最后的表面电阻及品质。

虽然 150 K 到 60 K 的快速降温是针对"Q 病"的有效办法,但最根本的方法还是尽量减少材料中氢的含量,比如通过在钛盒内高温退火去除氢杂质。

4.9.3　二次电子倍增效应

二次电子倍增效应体现在高频结构中,产生的电子吸收高频功率,导致入射功率增加而场强不能提高。大量的电子撞击腔壁,其动能转化成热能,局部温度急剧升高,最终导致失超。在过去很长时间内,二次电子倍增效应是限制腔场强提高的一个重要原因,现在可以通过优化腔的形状大大降低该效应的影响。

二次电子倍增效应引起的 Q 值跌落几乎是忽然发生的,似乎存在一个"坎"。对于 $\beta = 1$ 的腔,当 MP 发生时,腔的入射功率、传输功率和反射功率如图 4.86 所示。

很多情况下,MP 导致 Q 值的下降可以通过高频老炼克服。能够通过老炼克服的 MP

称为"软 MP",不能通过老炼克服的 MP 称为"硬 MP"。

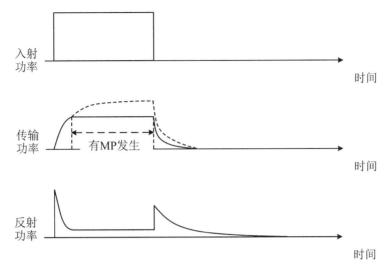

图 4.86　MP 发生时的入射功率、传输功率和反射功率

所以,当腔第一次建立电场时,需要逐渐地提升功率克服"软 MP"以建立更高的电场(图 4.87)。经验表明,经过老炼克服了的 MP 在腔的真空没有被破坏的情况下即使放置很长一段时间也不会再出现,但如果暴露大气后则很可能再次出现,这说明 MP 强烈依赖于腔的表面状况。

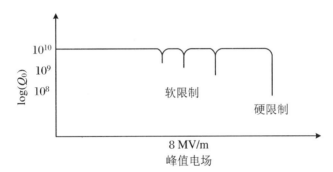

图 4.87　超导腔第一次建立电场时由 MP 引起的 Q 变化

4.9.3.1　MP 基础理论

一个被大家普遍接受的 MP 解释是,超导腔表面逃逸出来的电子,被加速场加速后再次撞击腔体内表面,产生更多二次电子。产生的二次电子的数目依赖于材料的特性以及入射电子的能量。这些二次电子被加速后又撞击腔表面,产生更多的次级电子,该过程不断循环,称作二次电子倍增效应。图 4.88 为椭球腔内的 MP。

下面讨论电子沿什么样的轨迹运动将会导致 MP。设产生一个电子的初始位置为 x_0,腔内的 RF 场为

$$E(x,t) = E(x)\sin \omega_g t \tag{4.38}$$

$$H(x,t) = H(x)\cos \omega_g t \tag{4.39}$$

其中,ω_g 为腔的驱动频率,通常 $\omega_g \approx \omega_0$,定义电子的初始相位为 Φ_0。

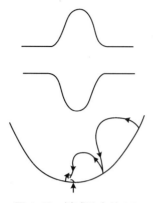

图4.88 椭球腔内的 MP

电子被加速后第一次撞击腔壁时的位置和相位分别为 x_1 和 Φ_1，产生的二次电子的数目仅与电子的能量 K 有关，此时将有 $\delta(K)$ 个二次电子产生，$\delta(K)$ 为材料的二次电子发射系数（SEC）。所有的二次电子又重复初始电子的运动过程，于是有了更多的入射点 $x_2,x_3,\cdots$ 和入射相位 $\Phi_2,\Phi_3,\cdots$。

这个过程将一直持续到第 k 步，此时电子被束缚，不能从腔表面被激发出来。如果没有第 k 步存在，MP 就发生了。

MP 是否出现依赖于表面材料的性质，即二次电子发射系数 $\delta(K)$。在经历 k 步后产生的电子数 N_e 为

$$N_e = N_0 \prod_{m=1}^{k} \delta(K_m) \tag{4.40}$$

其中，N_0 为初始电子的数目。当 $k \to \infty$，$N_e \to \infty$，则发生了 MP，此时 $\delta(K) > 1$。

4.9.3.2 克服 MP 的办法

对于 $\beta = 1$ 的超导腔，最常见的就是单点式 MP。二次电子轰击腔表面的位置就是或者很接近它产生的位置，电子被垂直于腔表面的电场加速且同时被表面磁场偏转，从而回到起点形成一个闭合轨迹，形成单点式 MP。简单考虑单点式 MP，高频电场周期必须是电子回旋周期的整数倍，这样 $\Phi_1 = \Phi_0$，并且 $\delta(K) > 1$。

电子回到起始位置需要经历的高频周期称作单点式 MP 的阶数。如图4.89所示，一阶单点式 MP 的轨迹是一个闭合曲线，二阶单点式 MP 的轨迹像一个"8"字形，以此类推。

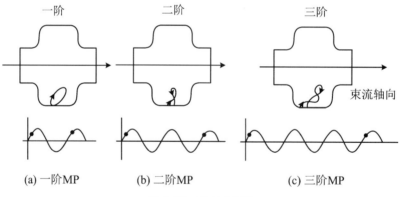

(a) 一阶MP   (b) 二阶MP   (c) 三阶MP

图4.89 单点式 MP

最有效的消除单点式 MP 的办法就是优化腔的形状，设计球形或者椭球形的超导腔。对于球形和椭球形的超导腔，沿腔壁磁场非均匀分布，这样电子轨道不再稳定，最后将漂移到赤道附近。在赤道垂直于腔壁的电场强度为零，电子将不再获得能量而被俘获，MP 被消除。

另一种形式的 MP 是两点式 MP，如图4.90所示。两点式 MP 中，在 x_0 和 x_1 两个对称位置上，不断有电子产生并轰击腔表面，两点式 MP 需要的谐振条件是

$$T_{MP} = \frac{2n-1}{2} T_{rf} \tag{4.41}$$

其中，n 为两点式 MP 的阶数。

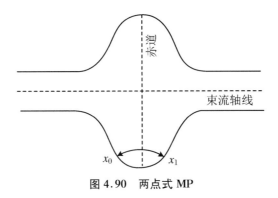

图 4.90 两点式 MP

我们可以这样考虑两点式 MP,当电场反向时,在 x_0 处有二次电子产生,当电场再次反向时,该电子正好运动到 x_1 轰击腔表面,如果 x_0 和 x_1 处于对称位置上,则在 x_1 处产生的电子将返回 x_1,然后形成新的循环,即产生两点式 MP。

除了超导腔,对于其他的高频元件,比如耦合器、低 β 腔、同轴传输线等,两点式 MP 也不可忽略。

有效降低 MP 的方法除了上面提到的通过优化腔的形状减小一点式 MP 外,还可以通过选择低 $\delta(K)$ 的材料、细致的表面处理和高频老炼等方式。

4.9.4 失超

失超又叫热不稳定性或者热崩溃(Thermal Breakdown),通常是由腔表面的缺陷引起的。一种缺陷是腔内表面的一些尖锐突起、坑或者沟、划痕、焊接时的飞溅等,超过 0.1 mm 的表面粗糙度就会放大缺陷处的表面磁场;另一种缺陷是化学抛光残留物、灰尘等镶嵌在超导腔内表面的外来杂质。在直流情况下,超导电流流经缺陷时会绕过缺陷沿电阻最小即超导部分流动;可是在射频情况下,射频电流会通过缺陷并产生焦耳热。

如图 4.91 所示,当缺陷外缘的温度超过材料的超导转变温度 T_c 时,缺陷处就失去超导特性变为常导态,在这里会有大量的功率消耗,常导区域随之增大,最终可能导致失超。

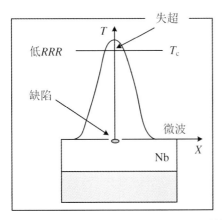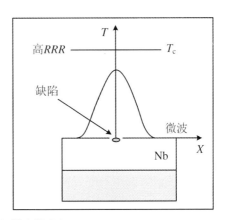

图 4.91 射频场带来的失超

下面介绍一下解决失超的方法。

超导体的热导率与其纯度密切相关。一般用 RRR 来表示超导体的纯度，RRR 定义为

$$RRR = \rho_{293\,\text{K}} / \rho_{4.2\,\text{K}} \tag{4.42}$$

其中，ρ 为电阻率。为了测量上的方便，常用 $\rho_{9.3\,\text{K}}$ 来代替 $\rho_{4.2\,\text{K}}$，即

$$RRR = \rho_{293\,\text{K}} / \rho_{9.3\,\text{K}} \tag{4.43}$$

超导体的热导率与其 RRR 有如下关系：$\kappa \approx 0.25RRR$。热击穿场（$H_{\max}$）阈值随 RRR 的增大而增大。超导腔的热击穿常常发生在腔的高磁场区。

所以，要想避免失超就需要尽量提高材料的热导率，如图 4.92 所示，铌材的热导率与 RRR 直接相关，$\kappa \approx 0.25RRR$。选择 RRR 高的铌材很有必要，但同时也需要考虑到材料的机械性能。通常选择 RRR 为 300 的材料来制造超导腔。

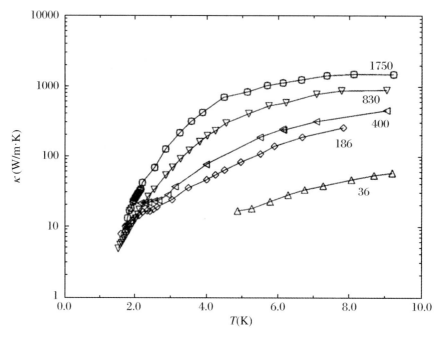

图 4.92　铌材的热导率与 RRR 的关系

另一个影响磁场的最大因素是杂质的尺寸，所以我们通过不同的表面处理方法尽量去除材料表面的杂质，提高材料的表面光洁度。

4.9.5　场致发射

失超现象主要是受表面磁场的限制而发生，而场致发射则主要受表面电场限制。场致发射在加速梯度较高的时候发生，在很长一段时间内是限制超导腔加速梯度提高的主要原因。当腔的加速梯度提高时，其品质因子则呈 e 指数降低，并且伴有大量的 X 射线放射。

与二次电子倍增效应不同，场致发射发生的加速梯度并不确定，而发生的时候，只要增加入射功率，腔的加速梯度还能缓慢提高，但大量电子轰击腔表面，导致局部温度升高并扩大到更多地方，严重时导致失超。

有很多手段可以检测场致发射的发生，在束流中心轴线附近放置探针可以探测到电子流；腔壁外的 X 射线探测器可以探测到电子轰击腔表面时产生的 X 射线；腔壁外安装的

T-Mapping 温度传感器可以检测场致发射发生时电子轰击腔表面产生的温升。通过 T-Mapping 可以很清楚地看到场致发射主要发生在表面电场很高的区域。

腔在第一次建立电场的时候,通常需要一定时间的老炼来降低场致发射。通过老炼,场致发射导致的失超可能被克服,但是当加速梯度进一步提高时,场致发射可能再次出现。

场致发射发生的机制:研究表明,腔表面微米尺度的金属杂质是引起场致发射的主要原因,但并不是所有的微米尺度的杂质都会引起场致发射,只有 5%~10% 的此类杂质会引起场致发射。

消除场致发射的方法:采用 RRR 较高的铌材,确实很大程度上提高了场致发射发生的场强。RRR 从 30 到 300 提升一个量级,场致发射发生的场强由 5 MV/m 提高到 13 MV/m。

可是,RRR 并不是越高越好,即使不考虑机械强度,俄罗斯曾用 RRR 为 500 的铌材,可是腔的 E_{acc} 却没有像预想中那样显著提高。所以还要其他手段来消除场致发射,比如现在使用较多的高压水冲洗和高功率脉冲老炼等。

大面积的电子发射点可以通过高压水冲洗消除,但偶尔有零散的电子发射点同样会引起场致发射。在腔的装配中(比如高功率耦合器安装或腔与束管连接时)难免会有一些灰尘掉进腔内,高功率脉冲老练可以针对这种污染有效地去除发射点,从而消除场致发射。

馈入高的功率,使场致发射点的表面电场尽可能高,哪怕只保持很短的时间(微秒级),场致发射点可以被高的表面电场烧掉。

高功率脉冲老练一个很大的优势在于它可以处理由真空破坏等导致的腔性能下降问题。通过高功率脉冲老练提高了加速梯度,但腔的 Q_0 可能会因为大量被烧掉的场致发射点熔融小坑而降低。对于熔融的小坑,也曾有过这样的担心:这些小坑会不会引起失超? 但大量的实验证明这个担心是多余的,因为大多数小坑的直径都在 10 μm 以下,根据前面对失超的讨论可以知道这么小的缺陷一般不会引起失超。但还是要在高功率脉冲老练时逐步提高功率,以免形成更大的缺陷。

4.9.6 影响超导腔性能的因素小结

超导电流仅在腔表面数十纳米范围内流动,所以表面状况决定了腔的最后性能。材料中溶解的杂质、加工中引入的缺陷、化学清洗后残留的物质、装配时掉入的灰尘等颗粒都是影响超导腔性能的缺陷。图 4.93 为超导腔表面可能的缺陷。

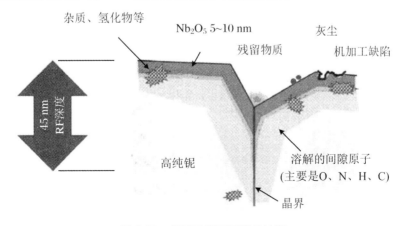

图 4.93 超导腔表面可能的缺陷

在没有异常损耗的情况下，腔的 Q_0-E_{acc} 值曲线应该是如图 4.94 所示的直线，可是由于氢中毒、多次二次电子倍增效应、失超、场致发射等原因导致 Q 值异常降低。超导腔的表面处理研究就是围绕如何降低和消除这些异常损耗的影响而开展的。

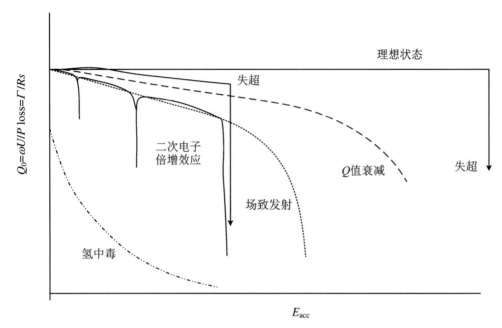

图 4.94　影响超导腔性能的重要因素

4.10　超导腔自主研制举例(BEPCⅡ、ADS 等)

我国在超导腔自主研制上取得了一系列成果，如 BEPCⅡ、ADS、高品质因子 1.3 GHz 超导腔模组等。

4.10.1　BEPCⅡ 500 MHz 超导腔

BEPCⅡ是在正负电子对撞机的基础上，进行了大幅度的升级，其加速腔采用超导腔。其中，对撞环能量优化在 1.89 GeV，对撞模式高频电压为 1.5 MV，同步光模式高频电压为 2.0 MV，对撞模式设计流强为 910 mA，同步光模式设计流强为 250 mA，超导腔频率为 500 MHz。具体高频相关参数详见表 4.6。

表 4.6　BEPCⅡ 与高频腔相关的参数

参数	符号	单位	对撞模式	同步光模式
环参数				
能量	E	GeV	1.89	2.5
周长	C	m	237.5306	241.129
设计流强	I_b	mA	910	250
辐射损失	U_0	keV	123.4	377.8
寄生模损失	U_k	keV	～22	～22
谐波数	h		396	402
RF 频率	F_{rf}	MHz	500	
回旋频率	F_0	MHz	1.262	124.3
高频电压	V_{rf}	MV	1.5	2.0
高频腔参数				
阻抗	R_0Q		93.5/2	
有载品质因子	Q_L		2.1×10^5	

　　BEPCⅡ 500 MHz 超导腔采用 1-cell 腔结构,总长约 3.7 m。需要高流强,近安培量级运行,因此采用了深度阻尼型结构,将高阶模引出至常温结构进行衰减。图 4.95 为该超导腔机械尺寸图。

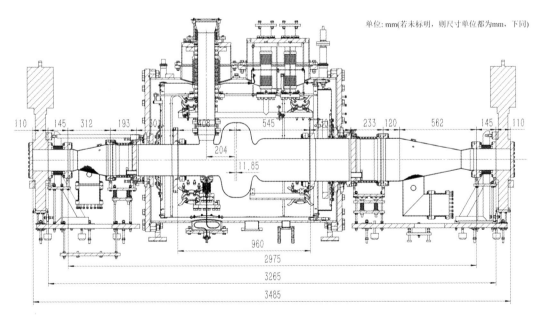

单位:mm(若未标明,则尺寸单位都为mm,下同)

图 4.95　BEPCⅡ 500 MHz 超导腔机械尺寸图

　　超导腔的设计主要包括腔型选择、参数优化设计、高功率耦合器和高阶模抑制器设计等。图 4.96 为 BEPCⅡ 500 MHz 腔设计思路图。

图 4.97(a)为超导腔零束流运行时,腔压随入射功率的变化;图 4.97(b)为对撞运行、腔压为 1.5 MV 时,功率随流强的变化。

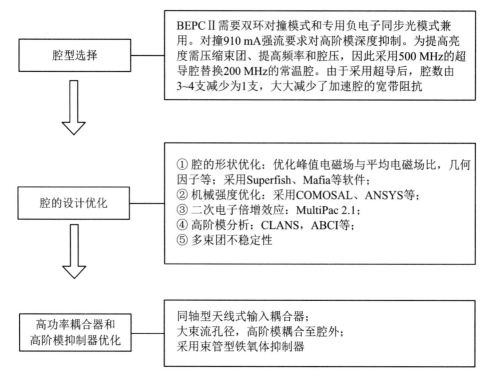

图 4.96　BEPC II　500 MHz 腔设计思路

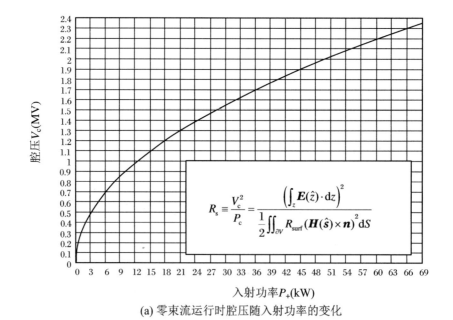

$$R_s \equiv \frac{V_c^2}{P_c} = \frac{\left(\int_z \boldsymbol{E}(\hat{z}) \cdot \mathrm{d}z \right)^2}{\frac{1}{2} \iint_{\partial V} R_{surf} (\boldsymbol{H}(\hat{s}) \times \boldsymbol{n})^2 \mathrm{d}S}$$

(a) 零束流运行时腔压随入射功率的变化

图 4.97　零束流对撞运行时功率随流强的变化

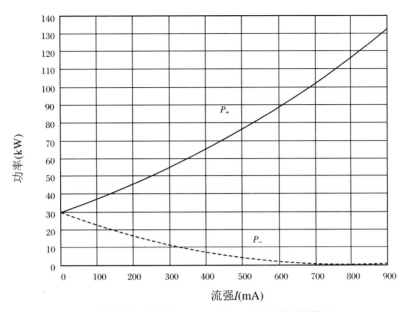

(b) 对撞运行、腔压为1.5 MV时，功率随流强的变化

图 4.97 零束流对撞运行时功率随流强的变化(续)

图 4.98 为超导腔对撞运行、腔压为 1.5 MV 时腔失谐频率及失谐角随流强的变化。

超导腔研制的整个过程除了电场设计,还包含了机械设计与加工以及超声清洗、化学抛光、高压水冲洗、洁净组装等一系列的后处理过程,还要进行垂直测试。图 4.99 为 BEPC II 500 MHz 超导腔设计、加工、后处理、组装和垂直测试的照片。

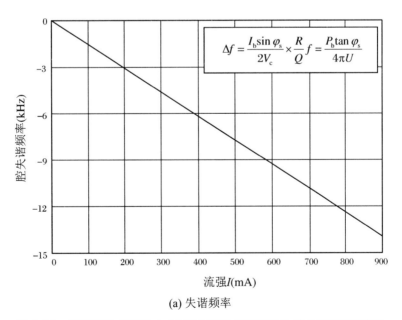

(a) 失谐频率

图 4.98 对撞运行、腔压为 1.5 MV 时腔失谐频率及失谐角随流强的变化

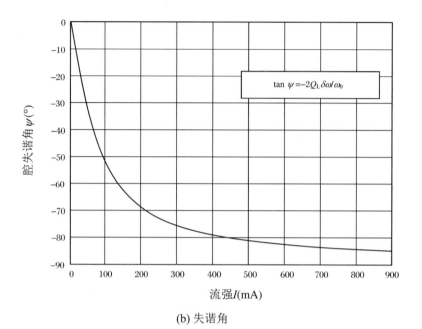

$$\tan \psi = -2Q_{\mathrm{L}}\delta\omega/\omega_0$$

(b) 失谐角

图 4.98　对撞运行、腔压为 1.5 MV 时腔失谐频率及失谐角随流强的变化(续)

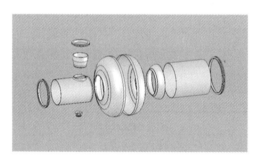

(a) 设计

(b) 加工

(c) 后处理

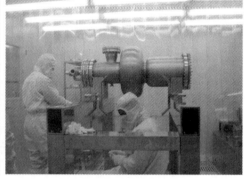

(d) 组装

图 4.99　BEPCⅡ 500 MHz 超导腔设计、加工、后处理、组装和垂直测试的照片

(e) 垂直测试

图 4.99　BEPCⅡ 500 MHz 超导腔设计、加工、后处理、组装和垂直测试的照片(续)

除了超导腔的研制,恒温器的研制也同步进行。图 4.100 为 BEPCⅡ 500 MHz 恒温器 3D 设计图及实物图。

2007 年 3 月,BEPCⅡ 储存环中正负电子能够同时积累成功对撞,2009 年 5 月,在 1.89 GeV 能量下对撞亮度通过了国家验收;目前达到改造前的 100 倍,每支超导腔均达到 1.5 MV 腔电压下 900 mA 束流运行,高频功率超过 130 kW。取得这一成绩与超导腔的采用是分不开的。图 4.101 为 BEPCⅡ 储存环里的 500 MHz 超导腔的位置。

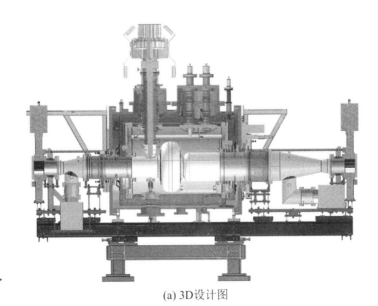

(a) 3D设计图

图 4.100　BEPCⅡ 500 MHz 恒温器 3D 设计图及实物图

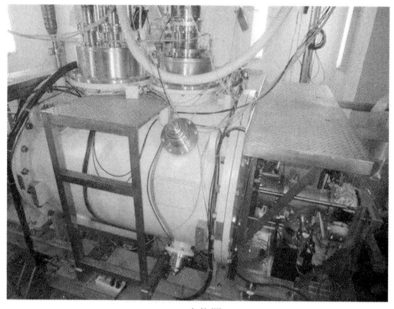

(b) 实物图

图 4.100　BEPCⅡ 500 MHz 恒温器 3D 设计图及实物图(续)

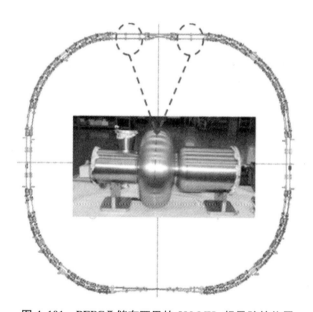

图 4.101　BEPCⅡ储存环里的 500 MHz 超导腔的位置

　　备用腔是一套综合的系统,包括超导腔腔体、高功率输入耦合器、高阶模抑制器以及恒温器等关键部件。图 4.102 为备用腔系统组成。

　　从世界上超导腔的运行经验,特别是与 BEPCⅡ同类型的 KEKB 超导腔的运行历程看,超导腔的故障带有一定的突发性,特别地,高功率陶瓷部件和低温真空密封部位是薄弱环节,故障发生概率比较高,需要备用腔。因此,在 BEPCⅡ转入调束运行阶段后,开始了 500 MHz 超导腔的自主研制。射频超导技术是加速器前沿技术,掌握核心部件制造工艺和总体集成技术可突破国外垄断。

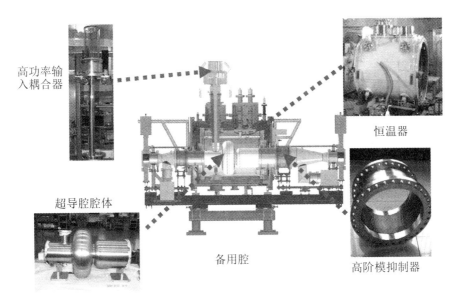

图 4.102　备用腔系统组成

图 4.103 为超导备用腔垂直测试和水平测试结果。其工程指标为 $V_c = 1.5\,\mathrm{MV}$, $Q_0 = 5 \times 10^8$。经过测试 BEPC II 超导备用腔测试结果为 $V_c = 2.3\,\mathrm{MV}$, $Q_0 = 1.2 \times 10^9$。圆满达到指标。

2017 年 9 月,备用腔在 BII 储存环上开始运行,与 2006 年日本腔的情况比较,其很快便达到了运行状态。

2018 年 3 月 30 日,高能所组织专家对 BEPC II 备用腔系统带束运行进行了现场测试。带束测试主要结果如下:腔压为 1.53 MV,电压稳定度达到 ±0.43%,相位稳定度达到 ±1°。BEPC II 备用腔系统满足同步光和对撞两种运行模式下的长期稳定运行要求。

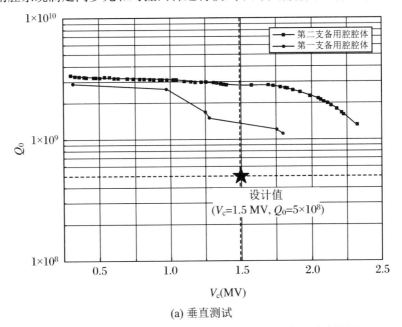

(a) 垂直测试

图 4.103　BEPC II 500 MHz 备用腔垂直测试和水平测试结果

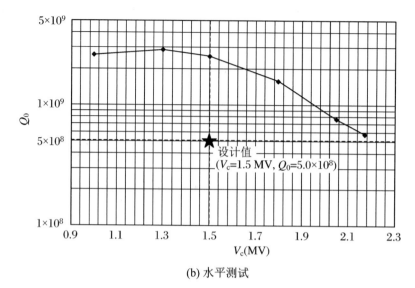

(b) 水平测试

图 4.103 BEPC Ⅱ 500 MHz 备用腔垂直测试和水平测试结果(续)

2017 年 10 月备用腔系统(腔体、耦合器、调谐器、高阶模抑制器、恒温器等)投入 BEPC Ⅱ 运行,一年来运行稳定并达到指标和通过鉴定,标志着我国 500 MHz 超导腔系统技术真正实现了突破,我国也跻身于世界少数成功研制 500 MHz 超导腔系统的国家行列。

4.10.2 ADS 轮辐超导腔

目前,核废料及其处理方法是限制核能发展的一个重要因素。为了更加有效、安全地解决核废料问题,核物理学家们提出采用加速器驱动次临界系统强流质子加速器提供的高能高功率质子束,轰击重金属散裂靶,产生高通量广谱中子,驱动次临界反应堆运行,达到焚烧核废料中长寿命核素的目的。图 4.104 为 ADS 原理图。

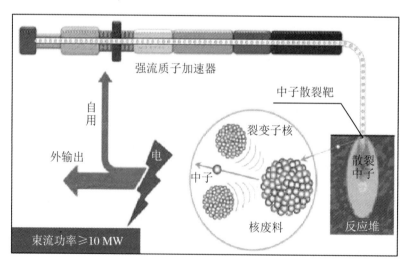

图 4.104 ADS 原理图

整个项目分若干阶段开始预研,质子加速器的注入器研究为第一个阶段。为了验证技术路线,本阶段由高能所和近代物理所并行开展。图 4.105 为第一阶段两个研究所的研究任务图。

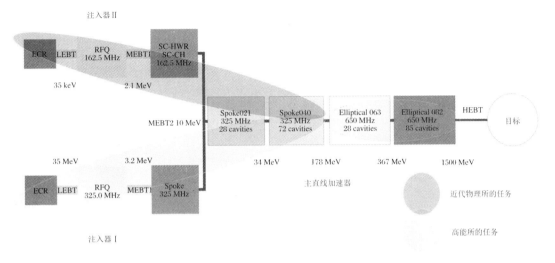

图 4.105　ADS 加速器任务描述

图 4.106 为 Spoke 012 设计图与实物图。本阶段累计加工 21 支 Spoke 012 腔,垂直测试性能远超设计指标,4.2 K 温度下,$Q_0 = 5 \times 10^8 @6\,\mathrm{MV/m}$[①],达到国际领先水平。

(a) 设计图　　　　　　　　　　　　(b) 实物图

图 4.106　Spoke 012 设计图与实物图

此后,超导腔进行了成功的系统集成,性能达到国际领先水平,标志着我国在强流质子超导腔研制方面取得重大突破! 国际首次成功研制 7 支低 β 超导腔的恒温器,共 14 个周期

---

① @是英文单词"at"的缩写。意思是"在……条件下"。

单元。国际首次成功加速 10.6 mA 脉冲质子束至 10.6 MeV。图 4.107 为低 β 超导腔腔串及恒温器的实物照片。

(a) 超导腔腔串

(b) 恒温器

图 4.107 低 β 超导腔腔串及恒温器

在高能所 ADS 超导腔组测试成功后,高能所与近代物理所 25 MeV 超导直线加速器联调,该超导直线加速器能量最高达到 26.2 MeV,连续波运行能量达到 25 MeV,如图 4.108 所示。

4.10.3 高品质因子 1.3 GHz 超导腔模组

超导腔由于其固有品质因子高于常温腔数百万倍,可以大幅降低运行时的腔壁微波功耗。经过简单估算就可知道,连续波运行的超导腔总能量效率(包括束流、腔壁和低温功耗)是常温腔的数十至数百倍,可以节省大量能源,因而是加速器非常重要的绿色低碳技术之

(a) 实物图

(b) 恒温器图片

图 4.108 高能所与近代物理所 25 MeV 超导直线加速器联调

一。另外,由于常温腔在连续波高梯度运行时的腔壁冷却限制和过高的微波功率需求,超导腔是连续波高梯度加速器的唯一选择,具有不可替代性。

品质因子是连续波运行的超导腔最关键的性能,决定低温系统的造价和运行功耗,需采取各种办法加以提高。另外,高品质因子意味着在同样的低温制冷能力下,可以进一步提高加速梯度,减少超导腔及模组的数量,降低整个加速器的造价。

高品质因子 1.3 GHz 超导腔及其模组是我国及国际上在建和规划中的多个大科学装置中的关键核心技术,如美国斯坦福直线加速器中心的直线相干光源二期及其能量升级项目、我国的上海硬 X 射线自由电子激光装置和深圳中能高重复频率 X 射线自由电子激光装置(S^3FEL)以及未来高能环形正负电子对撞机等,都需要大量的高品质因子 1.3 GHz 超导腔及模组。

高能所自 2017 年起开始自主研制高品质因子 1.3 GHz 9-cell 超导腔及其模组。2020年,在国际上首次改进中温退火工艺并成功实现 1.3 GHz 9-cell 超导腔的中温退火工艺和小批量(6 支)超导腔的试制,使我国高性能 9-cell 超导腔技术跨入世界前列,为我国建设国际领先的高重频自由电子激光装置和未来高能正负电子对撞机提供了新的工艺方案。2023年,成功研制国际首个中温退火 1.3 GHz 超导加速模组,在国际上率先实现了比掺氮工艺更为先进的中温退火高品质因子超导腔模组技术路线,满足了我国相关大科学工程的迫切需求。中温退火工艺稳定可靠、易于实现,可作为未来高品质因子超导加速器的主要技术路线。

模组高功率水平测试显示:模组总腔压为 133 MV(8 支 1.3 GHz 9-cell 超导腔平均加速梯度为 16 MV/m)时,平均品质因子为 3.8×10^{10}(图 4.109 和图 4.110)。模组总腔压为 174 MV(平均加速梯度为 21 MV/m)时,平均品质因子为 3.6×10^{10}。模组稳定运行总腔压大于 191 MV,平均加速梯度达到 23 MV/m 以上。模组的主要性能,如总腔压、平均加速梯度、平均 Q 值、2 K 总热负荷、主耦合器、高阶模抑制器、调谐器、超导磁体、辐射剂量、暗电流、麦克风效应、真空度等,均满足国内有关大科学装置的超导加速模组设计要求,并超过了美国直线相干光源二期项目及其能量升级项目的超导加速模组设计指标。

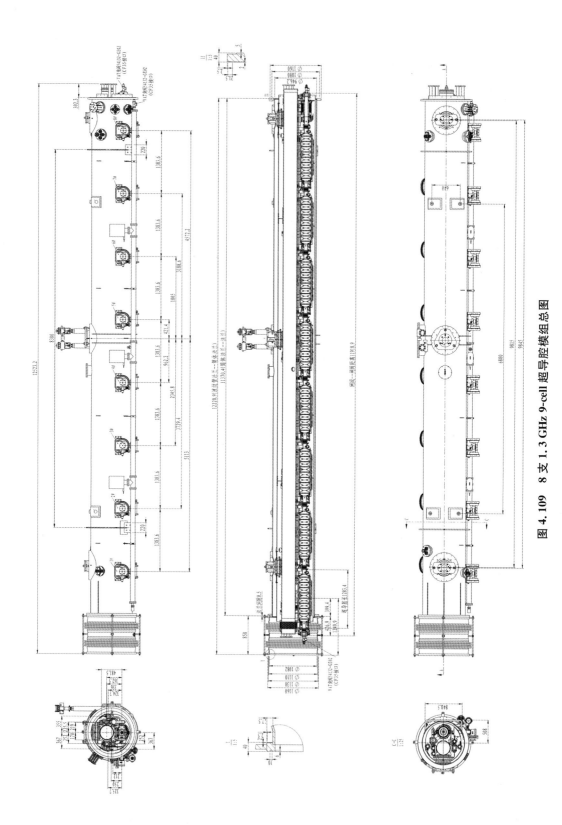

图 4.109　8 支 1.3 GHz 9-cell 超导腔模组总图

图 4.110　高品质因子 8 支 1.3 GHz 9-cell 超导腔模组

4.11　新材料及薄膜超导腔

在过去的几十年里,基于纯铌材料的超导腔技术发展迅速,目前,世界各实验室研发的超导腔基本上都是以纯铌为原材料[42]。纯铌超导腔的射频超导性能(E_{acc} 和 Q_0)已经接近了铌这种材料的极限,比如,纯铌超导腔的峰值磁场已经达到了铌的临界磁场。为了进一步降低射频超导加速器的造价和运行费用,未来的大型加速器装置要求超导腔的加速梯度更高、射频功耗更低。因此,要研发新材料和新技术来进一步提高超导腔的加速梯度(E_{acc})和品质因子(Q_0),例如铌薄膜(Nb Film)、铌三锡(Nb_3Sn)、二硼化镁(MgB_2)、高温超导材料等,其中,铜镀铌超导腔和铌三锡超导腔技术发展较快。

4.11.1　铜镀铌超导腔

20 世纪 80 年代,CERN 发明了铜镀铌超导腔技术[43]:采用直流二级溅射或磁控溅射的方法,在无氧铜衬底上制备一层微米级厚度的铌膜来制备超导腔。该技术实现了谐振腔的热性能和射频超导性能的分离。无氧铜基底为超导腔提供了高热导、高机械稳定性,而镀在无氧铜基底上的铌薄膜则提供了良好的射频超导性能。这样就使得超导腔在运行的时候具备高热稳定性,减少了表面热量聚集而产生的失超现象。同时,因为机械稳定性的提高,铜镀铌超导腔的麦克风效应相较于纯铌腔大幅度降低,可显著降低超导腔内电场相位和幅度的控制难度。此外,该技术还具备造价低和环境友好的特点:无氧铜的价格仅为高纯铌的1/30 左右,纯铌腔通常需要经过缓冲化学抛光或电抛光处理,这两种处理都要使用氢氟酸,对安全防护和废液处置,要求很严格;而铜腔的处理通常采用 SUBU 方案,即采用氨基磺酸、柠檬酸铵、过氧化氢、正丁醇为处理试剂,SUBU 方案摒弃了氢氟酸的使用,具有毒性更小、环境更友好的特点。

铜镀铌超导腔技术自问世以来,世界各大实验室陆续对其展开了深入广泛的研究,并成功将该技术应用于 CERN 的 LEP 和 LHC 项目以及意大利 INFN 的 ALPI 重离子加速器中[44-45]。不过,该技术目前的使用仅局限于频率较低的超导腔,对于频率高于 1 GHz 的超导腔,并未取得突破性应用。原因在于铜镀铌腔的 Q 值随着加速梯度的增加而迅速下降(Q-Slope 现象),铜镀铌腔的可用加速梯度明显低于纯铌腔。最开始人们认为,这种现象是由薄膜晶粒较小(100 μm 尺度)导致的,但后来随着研究的深入,发现制备出的微米级尺度晶粒的薄膜腔,仍然存在 Q-Slope 现象。此后,随着研究的继续深入,人们发现,溅射过程中,铌原子对铜基底的掠射角对薄膜性能影响巨大。随着掠射角变化,原子通量减小,会单调降低薄膜的 RRR 和超导转变温度。

为了解决这一薄膜生长质量问题,大功率脉冲磁控溅射技术(HPPMS)被应用到铜镀铌超导腔的研制中。该技术在短时间内施加高电压脉冲,在目标靶上产生高密度等离子体,使得溅射铌原子部分电离。施加适当的偏压以后,这些被电离的铌原子可以被吸收到基底上,从而实现铌原子在复杂形状腔内不同位置尽可能正入射沉积,提高了薄膜生长质量。除了 HPPMS 技术之外,INFN 实验室还在开发电弧沉积技术在铜铌腔中的应用。通过高压或激光产生电弧,维持电弧以产生高密度等离子体流,将铌原子全部电离,并通过偏压吸引到衬底上。此外,正在研究的另一种方法是电子回旋共振沉积(ECR),电子束蒸发源产生大通量铌原子,随后,其通过 ECR 过程电离。然后,通过磁引导将离子引导至适当偏压的衬底。电弧沉积技术和 ECR 技术,目前仍主要集中在样片阶段的研究。

4.11.2 铌三锡超导腔

Nb_3Sn 是一种常见的超导材料,属于 A15 家族(除了 Nb_3Sn,还包括 Nb_3Al、Nb_3Ge、Nb_3Ga、V_3Si 等)。Nb_3Sn 的微观结构如图 4.111 所示,黑色为 Sn 原子,灰色为 Nb 原子。

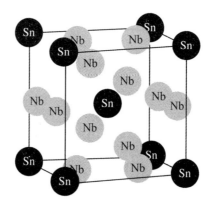

图 4.111 Nb_3Sn 的微观结构

与 Nb 相比,Nb_3Sn 的优点主要有:① 射频临界磁场理论上可达到 450 mT,而 Nb 只有 240 mT,因此,Nb_3Sn 超导腔的加速梯度理论上可以达到约 100 MV/m,是 Nb 腔的两倍左右;② 超导临界温度是 18.3 K,而 Nb 是 9.2 K;③ 在 4.2 K 温度下,Nb_3Sn 的 BCS 表面电阻(R_{BCS})远小于 Nb 的,因此 Nb_3Sn 超导腔的 Q_0 显著高于 Nb 腔的。而 Nb_3Sn 的缺点是易脆且热导性差,镀在 Nb 或 Cu 等金属上才能用于超导腔。

在过去的几十年里,人们发展了多种制备 Nb_3Sn 的方法,例如磁控溅射法、气相扩散法、青铜法、化学气相沉积法等[46]。而在这些方法中,气相扩散法毫无疑问是最成功的,已在国内外多个实验室取得了很好的结果[47-50],因此,这里重点介绍采用气相扩散法制备 Nb₃Sn 超导腔。

气相扩散法是将 Sn 蒸气在高温条件下输送到 Nb 的基底上扩散沉积生成 Nb₃Sn 薄膜,主要过程是在真空炉内完成的,图 4.112 就是高能所的铌三锡镀膜真空炉。气相扩散法制备 Nb₃Sn 的主要步骤如下:① 将铌腔超声清洗晾干;② 生长成核,通常使用 SnCl₂ 作为成核剂;③ 继续升温,达到 Nb₃Sn 薄膜生长所需的温度,避免低温下形成杂相;④ 当温度达到约 1200 ℃时,Sn 蒸气在成核点附近沉积,Nb₃Sn 晶粒开始形成,此外,为了保证 Sn 蒸气的压差,让 Sn 蒸气更好地沉积到铌腔上,Sn 源的温度通常要比炉温高 1200 ℃左右;⑤ 退火,使表面多余的纯 Sn 扩散或抽走;⑥ 停止加热,自然冷却到室温,整个过程完成。图 4.113 是高能所采用气相扩散法制备 Nb₃Sn 过程中的温度和压力曲线,镀膜前和镀膜后的铌三锡超导腔的内表面如图 4.114 所示。

图 4.112　铌三锡镀膜真空炉(高能所提供)

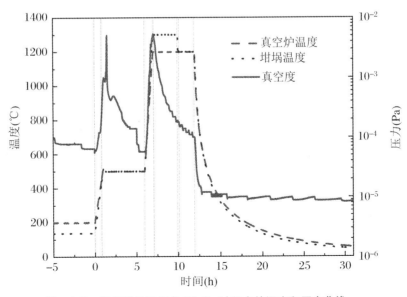

图 4.113　气相扩散法制备 Nb₃Sn 过程中的温度和压力曲线

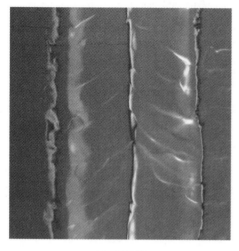 

(a) 镀膜前   (a) 镀膜后

图 4.114　Nb₃Sn 超导腔镀膜前后对比

经过几十年的发展进步,采用气相扩散法制备的 Nb_3Sn 超导腔的 E_{acc} 和 Q_0 不断提高,以美国费米实验室的 1.3 GHz 1-cell Nb_3Sn 超导腔为例,最高 E_{acc} 已经达到了 24 MV/m, Q_0 超过了 1×10^{10} @20 MV/m(@4.4 K)[47]。不过,这个结果距离 Nb_3Sn 超导腔 E_{acc} 的理论上限(约 100 MV/m)还有相当大的距离,因此,Nb_3Sn 超导腔的性能还存在很大的提升空间。

除了气相扩散法以外,青铜法采用 Nb-Sn-Cu 三元反应替代 Nb-Sn 二元反应,可以大大降低 Nb_3Sn 薄膜的制备温度;化学气相沉积法也可以在较低温度下快速制备 Nb_3Sn 薄膜;磁控溅射法可以灵活改变化学成分比例,制备温度也比气相扩散法低。但是,这三种方法也存在着诸多问题,制备得到的 Nb_3Sn 薄膜的质量与气相扩散法相比还有很大差距,因此,离它们真正被用在 Nb_3Sn 超导腔上还有一段距离。

参 考 文 献

[1] Kelly M. TEM-class cavity design [C]//Proc. 16th International Conference on RF Superconductivity,2013.

[2] Padamsee H. 50 years of success for SRF accelerators—a review[J]. Superconductor Science and Technology,2017,30(5):053003.

[3] Padamsee H. Design topics for superconducting RF cavities and ancillaries[J]. arXiv preprint arXiv:1501.07129,2015:141-169.

[4] Zhang X,Sha P,Pan W,et al. The mechanical design,fabrication and tests of dressed 650 MHz 2-cell superconducting cavities for CEPC[J]. Nuclear Instruments and Methods in Physics Research Section A:Accelerators,Spectrometers,Detectors and Associated Equipment,2022,1031:166590.

[5] 张新颖. 325 MHz 超导 HWR 腔的研究[D]. 北京:中国科学院高能物理研究所,2016.

［6］　Zheng H J, Gao J, Liu Z C. Cavity and HOM coupler design for CEPC[J]. Chinese Physics C, 2016, 40(5): 057001.

［7］　An S, Joo Y D, Kang H S. Beam instability analysis of the PLS-Ⅱ storage ring due to superconducting RF cavities[J]. Journal of the Korean Physical Society, 2010, 56(6): 2024-2028.

［8］　SuperB Collaboration. SuperB: a high-luminosity asymmetric e+ e-super flavor factory. conceptual design report[J]. arXiv preprint arXiv: 0709.0451, 2007.

［9］　Zhang P, Dai J, Deng Z, et al. Radio-frequency system of the high energy photon source[J]. Radiation Detection Technology and Methods, 2022: 1-12.

［10］　Eichhorn R, Conway J, He Y, et al. Higher order mode absorbers for high current ERL applications[J]. Proc. Of the IPAC, 2014.

［11］　Xu W. Ridge waveguide HOM damping scheme for high current SRF cavity[R]. New York: Brookhaven National Lab. (BNL), 2016.

［12］　Rimmer R. Waveguide HOM damping studies at JLab[C]//HOM Damping Workshop in SRF Cavities, 2010.

［13］　Tutte A, Xiao B, Burt G, et al. FPC and HOM coupler test boxes for HL-LHC crab cavities[R]. New York: Brookhaven National Lab. (BNL), 2015.

［14］　Solyak N, Awida M, Grassellino A, et al. HOM coupler performance in CW regime in horizontal and vertical tests[J]. SRF Technology Ancillaries, 2015: 1349-1353.

［15］　Padamsee H, Knobloch J, Hays T. RF superconductivity for accelerators[M]. New York: John Wiley & Sons, 1998.

［16］　Mario M, Peterson T. Material properties for engineering analyses of SRF cavities[J]. FNAL Specification, 2013.

［17］　ASME. ASME boiler and pressure vessel code section Ⅱ materials[M]. New York: American Society of Mechanical Engineers, 2010.

［18］　ASME. ASME boiler and pressure vessel code section Ⅷ rules for construction of pressure vessels [M]. New York: American Society of Mechanical Engineers, 2010.

［19］　Zhang X, Zhang P, Li Z, et al. Design and mechanical performance of a dressed 166.6 MHz $\beta =$ 1 proof-of-principle superconducting cavity in horizontal tests[J]. IEEE Transactions on Applied Superconductivity, 2020, 30(8): 1-8.

［20］　Huang T M, Zhang P, Li Z Q, et al. Development of a low-loss magnetic-coupling pickup for 166.6-MHz quarter-wave beta= 1 superconducting cavities[J]. Nuclear Science and Techniques, 2020, 31(9): 87.

［21］　Marton Ady. Vacuum COST: new tool for simulating temporal evolution of vacuum systems[Z/OL]. (2023-03-20)[2023-04-01]. https://molflow. web. cern. ch/content/synrad-downloads.

［22］　冼鼎昌. 北京同步辐射装置及其应用[M]. 南宁: 广西科学技术出版社, 2016.

［23］　Detlef R. Cleanroom techniques SRF11 tutorials[R]. Illinois: Argonne National Laboratory, 2011.

［24］　Gianluigi C. surface preparation[C]//USPAS School, MIT, June, 2010.

［25］　Grassellino A, Romanenko A, Sergatskov D, et al. Nitrogen and argon doping of niobium for superconducting radio frequency cavities: a pathway to highly efficient accelerating structures[J]. Superconductor Science and Technology, 2013, 26(10): 102001.

［26］　Liu B, Sha P, Dong C, et al. Nitrogen doping with dual-vacuum furnace at IHEP[J]. Nuclear Instruments and Methods in Physics Research Section A: Accelerators, Spectrometers, Detectors and Associated Equipment, 2021, 993: 165080.

［27］　Gonnella D, Aderhold S, Burrill A, et al. Industrialization of the nitrogen-doping preparation for

SRF cavities for LCLS-Ⅱ[J]. Nuclear Instruments and Methods in Physics Research Section A: Accelerators, Spectrometers, Detectors and Associated Equipment, 2018, 883: 143-150.

[28] Gonnella D. LCLS-Ⅱ-HE high Q/gradient R&D program, first CM test results, and CM plasma processing results[R]. Aomori: SLAC National Accelerator Laboratory, 2022.

[29] Martinello M, Checchin M, Romanenko A, et al. Field-enhanced superconductivity in high-frequency niobium accelerating cavities[J]. Physical Review Letters, 2018, 121(22): 224801.

[30] Posen S, Romanenko A, Grassellino A, et al. Ultralow surface resistance via vacuum heat treatment of superconducting radio-frequency cavities[J]. Physical Review Applied, 2020, 13(1): 014024.

[31] Ito H, Araki H, Takahashi K, et al. Influence of furnace baking on Q-E behavior of superconducting accelerating cavities[J]. Progress of Theoretical and Experimental Physics, 2021, 2021(7): 071G01.

[32] He F, Pan W, Sha P, et al. Medium-temperature furnace baking of 1.3 GHz 9-cell superconducting cavities at IHEP [J]. Superconductor Science and Technology, 2021, 34(9): 095005.

[33] Yang Z, Hao J, Quan S, et al. Surface resistance effects of medium temperature baking of buffered chemical polished 1.3 GHz nine-cell large-grain cavities[J]. Superconductor Science and Technology, 2022, 36(1): 015001.

[34] Yu M, Pu G, Xue Y, et al. The oxidation behaviors of high-purity niobium for superconducting radio-frequency cavity application in vacuum heat treatment[J]. Vacuum, 2022, 203: 111258.

[35] Chen J. High Q/gradient based on the completely new Wuxi platform[R]. Aomori: SHINE project, 2022.

[36] Sha P, Pan W M, Jin S, et al. Ultrahigh accelerating gradient and quality factor of CEPC 650 MHz superconducting radio-frequency cavity [J]. Nuclear Science and Techniques, 2022, 33(10): 125.

[37] Charles Reece. BCP and EP for Nb cavities[R]. Illinois: USPAS Course, 2015.

[38] Ciovati G, Higo T, Kneisel P, et al. Final surface preparation for superconducting cavities[J]. TESLA Technology Collaboration, 2008.

[39] Ari Palczewski. Cleanroom technology and cavity processing[R]. SRF2017 Tutorial, July 13-15th.

[40] Yamamoto Y, Hayano H, Kako E, et al. Cavity diagnostic system for the vertical test of the baseline SC cavity in KEKSTF[J]. SRF2007, Peking Univ., Beijing, China, 2007.

[41] 米正辉, 杨际森, 沙鹏, 等. 1.3 GHz 超导腔磁通排出效应研究[J]. 强激光与粒子束, 2020, 32(6): 064003.

[42] Valente-Feliciano A M. Superconducting RF materials other than bulk niobium: a review[J]. Superconductor Science and Technology, 2016, 29(11): 113002.

[43] Benvenuti C, Circelli N, Hauer M. Niobium films for superconducting accelerating cavities[J]. Applied Physics Letters, 1984, 45(5): 583.

[44] Calatroni S. 20 Years of experience with the Nb/Cu technology for superconducting cavities and perspectives for future developments[J]. Physica C: Superconductivity, 2006, 441: 95-101.

[45] Porcellato A M, Bisoffi G, Gustaffsson S, et al. Experience with the ALPI linac resonators[J]. Nuclear Instruments and Methods in Physics Research Section A: Accelerators, Spectrometers, Detectors and Associated Equipment, 1996, 382(1-2): 121-124.

[46] 杨景婷, 王其琛, 陈欣甜, 等. 用于射频超导腔的 Nb_3Sn 镀膜技术进展[J]. 功能材料与器件学报, 2022, 01: 36-67.

［47］　Posen S，Lee J，Seidman D N，et al. Advances in Nb_3Sn superconducting radiofrequency cavities towards first practical accelerator applications［J］. Superconductor Science and Technology，2021，34：025007.

［48］　Ciovati G，Cheng G，Pudasaini U，et al. Multi-metallic conduction cooled superconducting radio-frequency cavity with high thermal stability［J］. Superconductor Science and Technology，2020，33：07LT01.

［49］　Yang Z，Huang S，He Y，et al. Low-temperature baking effect of the radio-frequency Nb_3Sn thin film superconducting cavity［J］. Chinese Physics Letters，2021，38：092901.

［50］　Dong C，Lin Z，Sha P，et al. Preliminary research of niobium cavity coating with Nb_3Sn film at IHEP［J］. Physica C：Superconductivity and its Applications，2022，600：1354107.

第 5 章　束流负载及束腔相互作用理论

粒子加速器中高频系统的运行比其他系统更容易与粒子束产生相互作用，这是高频系统的重要特点之一。当束流经过谐振腔时，会激励起加速模式（基模）和高阶模，这些模式会与通过谐振腔的束流发生相互作用，即束腔相互作用。在加速模式下，束流对腔中场的影响称为束流负载。当束流大到一定程度时，高频系统会不稳定，束流的纵向振荡加剧，有时会发生丢束，严重时，低电平控制环路也不能控制这种振荡。在储存环中，一般情况下，腔压和束流不在同一相位，束流在腔中产生的感应场与加速场叠加，不但会"吃掉"腔压，还会产生腔的频移，使基模不稳定；另外，束流经过加速腔激起的高阶模会造成额外的功率损耗，降低束流稳定性阈值，产生单束团和多束团不稳定效应，引起束流不稳定性，对于环形加速器来说，将直接影响对撞机的亮度和同步光的能量。

本章主要介绍束腔相互作用理论及束流不稳定性。

5.1　束腔相互作用

束腔相互作用是高频腔内的模式（基模或高阶模）与通过高频腔的束流的相互作用，其作用强度既与高频腔参数有关，又与束流的特性有关。在电子储存环中，粒子的速度接近光速，束流等效为电流源。束流由一系列束团构成，它们进入腔的间隔为 T_b（加速电压周期的整数倍），束流在其前进方向上呈现高斯分布（σ_z 为束团特征长度）。傅里叶变换到频域之后，是一系列分离的 δ 函数，束流相当于一个射频源，可以激励腔的加速模式，也可以产生超出本征频率以外的频谱。假定束流的频谱线之间的间隔要远大于加速模式的带宽，也就是说，腔仅仅能被一条频谱线激励。这样束流感应的腔压和发射机的电压合在一起就是腔压。

粒子束和超导腔之间的相互作用可以用等效的 RLC 电路模型来描述[1-3]。超导腔与发射机模型的等效电路图如图 5.1 所示，将上述电路输入耦合器端等效到超导腔一端，得到如图 5.2 所示的等效电路。腔由一个并联的 RLC 等效回路来代替，L 和 C 分别是腔的电感和电容，等效电导为 $G_c = 1/R$，R 是腔的等效电阻，而 βG_c 是发射机的电导（内阻），I_g 是发射机输出电流，I_b 代表束流。I_b 的模为 $2I_0$，I_0 是平均电流。如果束流想要得到最大程度的加速，必须和发射机的电流相差 $180°$。

5.1.1　谐振研究

所有的束团穿越腔时都处于同一相位，也就是说 $T_b = \dfrac{2\pi h}{\omega_g}$，$h$（整数）是谐振因子，$\omega_g$ 是

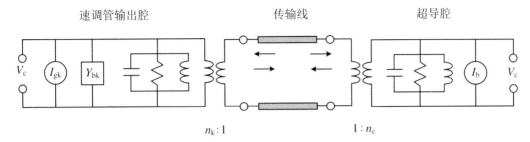

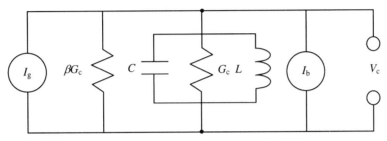

图 5.2　超导腔与发射机模型等效的简化电路图

发射机的角频率，这个角频率非常接近加速模式的特征频率 ω_0。然而，发射机的角频率 ω_g 不必和 ω_0 一样，实际上腔是轻微偏离谐振的。考虑 $\omega_g = \omega_0$，且束流和发射机的电压相差 $180°$ 的情况，我们使用 $-I_b$ 作为参考相位。此时图 5.2 中束流产生的电压是

$$V_{br} = \frac{I_b}{(1 + \beta)G_c} = \frac{I_0 R_a}{1 + \beta} \tag{5.1}$$

其中，β 是耦合度。

发射机的电压是

$$V_{gr} = \frac{I_g}{(1 + \beta)G_c} = \frac{2\sqrt{R_a P_g \beta}}{1 + \beta} \tag{5.2}$$

因为相位差 $180°$，所以总的电压为

$$V_c = V_{gr} - V_{br} \tag{5.3}$$

由式(5.1)~式(5.3)可以发现，对于某一个固定的发射机功率 P_g，总加速电压随束流增大而减小，有

$$V_c = \sqrt{R_a P_g} \frac{2\sqrt{\beta}}{1 + \beta}\left(1 - \frac{I_0 \sqrt{R_a}}{2\sqrt{P_g \beta}}\right) = \sqrt{R_a P_g} \frac{2\sqrt{\beta}}{1 + \beta}\left(1 - \frac{K}{\sqrt{\beta}}\right) \tag{5.4}$$

其中，K 是一个无量纲量，称为束流负载因数。

$$K = \frac{I_b \sqrt{R_a}}{2\sqrt{P_g}} \tag{5.5}$$

体现了束流对腔行为的影响大小。当 V_c 和 I_b 相位一致时，传输给束流的功率为

$$P_b = V_c I_0 = \frac{V_c I_b}{2} \tag{5.6}$$

分路阻抗为

$$R_a = \frac{V_c^2}{P_c} \tag{5.7}$$

其中，P_c 是腔耗。显而易见，

$$K^2 = \frac{P_b^2}{4P_g P_c} \qquad (5.8)$$

由式(5.8)可以看出，K 表明了束流获得的功率与腔内损耗功率的比值。

当 $K = 0$ 时，腔内没有负载，式(5.4)可简化为

$$P_c = \frac{4\beta}{(1+\beta)^2} P_g \qquad (5.9)$$

定义 η_g 为束流获得的功率与发射机功率的比值，由式(5.4)～式(5.6)得到

$$\eta_g = \frac{P_b}{P_g} = \frac{V_c I_0}{P_g} = \frac{4K\sqrt{\beta}}{1+\beta}\left(1 - \frac{K}{\sqrt{\beta}}\right) \qquad (5.10)$$

更进一步，

$$P_r = P_g - P_b - P_c = P_g - \eta_g P_g - \frac{V_c^2}{R_z} = P_g\left(\frac{\beta - 1 - 2K\sqrt{\beta}}{1+\beta}\right)^2 \qquad (5.11)$$

当没有束流（$\beta = 1$）时，腔和功率源是匹配（$P_r = 0$）的；而当有束流时，系统就不匹配了。由于反射功率依赖于束流强度，对于固定耦合来说，只能是在某种设定的束流条件下无反射。所以，一般情况下，根据设计流强来设定耦合系数，当流强小于即没达到设计值时，会有反射功率产生，但在容忍范围内。当流强达到设计值时，功率没有反射，此时进入腔内的功率一部分满足腔耗，另一部分成了束流功率。另一种满足与束流匹配的方式是变耦合，虽然这种方式具备更大的优势，但同时也会增加输入耦合器的设计和制造难度。

5.1.2 束流负载下的最佳耦合

当反射功率为 0 时，

$$K = \frac{\beta - 1}{2\sqrt{\beta}} \qquad (5.12)$$

此时，式(5.4)和式(5.10)中的 V_c 和 η_g 都将取最大值。

设 $m = \sqrt{\beta}$，由式(5.12)推出

$$m_\pm = K \pm \sqrt{1 + K^2} \qquad (5.13)$$

由式(5.8)及反射功率为 0 时，$P_g = P_b + P_c$，可以得到

$$1 + K^2 = \frac{(P_g + P_c)^2}{4P_g P_c} \qquad (5.14)$$

可得 $m_\pm = \sqrt{P_g/P_c}$，因此当

$$\beta = \frac{P_g}{P_c} = 1 + \frac{P_b}{P_c} \qquad (5.15)$$

时，反射功率为 0。

如果束流获得的功率远远大于腔壁上损耗的功率，为了达到反射功率为 0 的目的，需要强耦合。由 $\beta = Q_0/Q_{ext}$ 及式(5.15)可得

$$Q_{ext} = \frac{Q_0}{1 + P_b/P_c} \qquad (5.16)$$

超导腔中，P_b 远大于 P_c，因此

$$Q_{\text{ext}} \approx \frac{Q_0}{P_b/P_c} = \frac{V_c^2}{P_b(R_a/Q_0)} \tag{5.17}$$

5.1.3　超导腔失谐

实际上,加速器中的束流会偏离设计值,使得耦合并不是最佳的。另外,腔的变形、氦压的变化等都会引起腔的机械振荡。快频率调谐器可以提供部分补偿,但是不适用于高频振荡。当腔失谐时,腔等效电路不再是一个纯电导,也就是说电抗分量不为 0,此时总的有载腔的阻抗为

$$Z_L = \frac{R_s}{2(1+\beta)(1+2iQ_L\delta\omega/\omega_0)} = \frac{R_s}{2(1+\beta)}\cos\psi e^{i\psi} \tag{5.18}$$

其中,$\delta\omega = \omega_g - \omega_0$。失谐角 ψ 定义为

$$\tan\psi = -2Q_L\delta\omega/\omega_0 \tag{5.19}$$

从发射机角度来看,对于任意的同步相角 ϕ,有效的束流阻抗

$$Z_b = \frac{V_c e^{i\phi_s}}{I_b} = \frac{V_c e^{i\phi_s}}{2I_0} \tag{5.20}$$

为补偿束流产生的电抗(感抗)部分,可以对超导腔进行调频,使其偏离谐振频率,从而使腔束系统的阻抗为实数,因此要求总导纳 $\left(\dfrac{1}{Z_b} + \dfrac{1}{Z_L}\right)$ 的虚部为 0,即

$$\frac{2(1+\beta)}{R_a}\tan\psi + \frac{2I_0}{V_c}\sin\phi = 0 \tag{5.21}$$

又 $Q_L(1+\beta) = Q_0$,则最佳失谐角大小为

$$\tan\psi_0 = -\frac{I_0 R_a/Q_0 \cdot Q_L\sin\phi}{V_c} \tag{5.22}$$

调谐频率大小为

$$\Delta\omega = -\frac{I_0 R_a/Q_0 \omega_0\sin\phi}{2V_c} \tag{5.23}$$

腔处于最佳失谐时,发射机所需的功率最小,大小为

$$P_g = \frac{(1+\beta)^2}{4\beta} \cdot \frac{(V_c + V_{br}\cos\phi)^2}{R_a} \tag{5.24}$$

5.1.4　束腔相互作用的矢相图模型

发射机电压、束流激励电压和腔压之间的关系可以用图 5.3 所示的矢量图表示[4],图 5.3 对应的同步相角 ϕ 的定义如图 5.4 所示,其对应的加速腔压 $V_{acc} = V_0\cos\phi$,图中 I_0 表示平均电流,即直流电流,$I_b = 2I_0$。不同参考文献对同步相角的定义不同,若同步相角是以 $90°$ 为峰值定义的,则加速腔压公式中的 $\cos\phi$ 应替换为 $\sin\phi$。ϕ_L 是发射机电流和腔压之间的夹角,ψ 是失谐角,V_{gr} 是腔谐振时发射机电压,V_{br} 是腔谐振时束流激励电压。

由图 5.3 可得加速腔压的实部和虚部分别为

$$V_a = V_c\cos\phi = V_{gr}\cos\psi\cos(\theta+\psi) - V_{br}\cos^2\psi \tag{5.25}$$

$$V_i = V_c\sin\phi = V_{gr}\cos\psi\sin(\theta+\psi) - V_{br}\cos\psi\sin\psi \tag{5.26}$$

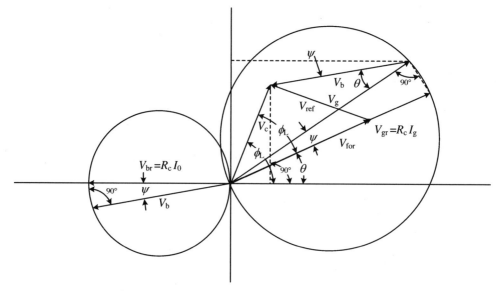

图 5.3　超导腔中发射机电压、束流激励电压和腔压之间的矢量关系图

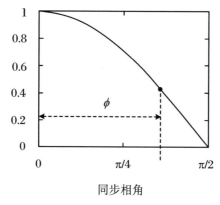

同步相角

图 5.4　P. B. Wilson 同步相角定义

其中,

$$V_{br} = \frac{I_0 R_a}{1 + \beta} \tag{5.27}$$

$$V_{gr} = \frac{2\sqrt{P_g R_a \beta}}{1 + \beta} \tag{5.28}$$

式(5.25)和式(5.26)减去 $\theta + \psi$,V_{br} 和 V_{gr} 用式(5.27)和式(5.28)替换,则可以得到用腔压 V_c、同步相角 ϕ、失谐角 ψ 和耦合度 β 表示的发射机的功率,如式(5.29)所示:

$$P_g = \frac{V_c^2}{R_a} \cdot \frac{(1 + \beta)^2}{4\beta}$$
$$\cdot \frac{1}{\cos^2 \psi} \left\{ \left[\cos \phi + \frac{I_0 R_a}{V_c (1 + \beta)} \cos^2 \psi \right]^2 + \left[\sin \phi + \frac{I_0 R_a}{V_c (1 + \beta)} \cos \psi \sin \psi \right]^2 \right\} \tag{5.29}$$

当腔压 V_c 和 V_{gr} 共线时,腔束系统的反射电压是实数,从图 5.3 可以看出,此时 $\theta = \phi$。因此,由矢量相图中三角函数的性质可得

$$\frac{V_\mathrm{b}}{V_\mathrm{c}} = \frac{V_\mathrm{br}\cos\psi}{V_\mathrm{c}} = \frac{\sin(\phi - \theta - \psi)}{\sin\theta} = -\frac{\sin\psi_0}{\sin\phi} \tag{5.30}$$

最佳失谐角为

$$\tan\psi_0 = -\frac{V_\mathrm{br}}{V_\mathrm{c}}\sin\phi \tag{5.31}$$

最佳失谐量为

$$\frac{\omega_\mathrm{g} - \omega_0}{\omega_\mathrm{g}} = \frac{I_0 R_\mathrm{a}\sin\phi}{2Q_0 V_\mathrm{c}} \tag{5.32}$$

将式(5.29)对 ψ 求导数,可得 $\psi = \psi_0$,其也是使发射机功率取最小值的失谐角,将式(5.31)代入式(5.29)可得腔处于最佳失谐点时所需要的最小发射机功率为

$$P_\mathrm{g} = \frac{(1 + \beta)^2}{4\beta} \cdot \frac{(V_\mathrm{c} + V_\mathrm{br}\cos\phi)^2}{R_\mathrm{a}} \tag{5.33}$$

反过来说,发射机输出功率最小不是在腔谐振的时候,而是在腔的最佳失谐点上。

发射机功率最小,即无反射功率时,输入耦合器的耦合度为

$$\beta_0 = 1 + \frac{I_0 R_\mathrm{a}\cos\phi}{V} = 1 + \frac{P_\mathrm{b}}{P_\mathrm{c}} \tag{5.34}$$

5.2　超导腔中的高阶模损失

腔的几何尺寸和边界条件一旦确定,根据麦克斯韦方程组可求解出一系列本征解,即腔内可被激起的本征模。在没有束流经过腔的时候,腔内只有单一频率的模式存在,即加速模(该加速模是由发射机馈送到腔内的高频功率激起的)。当束流经过腔时,如果束流频谱中的部分成分和腔的本征模的频率相吻合,就有可能在腔内激励起相应频率的模式,即高阶模。束流的运动轨迹决定了激起何种高阶模:束流只沿着腔中心轴线运动时,激起的是单极模;束流有横向振荡时,会激起偶极模等更高阶的模式。哪些高阶模能够在腔中激起并发生共振,是由束流的频谱和腔的高阶模阻抗决定的,又往往与注束模式等因素有关。

假定一个电荷量为 q 的束团通过一支无损腔,感应的电压为 V_{i1},这个感应场与加速场相反,因为它描述了能量损失。当束团穿过腔体时,这个场从 0 开始增加,在束团离开腔体时达到最大值。束团中每个粒子都将与这个场相互作用,束团 q 的能量损失如下:

$$\Delta E_1 = -qf V_{\mathrm{i},h} \tag{5.35}$$

其中,f 是一个小于 1 的系数,h 表明只考虑基模。这种能量表现为与电压平方成正比的场能:

$$W_1 = c_1 V_{\mathrm{i},h}^2 \tag{5.36}$$

其中,c_1 是一个常数。

现在考虑一个跟在第一个束团后,且有相同电荷量的束团 q_2,$q_2 = q_1 = q$。两束团相距基模频率的半个振荡周期,除了自身的感应电压,第二个束团还会受到第一个束团的场影响,因此获得能量

$$\Delta E_2 = q_1 V_{\mathrm{i},h} - q_2 f V_{\mathrm{i},h} = q V_{\mathrm{i},h}(1 - f) \tag{5.37}$$

因为假定腔体是无损的,因此能量守恒定律要求 $\Delta E_1 + \Delta E_2 = 0$ 或 $-qf V_{\mathrm{i},h} + q V_{\mathrm{i},h}(1 - f) = 0$,

因此我们可以得到

$$f = \frac{1}{2} \tag{5.38}$$

以上就是束流负载的基本原理。

为了更实用,Wilson 引入了一个损失参数 k[5],其可以通过电子测量或数值计算确定。模式的损失因子 k_n 定义为

$$k_n = \frac{\omega_n}{4} \cdot \frac{R_a}{Q_0} \tag{5.39}$$

其中,ω_n 是模式的角频率,R_a/Q_0 是模式的特性阻抗。

束流激励的高阶模功率可由式(5.40)得到:

$$P = k_{hom} qI \tag{5.40}$$

其中,I 是束流流强,k_{hom} 是高阶模总损失因子。高阶模的损耗对讨论束流稳定性十分重要,因为高阶模产生的场将作用于后续束团,从而在一个束团或者不同束团之间产生耦合,引起耦合束团不稳定性。

5.3 束流不稳定性

从束团角度来讲,一共有两种不稳定性:单束团不稳定性和多束团不稳定性[6-7]。束团不稳定性会对机器造成两种不良影响:一是影响束流寿命,二是影响束流品质。不稳定性会降低束流寿命,增加束流发射度,引起束长拉伸,增加能散,严重时会造成束流丢失,因此有必要对束流不稳定性进行分析。本节主要介绍 Robinson 不稳定性和高阶模引起的多束团不稳定性。

5.3.1 Robinson 不稳定性

Robinson 不稳定性是发生在储存环中的纵向不稳定性,当一个单束团通过高频腔时,束团中的粒子与高频腔相互作用,处于束团中不同位置的粒子,对应于高频腔中不同的相位,则有不同的能量交换关系,这种效应有可能引起束流的不稳定性,这种不稳定首先由 Robinson 提出,因此称为束流的 Robinson 不稳定性[8]。Robinson 不稳定性对失谐角的要求如下式所示[1,9]:

$$0 < \sin(-2\psi) < -\frac{2V_c \cos \phi}{I_b R_L} \tag{5.41}$$

这里,ψ 是失谐角;ϕ 是粒子同步相角(此处的 ϕ 是以 90° 为峰值定义的);I_b 是平均束流流强;R_L 是有载阻抗,$R_L = R_a/(1+\beta)$,β 是耦合系数。

高频腔的阻抗可以用谐振子模型来描写:

$$Z(\omega) = \frac{R_s}{1 + iQ\left(\frac{\omega_R}{\omega} - \frac{\omega}{\omega_R}\right)} \tag{5.42}$$

储存环中粒子围绕同步相位做纵向振荡,Robinson 第一不稳定性描述了,在高能情况

下,$\gamma > \gamma_t$,此时滑相因子 $\eta = \dfrac{\Delta f/f}{\Delta p/p} = \dfrac{1}{\gamma_t^2} - \dfrac{1}{\gamma^2} = \alpha_p - \dfrac{1}{\gamma^2} > 0$(其中,$\gamma_t$ 为加速器束流粒子的临界能量),低同步振荡频率边带的腔阻抗大于高同步振荡频率边带的腔阻抗时,束流处于稳定态,否则束流不稳定,如图 5.5 所示。当滑相因子 $\eta < 0$ 时,则情况相反。从物理上说,Robinson 不稳定性是具有能量偏差的粒子,其回旋频率不是 ω_0,而是 $\omega_0(1 - \eta\Delta p/p)$,因此,正确的调谐高频腔,就可以对束流不稳定性进行阻尼[10],阻尼系数如式(5.43)所示[11]:

$$\alpha_R = -\operatorname{sgn}(\eta) \cdot \frac{\omega_s I_0}{4 V_c \sin|\phi|} \big[Z_r(\omega + \omega_s) - Z_r(\omega - \omega_s) \big] \tag{5.43}$$

其中,$Z_r(\omega)$ 表示超导腔阻抗的实部,$\operatorname{sgn}(x)$ 是符号函数。$\alpha_R > 0$ 时,束流处于稳定状态。

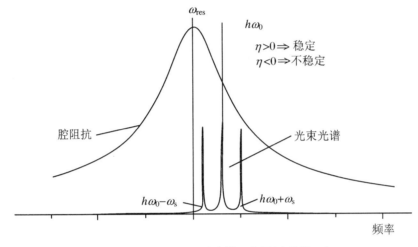

图 5.5　Robinson 不稳定性示意图(高能情况)

5.3.2　高阶模引起的多束团不稳定性

储存环中高频系统造成的横向和纵向耦合束团不稳定性主要是来自高频腔的高阶模,对于 n 个相同且等间距分布的束团,超导腔高阶模模式激励的特性阻抗 R,只考虑同步辐射阻尼,模式的纵向阻抗的阈值可由同步辐射阻尼时间等于多束团不稳定性上升时间得到,如下式所示[12-14]:

$$R_L^{\text{thresh}} = \frac{2(E_0/e)\nu_s}{N_c f_L I_0 \alpha_p \tau_z} \tag{5.44}$$

$$\tau_z = \frac{E_0 T_0}{U_0} \tag{5.45}$$

其中,E_0 是束流能量,ν_s 是纵向同步振荡工作点,N_c 是超导腔数目,f_L 是纵向高阶模频率,I_0 是单环束流流强,α_p 是动量压缩因子,τ_z 是纵向辐射阻尼的时间,T_0 是回旋时间,U_0 是每圈同步辐射损失能量。对纵向阻抗起作用的主要是单极模,因此只需考虑单极子模,式(5.44)表示的是单支超导腔的阈值。

横向不稳定性主要是由二极模和四极模的二极分量引起的,后者因为 R/Q 较小所以可以忽略,横向高阶模阻抗阈值为[12-14]

$$R_T^{\text{thresh}} = \frac{2(E_0/e)}{N_c f_{\text{rev}} I_0 \beta_{x,y} \tau_{x,y}} \tag{5.46}$$

$$\tau_{x,y} = \frac{2E_0 T_0}{U_0} \tag{5.47}$$

其中，f_{rev}是回旋频率，$\beta_{x,y}$是超导腔处的β函数，$\tau_{x,y}$是横向辐射阻尼的时间。

参 考 文 献

［1］ Padamsee H. RF superconductivity for accelerators［M］. New York：John Wiley & Sons，2009.

［2］ Zhao Z. RF system for electron storage rings［R］. Yangzhou：The 4th OCPA Accelerator School，2006.

［3］ Belomestnykh S. Superconducting RF for storage rings，ERLs，and linac-based FELs［R］. US Particle Accelerator School，2009.

［4］ Wilson P B. Fundamental-mode rf design in e＋e-storage ring factories［C］//Frontiers of Particle Beams：Factories with e＋e-Rings：Proceedings of a Topical Course Held by the Joint US-CERN School on Particle Accelerators at Benalmádena，Spain，29 October-4 November 1992. Springer Berlin Heidelberg，1994：293-311.

［5］ Wilson P B，Servranckx R，Sabersky A P，et al. Bunch lengthening and related effects in SPEAR Ⅱ［J］. IEEE Transactions on Nuclear Science，1977，24(3)：1211-1214.

［6］ Varnasseri S. Study of longitudinal coupled bunch instability for SESAME［J］. Note：BD-1，2005.

［7］ Arcioni P，Boni R，Gallo A，et al. Collective effects and impedance study for the DAφNEφ-factory［C］//Intervento Presentato Alconvegno Collective Effects and Impedance for B Factories Tenutosi a Tsukuba，Japan nel Giugno，1995.

［8］ 秦庆. 高能环形加速器物理［M］. 北京：中国科学院高能物理研究所，2011. 171-172.

［9］ Wang H. Beam-cavity interaction related SRF system design principles and simulation techniques (Ⅰ)［R］. Commonwealth of Virginia：Thomas Jefferson Lab，2015.

［10］ Chao A W. Lecture notes on topics in accelerator physics［R］. Menlo Park，CA：SLAC National Accelerator Laboratory，2002.

［11］ Gallo A. Beam loading and low-level RF control in storage rings［J］. CERN Accelerator School，Trieste，Italy，2005.

［12］ An S，Joo Y D，Kang H S. Analysis of the beam instability of the PLS-Ⅱ storage ring due to superconducting RF cavities［J］. Journal of the Korean Physical Society，2010，56(6)：2024-2028.

［13］ Collaboration S. SuperB：a high-luminosity asymmetric e＋e-super flavor factory. conceptual design report［J］. arXiv preprint arXiv：0709.0451，2007，248.

［14］ Fabris A，Pasotti C，Svandrlik M. Coupled bunch instability calculations for the ANKA storage ring［C］//Proc. 6th European Particle Accelerator Conf.，1998：1011-1013.

第6章　高功率输入耦合器

6.1　概　　述

  高功率输入耦合器是超导腔系统的重要部件之一,它位于传输线和超导腔之间(图6.1),主要功能是将高频功率馈送到超导腔内,并利用陶瓷窗体将大气与腔内的超高真空环境隔离开,同时还起到从室温到超导低温的低漏热过渡连接的作用。此外,针对具体的超导腔,耦合器还可能需要满足以下要求[1]:① 提供从室温到低温槽内超导低温的过渡作用,因此需要并尽量减小带给低温系统的漏热;② 支持耦合器与超导腔的洁净安装以尽量减小超导腔被污染的风险;③ 尽量避免耦合器影响超导腔内电磁场的分布,以减小对超导腔性能或束流的影响;④ 可以改变耦合器与超导腔之间的耦合度以匹配不同的束流运行模式。

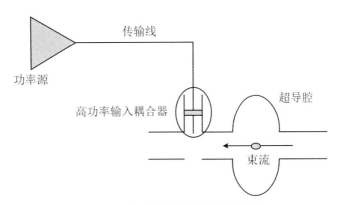

图6.1　高功率输入耦合器的位置

  根据运行经验,高功率输入耦合器是超导腔出现故障或者性能下降的一个重要因素。比如,超导腔的水平测试性能往往不如垂直测试性能,原因之一就是受高功率输入耦合器的影响[2]。并且,高功率输入耦合器能承受的最大功率往往限制了超导腔向束流提供的功率上限。因此,超导腔对高功率输入耦合器的性能要求非常高,其研制难度和造价甚至不亚于超导腔,涉及的学科领域也很广,包括微波传输、低温学、机械工程学、真空学、材料科学等。一言以蔽之,高功率输入耦合器的重要性、多功能性以及强技术综合性使得其研究一直是国际上加速器射频超导领域的热点。

  超导腔应用于加速器已经有近五十年的历史,因而与其配套的超导腔高功率输入耦合器也有了近五十年的发展史。在过去的几十年中,高功率输入耦合器的研制得到了长足的发展,其功率传输水平已经由最初的几十千瓦级上升到了几百千瓦甚至兆瓦级。简单来说,超导腔高功率输入耦合器的发展经历了三代。

第一代超导腔输入耦合器借鉴了速调管输出窗的设计和研制方法,并在常温腔高功率输入耦合器的基础上进行了发展和改进。HERA、LEPⅡ、TRISTAN 代表了第一代超导腔输入耦合器,它们在高功率测试中已经能通过数百千瓦的功率,但在实际运行中,由于受到超导腔腔体以及机器特别要求的限制,传输功率上限是 100 kW。

对于第二代高功率输入耦合器,部分是第一代设计基础上的改进版,如 LHC、KEKB 和 JLab FEL 耦合器,部分是新的设计,如 APT 和 CESR 耦合器。第二代高功率输入耦合器的研制得益于设计阶段仿真手段的提高和设计经验的积累,高功率测试达到的功率大幅提高,其中,APT 耦合器最高达连续波 1 MW[3]。

近十年来,随着射频超导加速器技术的大规模应用和发展,一方面,为了缩短加速器长度以降低造价,超导腔的加速梯度不断提高,最高达 40 MV/m 以上,与此同时,所加速的束流流强也不断增大,这就要求高功率输入耦合器具备承受更高功率的能力。如中国目前正在预研的环形正负电子对撞机,其主环超导腔输入耦合器需要传输连续波数百千瓦以上的高频功率。另一方面,超导腔在大型加速器上得到日益广泛的应用,而大型加速器上所需要的超导腔高功率输入耦合器往往数目庞大。比如,国际直线对撞机上所需要的高功率输入耦合器达到了数万个[4]。这使得高功率输入耦合器的总体造价十分昂贵,并且其可靠性也变得日益重要。因而当前高功率输入耦合器的研制目标是,简化结构、提高功率和运行稳定性、降低漏热和造价。我们称之为第三代高功率输入耦合器,其突出代表是 ILC 1.3 GHz 超导腔高功率输入耦合器。

下面介绍耦合器的分类。

目前世界各大加速器实验室研制的超导腔高功率输入耦合器多达数十种,它们从结构到性能参数都各不相同。耦合器可按不同标准进行分类。

按照几何结构不同,超导腔高功率输入耦合器可以分为波导型和同轴型两种类型。波导型输入耦合器采用矩形波导结构,它多利用孔耦合的方式将高频功率耦合到超导腔内,其典型代表是 CESRB 500 MHz 超导腔高功率输入耦合器[5],如图 6.2 所示。同轴型输入耦合器采用同轴线结构,并多采用电耦合方式,同轴线的内导体作为耦合天线将功率耦合到超导腔内,其典型代表是 KEKB 500 MHz 超导腔高功率输入耦合器[6],如图 6.3 所示。有些同轴型输入耦合器也采用磁耦合方式,使用金属圆环将功率耦合到超导腔内。

一方面,虽然波导型输入耦合器功率传输能力更强,但是当频率较低时其尺寸将变得很大,且矩形零件的加工比同轴圆形零件的加工更困难。另一方面,波导型输入耦合器往往结构尺寸大,且不含内导体,因此其真空抽速能力更强且散热冷却效果更佳;同轴型输入耦合器漏热小、容易实现耦合度可调,并且易于从结构设计上克服二次电子倍增效应等,但是其结构较波导型输入耦合器复杂,冷却和抽真空能力均不如波导型输入耦合器[1]。可见,两种不同几何结构的输入耦合器各有利弊。

按照工作模式不同,可以分为脉冲型与连续波型两种类型。高功率输入耦合器的工作模式取决于超导腔的工作状态。两者的区别主要在于连续波型耦合器传输的平均功率往往高于脉冲波型耦合器,因而前者高频损耗更大,冷却难度也更大;脉冲波型耦合器通常峰值功率更高,发生二次电子倍增效应和 ARC 打火的可能性更大,因而抑制二次电子倍增效应的发生是难点[7]。

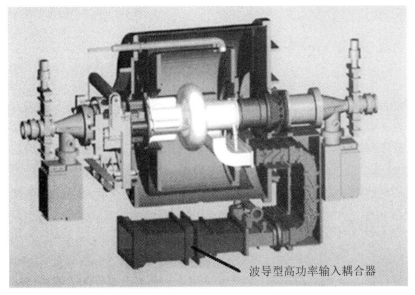

波导型高功率输入耦合器

图 6.2　CESRB 500 MHz 超导腔高功率输入耦合器[5]

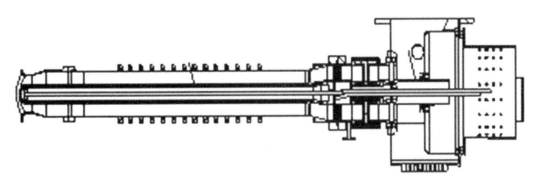

图 6.3　KEKB 500 MHz 超导腔高功率输入耦合器[6]

按照窗体的数量不同,则可以分为单窗型和双窗型两种。单窗型耦合器只有一个窗体,具有结构简单、易于冷却、运行功率高等优势。双窗型耦合器除了常温窗之外,还增加了一个工作在 80 K 左右低温环境的窗体,称之为冷窗。双窗型耦合器的主要优势是为超导腔增加了一道真空密封的屏障,即使一个窗在运行中破裂,另一个窗还能确保腔内的高真空度,从而提高了超导腔的真空安全性。且由于冷窗可与超导腔在 10 级洁净间内率先完成安装,可最大程度地避免耦合器组装给腔引入的污染。但是,双窗型耦合器结构复杂,设计和制造困难,造价更昂贵,同时内导体和冷窗冷却困难,导致其平均功率水平远低于单窗型耦合器。

按照耦合度是否可调,还可以分为固定耦合度型和可调耦合度型。可调耦合度型耦合器能够满足不同运行模式和束流流强下的高效率匹配运行,但其结构往往更复杂,如要在同轴线内、外导体上增加波纹管结构,同时要特别设计移动机构以改变内、外导体行程差,从而改变耦合度,这些都增大了可调耦合度型耦合器的风险和造价。

6.2 耦合器的设计

耦合器的设计应遵循如下基本原则：① 在工作频率实现良好的匹配传输；② 避免在运行功率水平发生二次电子倍增效应和弧光打火；③ 关键部件的温升需控制在合理的范围内；④ 低温漏热满足设计要求；⑤ 完备的监测手段和安全联锁设计以确保耦合器的安全运行。此外，往往每个超导模组单元还会对耦合器提出特殊要求，例如，耦合器率先与腔在洁净间完成组装以确保腔的高洁净度；耦合器提供可调节的耦合度以匹配不同的束流运行模式；对于 TEM 型超导腔，输入耦合器位于腔壁而非束管，设计中还需要优化耦合窗位置以避免腔场致发射电子对窗的轰击。上述设计要求，有些是相互矛盾的，例如，低漏热要求同轴型耦合器的真空侧尽可能长，但洁净组装又希望耦合器真空侧尽可能短，因此，最终往往需要折中考虑和多方平衡。

高功率输入耦合器作为一种具有多重功能的复杂装置，其研制涉及的学科众多。在具体的设计中，我们要面对不同的领域给耦合器设计带来的挑战。而实际运行经验表明，正确合理的设计是耦合器稳定运行的基础。下面按照耦合器的设计流程来阐述其中重要的问题。

6.2.1 结构选型

耦合器的结构选型包括波导型或同轴型、单窗或双窗、平板窗或圆柱窗、可调耦合或固定耦合。耦合器的结构选型要基于频率、耦合度、功率水平、低温漏热等基本参数要求，同时要综合考虑超导腔系统对耦合器的具体设计要求以及实验室已有的研制经验等。例如，当工作频率低于 200 MHz 时，波导型耦合器尺寸过大，通常选择同轴型耦合器；当超导腔工作梯度高于 20 MV/m 且 Q_0 要求非常高时，耦合器与超导腔必须在 10 级洁净间完成组装，通常选择双窗型耦合器。

6.2.2 耦合度

通常我们用耦合器的外部品质因子 Q_{ext} 来表示耦合器与加速腔之间的功率耦合强度。基于特定设计参数，存在一个最佳 Q_{ext}，使得在设计束流流强下，输入耦合器端口的反射功率为零，即此时达到最佳匹配。对于超导腔来说，最佳 Q_{ext} 满足[8]

$$Q_{ext} = \frac{Q_0}{P_b/P_c} = \frac{V_c^2}{P_b(R_a/Q_0)} \tag{6.1}$$

式中，V_c 为超导腔加速腔压，P_b 为束流带走的功率，R_a/Q_0 是由腔的几何形状决定的。

耦合端口的优化目标是使耦合器的外部品质因子 Q_{ext} 满足式(6.1)所给出的理论最佳值。对同轴型耦合器来说，耦合端口的位置、同轴线外导体的直径以及内导体天线的插入深度等几何参数是影响 Q_{ext} 的重要因素；对波导型耦合器来说，耦合端口的位置及开孔大小是影响 Q_{ext} 的重要几何参数。

6.2.3　结构组成

同轴型耦合器的结构通常包括如图 6.4 所示的真空段同轴线、陶瓷窗体和匹配过渡段。

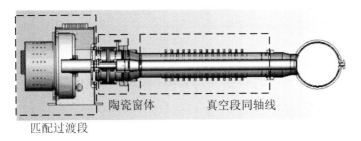

图 6.4　同轴型耦合器结构组成示意图

真空段同轴线的尺寸和特性阻抗的选择需综合考虑超导腔或者束流管道的尺寸、恒温器尺寸、低温漏热、二次电子倍增效应等。通常同轴线尺寸越大，发生二次电子倍增效应的功率水平越高，但会导致静态漏热增大，也会增大恒温器与耦合器连接的开孔尺寸，从而导致低温热负荷增大；特性阻抗越高，可以减小静态漏热，但是会导致内导体过小而无法实现水冷管道的最佳排布。

窗体是真空腔和大气之间的关键屏障。常见的窗体结构如图 6.5 所示，(a)为同轴平板结构，(b)为圆锥结构，(c)为平板电容结构，(d)为圆柱结构。具体采用哪种结构，往往根据设计、制造和运行经验来选择。同时，考虑到陶瓷窗体易损毁，在设计中要高度重视窗体的安全。为了保障窗体的安全，应该从以下方面进行考虑：保证窗体得到充分冷却，以确保其热应力处于安全范围内；避免窗体附近存在导致其异常发热的高阶模；优化窗体位置，以避免腔内场致发射的电子打在陶瓷上而导致窗体破裂；在窗体附近设置真空度、ARC 打火和电子流监控，以确保窗体运行的安全。

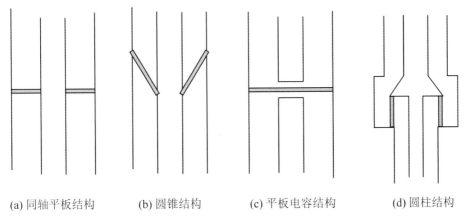

(a) 同轴平板结构　　　(b) 圆锥结构　　　(c) 平板电容结构　　　(d) 圆柱结构

图 6.5　同轴型耦合器窗体常见结构

匹配过渡段是用来连接传输波导与耦合器同轴段的特殊结构，其常见结构类型如图 6.6 所示，(a)为门钮结构(Doorknob)，(b)为 T 形盒结构(T-Box)，(c)为同轴 90°转换弯头结构(90° Elbow)。匹配过渡段的主要功能是确保整个耦合器在工作频率实现最佳匹配传输，其附加功能包括设计和安放冷却装置、偏压装置以及必要监测装置等。

图 6.6　同轴型耦合器匹配过渡段常见结构

(a) 门钮结构　　　　　(b) T形盒结构　　　　　(c) 同轴90°转换弯头结构

6.2.4　设计优化

6.2.4.1　阻抗匹配

耦合器的主要功能是将功率源输出的功率馈送到超导腔内,因此在工作带宽内实现良好的匹配传输是设计的基本要求。通常我们利用数值模拟工具(比如 CST、HFSS 等),优化耦合器的电磁结构,使耦合器达到良好的阻抗匹配性能。考虑到加工误差、外导体的降温收缩、安装误差等原因,耦合器运行时的电磁结构与仿真结构有一定的差别,其传输性能很可能会下降。因此,在耦合器的阻抗匹配设计中保证耦合器的传输性能优于一定的值并有一定的带宽,对于耦合器的成功设计十分重要。通常,匹配传输的优化目标是工作频率点的 $S_{11} < -35$ dB。

6.2.4.2　二次电子倍增效应

在高真空下,电磁场会把电子从高频器件的内壁中激励出来,形成场致发射电子,这些电子与光电效应、气体电离出的电子及宇宙射线电离出的电子一起,形成了自由电子群。它们经过器件内电磁场的加速,一部分跑到了器件外部,另一部分则以高速度向器壁轰击,当其能量和角度满足一定条件时,将会产生二次电子发射,发射出来的电子一部分继续轰击器壁,如此周而复始,当满足一定条件时,电子就会发生雪崩(Avalanche),这就是二次电子倍增效应。简而言之,二次电子倍增效应就是大量电子形成的一个共振效应。

二次电子倍增效应在高功率输入耦合器中有时是一把双刃剑。一方面,二次电子倍增效应产生的大量电子可以有效清除器壁表面的灰尘和吸附气体,从而使器壁表面的二次电子发射系数大大降低。但是另一方面,在实际运行中,二次电子倍增效应往往是高功率输入耦合器功率水平的提高和性能稳定性的重要影响因素之一,其危害主要表现在:二次电子倍增效应产生大量电子,电子轰击耦合器内壁,导致内壁表面浅层吸附的气体脱吸附,如果这些气体不能被有效抽走,将导致耦合器内部真空变坏;同时,电子与气体分子相互作用,使气体分子离子化,可能导致耦合器内部产生 ARC 打火;最糟糕的是,产生的离子可能继续轰击器壁,损坏耦合器外导体内壁的镀铜层,从而导致外导体温升异常,或者导致窗体上的铜溅射到陶瓷窗体表面,从而造成窗体局部热过高、温度梯度增大,若超过窗体最大能承受的热应力值,则窗体破裂。可见,二次电子倍增效应是耦合器设计和研制中必须考虑的一点。下面分别讨论同轴线结构的二次电子倍增效应和波导结构的二次电子倍增效应。

同轴线内的二次电子倍增效应主要发生在外导体上,称为单边二次电子倍增效应,如图 6.7 所示;少数时候,在一个很窄的功率带范围内,二次电子倍增效应也发生在内、外导体之间,称为双边二次电子倍增效应。同轴线内的二次电子倍增效应功率发生点与同轴线的结构尺寸、特性阻抗等有关,式(6.2)和式(6.3)分别是单边二次电子倍增效应和双边二次电子倍增效应功率发生点关系式[9]:

$$P \propto (fd)^4 Z_c \tag{6.2}$$

$$P \propto (fd)^4 Z_c^2 \tag{6.3}$$

其中,f 表示微波频率,d 表示同轴线的外径,Z_c 表示同轴线的特性阻抗。可见,增大同轴线的外径和提高其特性阻抗可以提高同轴线内二次电子倍增效应的功率发生点,使得在实际运行功率点上不发生二次电子倍增效应。同轴线内二次电子倍增效应发生的位置与其工作状态有关:当同轴线工作在驻波状态时,二次电子倍增效应多发生在电压波腹点附近;而在行波状态下,二次电子倍增效应往往跟随高频电磁波一起向前运动,此时在整个同轴线上都有可能发生二次电子倍增效应[9]。

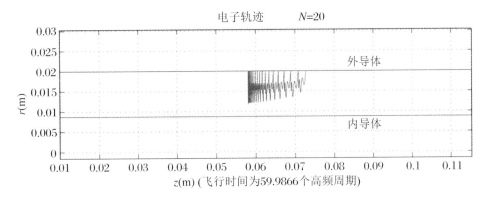

图 6.7　同轴线内主要二次电子倍增效应的电子轨迹图

二次电子倍增效应对输入耦合器特别是陶瓷窗体危害较大,因而在实际运行中需要抑制二次电子倍增效应。在同轴线的内、外导体之间加直流偏压可以破坏二次电子倍增效应发生的共振电磁场,从而起到抑制二次电子倍增效应的作用。如 DESY 的 TTF 系列输入耦合器在实际运行中,就是在同轴线内、外导体之间加直流偏压来抑制二次电子倍增效应的。通过深入分析和研究可知,能有效抑制二次电子倍增效应的直流偏压 V_{bias} 与同轴线的外径、特性阻抗等成正比[10],即

$$V_{bias} \propto dZ_c f \tag{6.4}$$

但是,直流偏压也可能会激发新的二次电子倍增效应。实验表明,合适的正偏压可能激发内导体上二次电子倍增效应,而合适的负偏压则可能激发外导体上产生二次电子倍增效应[11]。这一规律常常被用在输入耦合器的高功率老炼过程中,利用二次电子倍增效应产生的大量电子来清除器壁表面的灰尘等,可以加快老炼速度和改善老炼效果。如日本 KEKB 509 MHz 超导腔高功率输入耦合器采用了加偏压老炼的方法。

矩形波导内的主要二次电子倍增效应可以用图 6.8 来表述,该图给出了在一个 500 MHz 输入耦合器的矩形波导结构内,沿宽壁中心($x = a/2$,a 为波导宽壁长度)的剖面上,二次电子倍增效应的电子运动轨迹。初始电子位于原点,碰撞发生在上下宽壁之间,二次电子沿微波传输方向运动。矩形波导内的二次电子倍增效应功率发生点与波导尺寸

有关[9]：

$$P \propto (fb)^4 \qquad (6.5)$$

其中，f 表示微波频率，b 为波导窄壁长度。可见，增加窄壁长度可以提高二次电子倍增效应功率发生点。

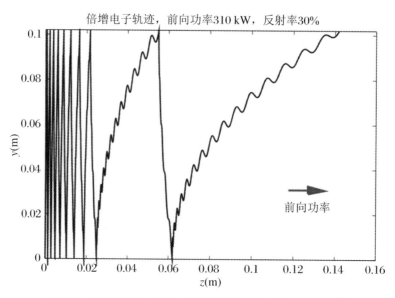

图 6.8 矩形波导内主要二次电子倍增效应的电子轨迹图[9]

对于矩形波导结构，常用的抑制二次电子倍增效应方法有两种：一是在波导宽壁上加刻沟槽，使二次电子倍增效应电子"陷入"沟槽当中，从而破坏二次电子倍增效应；二是在波导外面加螺线管线圈，产生偏磁场，破坏二次电子倍增效应发生的共振条件。有效抑制二次电子倍增效应的偏磁场与微波功率、波导尺寸等有关，以下是行波状态下，有效偏磁场的规律[9]：

$$B_{\text{bias}} \propto \sqrt{P/(fab^3)} \qquad (6.6)$$

式中，P 表示微波功率，f 表示微波频率，a 表示波导宽壁长度，b 表示波导窄壁长度。

6.2.4.3 ARC 打火

ARC 打火是一种严重的真空击穿活动，可能导致窗体破裂。窗体上发生 ARC 打火的原因大致有两种：第一种，腔内的场致发射或窗上二次电子倍增效应等产生的电子在陶瓷窗体上累积，当电荷量达到临界击穿值后发生击穿放电；第二种，耦合器内发生严重的二次电子倍增效应，但功率没有被及时切断，真空变差，大量气体被电离，最后发生击穿。

图 6.9 为 KEKB 超导腔耦合器在腔上老炼，耦合器内部发生了 ARC 打火时的信号监测图像[11]。可见，ARC 打火通常伴随着真空变差、电子流活跃和功率被吸收等现象。在 ARC 打火发生的过程中，气体分子与电子碰撞，电离产生的正离子在电场的驱动下轰击耦合器内、外导体表面，耦合器微波面的原子被溅射出来，并在电磁场的作用下运动，打在内、外导体或陶瓷窗体上。如果发生 ARC 打火后，继续保持高频功率，则上述离子溅射活动会持续加剧，导致内、外导体或陶瓷窗体被溅射，如图 6.10 所示。陶瓷窗体被溅射上铜原子后，如果继续加功率，不仅会影响耦合器的匹配性能，更严重的是陶瓷窗体表面将出现大电

流,使其发热严重。由于陶瓷窗体热导率小,局部发热引起的表面温度不均匀,可能导致窗破裂。

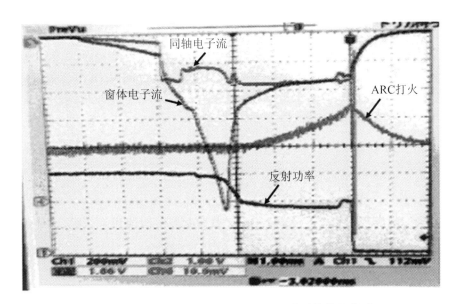

图 6.9　耦合器在腔上老炼发生 ARC 打火时的信号监测

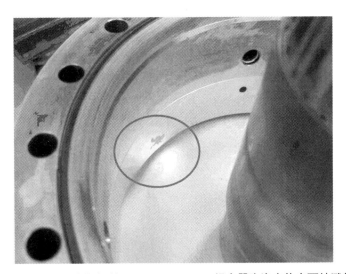

图 6.10　被 ARC 打火损坏的 BEPCⅡ 500 MHz 耦合器陶瓷窗体表面被溅射了铜

　　ARC 打火是耦合器运行中危害性最大的一种真空活动,因此必须采取措施防止其发生。防止 ARC 打火的措施如下:避免耦合器窗体上发生二次电子倍增效应,避免陶瓷窗体暴露在腔的场致发射电子视野之内,利用响应快速的 ARC、真空、电子流联锁保护进行监测并及时切断 RF 功率。

6.2.4.4　冷却设计

　　由于耦合器材料并非理想电导体,在传送高频功率时,其内、外导体表面都会产生欧姆热损耗。欧姆热损耗将导致耦合器温度上升,如果没有足够的冷却措施,过高的温度可能威胁耦合器的正常运行,甚至导致耦合器烧毁。耦合器另一个热源是陶瓷窗体。陶瓷窗体有介电损耗,耦合器功率越高,陶瓷介电损耗越大,发热量也越大。如果温度过高,陶瓷窗体承受的热应力超过限值,陶瓷窗体将破裂。因此,除了控制欧姆热损耗带来的温度上升,陶瓷窗体的冷却设计也必不可少。

为了给出一个优化的冷却设计,我们需要评估额定的高频功率通过时,耦合器内各个部件的温升和热应力情况。这是一个高频-热-结构耦合场计算问题,通常可采用 COMSOL、ANSYS APDL、ANSYS Workbench 等数值仿真软件。耦合器常见的冷却方式有自然风冷、强制风冷、氮气冷却、水冷、氦气冷却、热锚冷却。

6.2.4.5 控制漏热

在运行的加速器上,超导腔高功率输入耦合器连接超导低温系统和常温环境,是低温系统的重要热负载之一。耦合器的热传导、欧姆热损耗以及热辐射都会给低温系统带来漏热。图 6.11 为 ADS 注入器Ⅰ Spoke 012 超导腔恒温器截面低温漏热示意图,可见耦合器是重要的漏热源之一。

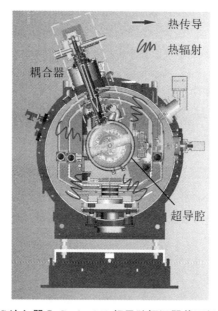

图 6.11　ADS 注入器Ⅰ Spoke 012 超导腔恒温器截面低温漏热示意图

通常,降低耦合器引入的低温漏热主要有如下方法:① 耦合器不锈钢外导体内壁镀铜,可以大幅减小耦合器的欧姆热损耗,从而降低耦合器的动态漏热。但是镀铜会增大外导体的热传导能力,导致耦合器的静态漏热增大。因此,镀铜层的厚度需要精心优化,保证减小耦合器的欧姆热损耗又不显著增大耦合器的热传导能力。镀铜层的厚度通常为趋肤深度的数倍。② 在耦合器外导体上添加如图 6.12 所示的热锚,热锚另一端通过铜编织带与 80 K 氮屏、5 K 冷屏连接,使大部分漏热截断在 80 K、5 K,从而降低超导低温下的漏热。③ 当耦合器传输的平均功率较高时,需要采用氦气气流冷却耦合器外导体,此时耦合器的外导体通常设计成如图 6.13 所示的双夹层结构。

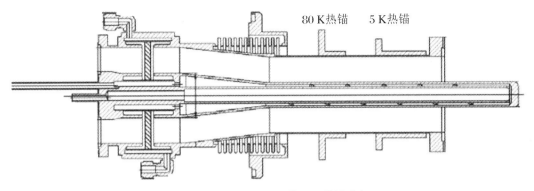

图 6.12　耦合器外导体采用热锚冷却

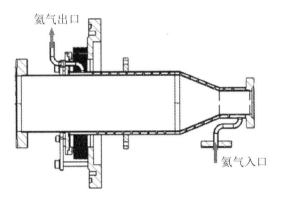

图 6.13　耦合器外导体采用氦气冷却

6.3　耦合器的研制

耦合器的加工涉及多种材料和多道关键工艺,任何一个环节没有控制好,均可能导致耦合器的失败,因此耦合器加工的重要性不亚于耦合器设计。下面依次介绍耦合器的机械设计、材料选择、部件焊接、不锈钢镀铜和陶瓷窗体 TiN 镀膜等关键工艺。

6.3.1　机械设计

耦合器由计算模型到制造完成,首先需要将计算模型转变为机械图纸,这个过程就是耦合器的机械设计。在机械设计过程中,主要应兼顾耦合器的 RF 设计、冷却和漏热设计以及真空设计三个方面。首先需要根据耦合器的 RF 设计,使用相应的介电材料替代 RF 设计中的位置,以导电材料表面替代耦合器的导电边界;然后根据冷却和漏热设计,在材料中布置冷却管路或加入热锚;最后根据真空设计,设计耦合器上与真空腔体相关的接口,使之满足超高真空的需要。这样就可以得到初步的机械设计。在初步设计的基础上,根据零件加工工艺、焊接工艺、相关接口规范、机械强度校核等对初始设计拆解零件及对零件进行调整。

这些设计和调整通常与 RF 设计、冷却和漏热设计迭代进行,直至机械设计全部完成。

在耦合器机械设计的过程中,需要注意以下几点:① 保证耦合器易于清洗,且能与腔在足够洁净的环境安装;② 机械公差设计既要满足高频性能要求,又要确保零件可加工和各子部件之间易于组装;③ 充分考虑外导体冷却收缩,在设计中引入必要的柔性连接结构;④ 以法兰形式连接的密封面设计要满足超高真空要求;⑤ 为了耦合器的安全运行,要设计必要的信号监测端口。

6.3.2 材料选择

超导腔高功率输入耦合器材料的选择需要综合考虑高频、热、机械性能等要求以及加工工艺技术。表 6.1 给出了具体的材料选择要求。

表 6.1 材料选择的要求[12]

技术目标	材料要求
超导腔	材料低磁,甚至无磁
低静态热损耗	低热导率
低高频热损耗	高电导率
良好的真空密封	封接法兰刀口面硬实
真空度高、老炼时间短	材料的氢含量低
存在温度过渡区	材料的各种特性,特别是电磁特性在一定温度变化范围内保持稳定

6.3.3 部件焊接

超导腔耦合器的零件加工以机械切削加工为主,直接传播微波的表面的粗糙度应达到 $Ra = 0.8$,零件的尺寸公差要求应达到 IT11 级,部分钎焊尺寸可能需要达到 IT8 级,目前绝大多数数控机床均可满足零件的加工工艺要求。

超导腔耦合器部件是在超高真空环境下工作的,因此能兼顾气密性和强度的焊接就成为零件组合成部件的最好方法。在耦合器的加工中,主要使用的焊接方法有钎焊、氩弧焊、电子束焊和激光焊。

钎焊是耦合器加工中最重要的焊接方法,该焊接方法是利用熔融钎料的毛细作用填满金属之间的缝隙,从而与基体形成焊缝。钎焊主要用于陶瓷-金属封接、无氧铜零件的焊接以及部分异种金属的焊接,具有焊接变形小,可以形成复杂焊接结构等优点。耦合器加工所用的钎焊是在氢气保护或真空保护下的炉内钎焊,一般来讲,考虑到氢气对材料的渗入作用和超导腔耦合器的超高真空要求,最好采用既可以保护材料,又可以除气的真空钎焊。但是如果焊接结构过于复杂,真空炉的单一辐射传热手段不易保证焊接件受热均匀,则氢气炉起到一定的对流换热作用,可以提高焊接成功率。此外,炉内应保持洁净,如进行过退火或焊接高饱和蒸气压物质,炉内可能沉积有相应物质,在焊接过程中极易对陶瓷窗体产生污染。在钎焊过程中,应注意焊料在零件表面的浸润性能,如果不能形成很好的浸润,将无法形成钎焊连接。如果出现这种情况,就应对表面进行处理以使之满足焊料浸润的要求。例如,在陶瓷-金属封接中,要对陶瓷和金属连接的位置进行金属化,常用的方法是钼锰金属化。该方法是在陶瓷表面生成一层钼金属层,钼层和陶瓷之间可形成玻璃相和结晶相结合的过渡层,钼金属层与之外的电镀镍层可以结合,这样就形成较牢固的金属化——电镀镍层用于钎焊[13]。异种金属钎焊时,选择不同的钎料进行焊接,或者对不浸润的材料表面进行处理以改善焊料的浸润性能。例如,无氧铜和不锈钢焊接时,可以采用镍基钎料进行焊接或者在不锈钢表面镀镍或镀铜,以改善不锈钢对钎料的浸润性。在窗体的焊接过程中,很多时候需要多次钎焊,应当根据需要选择不同温度的钎料,并控制每次的焊接温度,以保证焊料流动且上一次焊接的焊缝不脱开。例如,第一次焊接可以选用 810 ℃ 的 $AgCu_{27}Pd_5$ 焊料,第二次选用 779 ℃ 的 $AgCu_{28}$ 焊料,第三次选用 685 ℃ 的 $AgCu_{24}In_{15}$ 焊料。

氩弧焊在耦合器加工中主要用于外导体真空部件焊接、各类法兰焊接、部分耦合器的波导同轴转换器焊接等,这些位置主要是奥氏体不锈钢焊缝或者非真空的铝合金焊缝,采用氩弧焊可以获得较好的气密性和强度。但是对于无氧铜焊缝,除非进行特殊的工艺设计,否则使用变形更小、气密性也很好的电子束焊是更好的方法。而对于薄波纹管的焊接,相对于氩弧焊,微束等离子弧焊和激光焊是更好的选择。

6.3.4　不锈钢镀铜

耦合器的外导体通常采用不锈钢材料,并对内表面进行镀铜。因此不锈钢镀铜也是耦合器加工中的关键技术难点之一。不锈钢镀铜的技术要求如下:

(1) 镀铜层厚度均匀。

(2) 镀铜层黏附性好:用无毛纸蘸酒精擦拭不能掉铜粉;经过冷热循环后无起泡和剥落。

(3) 镀铜层氢气含量低。

(4) 镀铜层表面光洁度 $Ra < 1.6\ \mu m$。

(5) 镀铜层的 RRR:RRR 太高则静态漏热大,RRR 太低则动态漏热大,30~50 之间比较合适。

(6) 要采用特殊工装确保密封面和其他不需要电镀的面不被电镀。

(7) 电镀液:成分高度稳定;常更换,确保有机杂质含量低(尤其是碳污染)。

不锈钢镀铜可以采用两种方式:一种是电镀;一种是溅射镀。其中,电镀主要有两种:碱性镀液镀铜和酸性镀液镀铜。在耦合器加工中使用的主要是酸性镀液镀铜,碱性镀液镀铜主要是以氰化物作为络合剂,所以目前在实践中较少使用。酸性镀液镀铜的镀液成分主要是硫酸铜和硫酸,硫酸铜作为提供铜离子的主盐,硫酸用于防止硫酸铜水解。电镀过程中铜离子被还原并在阴极表面沉积,无氧铜作为阳极氧化为铜离子补充到溶液中。镀铜过程主要包括预处理、预镀镍、镀铜和镀后热处理。预处理主要包括对镀件进行清洗和对禁镀表面进行涂胶保护。预镀镍是在不锈钢表面先镀一层薄镍,这是因为酸性环境中,不锈钢中的铁可以与铜进行置换反应,容易形成结合力很差的沉积层,在此基础上直接电镀后的镀层受到沉积层的影响,结合力很差。而预镀镍层可以防止该沉积层的形成。镀铜主要是沉积铜层的过程,镀铜过程中的电流控制、温度控制、阳极形状设计、空气搅拌设计都是影响铜层质量的重要因素。

不锈钢镀铜后通常进行 400~800 ℃ 热处理,目的是:① 热处理可除气和减少晶格缺陷,从而提高镀铜层的电导率;② 热处理还可以检验镀铜层的黏附性;③ 热处理的过程也可以增加热扩散,从而改善镀铜层的黏附性[14]。

为了获得满足要求的镀铜层,正式镀铜前通常要进行样片检测以获得优化的镀铜工艺。样片检测包括:① 厚度测量,测量方法包括 X 射线荧光分析和采用放大镜对切片直接测量;② RRR 测量;③ 粗糙度测量,采用表面光度仪;④ 表面观察,采用扫描电镜、激光显微镜等。良好的耦合器内部镀铜层外观无颗粒状凸起、无氧化,且并非镜面,如图 6.14 所示。

图 6.14　良好的耦合器内部镀铜层[12]

6.3.5　陶瓷窗体 TiN 镀膜

窗体附近的二次电子倍增效应对陶瓷窗体危害很大。而氧化铝陶瓷表面的二次电子发射系数较高,这增大了窗体附近二次电子倍增效应发生的概率。通常在陶瓷真空面镀 TiN 膜来降低其表面的二次电子发射系数[15]。图 6.15 为镀膜前后陶瓷表面的二次电子发射系数曲线,由此可见,进行 TiN 镀膜处理后的陶瓷表面二次电子发射系数大幅下降。陶瓷真空面的 TiN 镀膜要求严格控制膜厚,一般膜厚为 8～10 nm,过厚则可能导致陶瓷表面过热。

常用的 TiN 镀膜方式有溅射镀和蒸镀法两种。溅射镀的原理示意图如图 6.16(a)所示。圆形钛靶接正极,陶瓷基底的外导体接负极,在钛靶和陶瓷基底之间形成高压场,充入的氮氩混合气体在高压场作用下产生辉光放电,带电离子被加速并高速轰击钛靶,钛离子飞溅出来,并与氮离子、氧离子在陶瓷基底表面结合生成 TiN_xO_{1-x} 化合物。蒸镀装置如图 6.16(b)所示。首先将钛灯丝预热至 1000 ℃ 以清洁灯丝表面,然后将陶瓷基底加热至 130～150 ℃,炉内充入 0.1 mbar 氨气,钛灯丝被加热至汽化温度产生钛离子,再次充入 300～900 mbar 的氨气,则钛离子与氨气中的氮离子结合生成 TiN,并沉积在陶瓷基底表面。E-XFEL 的 1.3 GHz 超导腔耦合器的陶瓷窗体 TiN 镀膜采用了蒸镀法[16],而国内大部分的耦合器陶瓷 TiN 镀膜采用的是磁控溅射镀。

此外,有的超导腔耦合器可能由于结构比较复杂,在真空微波传输线的某些位置容易产生二次电子倍增效应,解决该问题也可以采用在传输线微波表面镀膜的方法。例如,Saito

设计的 1.3 GHz 超导腔耦合器真空部分的金属表面镀了抑制二次电子倍增效应的 TiN 膜[17]。

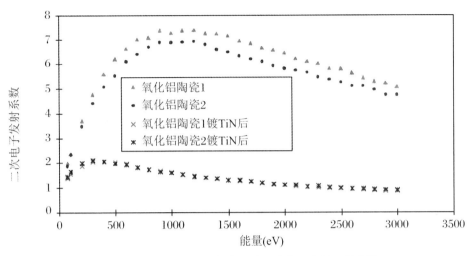

图 6.15　TiN 镀膜后陶瓷表面的二次电子发射系数曲线

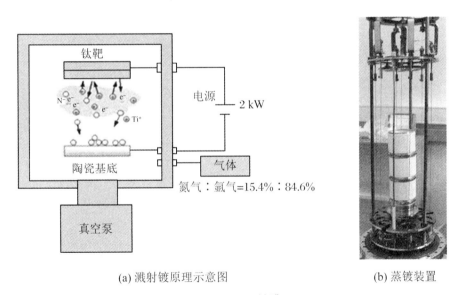

| (a) 溅射镀原理示意图 | (b) 蒸镀装置 |

图 6.16　TiN 镀膜

6.4　耦合器的测试

耦合器在加工完成后,通常需要经过如图 6.17 所示的一系列测试,包括:

(1) 针对外观、尺寸、真空漏率和传输特性进行的初步检测。

(2) 初步检测合格的耦合器需要进行测试台高功率测试,其目的有两个:一是检验耦合器高频、热和真空等性能参数是否达到设计指标;二是高功率测试的过程也是对耦合器进行老炼的过程,通过高频功率清除表面的气体、灰尘和金属小颗粒,可最大程度地确保超导腔的洁净度,并大幅缩短耦合器腔上老炼的时间,同时确保耦合器在腔上运行时的稳定性和安全性。可见,测试台高功率测试至关重要,它是检验耦合器成功与否的关键。

(3)耦合器在测试台上测试成功后,与超导腔集成。由于该过程中耦合器短时间暴露在大气下,根据经验,有必要在超导腔降温前进行耦合器的腔上常温老炼,最大程度减小耦合器内部的"脏气"在降温后由于低温势阱效应被吸附到超导腔内壁的可能性。

(4)超导腔降温后,为了确保超导腔运行的稳定性,通常首先将超导腔失谐,单独进行耦合器的老炼。然后进行超导腔调谐老炼。

(5)完成上述一系列测试后,耦合器方可与腔一起投入带束流运行。

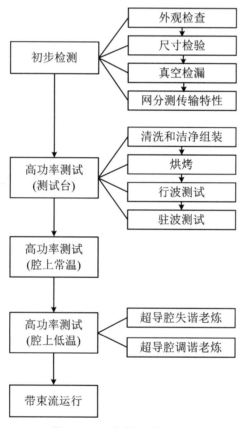

图 6.17　耦合器测试流程图

6.4.1　测试前准备工作

输入耦合器在测试之前的准备工作包括清洗、烘烤等,具体流程如图 6.18 所示。首先通过超声清洗和超纯水冲洗清除表面的油、灰尘颗粒;在清洗和吹干后,将耦合器迅速安装到测试台上,并进行抽真空和检漏;然后需要对测试系统进行烘烤,让表面充分放气。烘烤的环节非常重要,不可省略,主要是因为:① 需要通过烘烤减少耦合器内部吸附的水分子,提高真空系统的真空度,这点对加快测试和老炼非常重要;② 检验真空系统的封接及输入耦合器各部件尤其是陶瓷窗体的焊接质量(烘烤之后需再次进行真空检漏)。

图 6.18　耦合器测试台高功率测试前准备工作流程

6.4.2　测试系统组成

耦合器测试台高功率测试系统框图如图 6.19 所示,包括四大子系统:功率源系统、功率传输系统、测试台、低电平控制系统。功率源系统负责产生高频功率,通常采用大功率速调管或者固态功率源;功率传输系统传输高频功率,通常由传输波导、环形器、匹配负载(用于行波测试)或可移动短路活塞(用于驻波测试)组成;测试台通常由一对"背靠背"放置的输入耦合器、连接盒、真空机组、冷却设备以及各种数据采集和信号监测装置组成,其中,靠近功率源一侧的耦合器为上游耦合器,靠近终端负载或短路活塞的耦合器为下游耦合器,它们通过中间的测试连接盒连接;低电平控制系统主要包括功率升降模块、联锁模块、功率计以及计算机数据采集系统等,其主要任务是对入射功率、反射功率、温度、真空、ARC 等信号进行监测、采集和记录,并且部分重要信号(联锁信号)要纳入联锁保护系统,一旦联锁信号超过其保护阈值,要求联锁保护系统在最短的时间内切断功率源以保护输入耦合器。

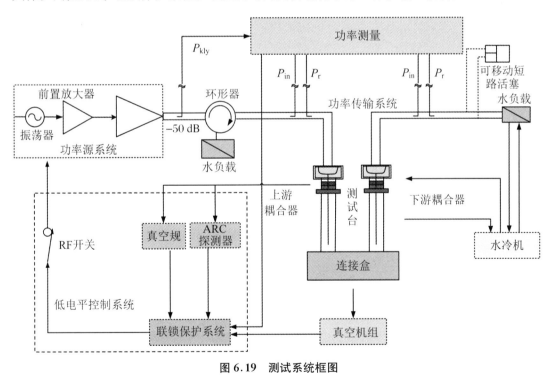

图 6.19　测试系统框图

6.4.3　测试老炼方法

耦合器的高功率测试老炼就是在低电平控制系统的控制下,逐步升高通过输入耦合器的高频功率。在高频场的作用下,耦合器内壁吸附的气体、灰尘等被加速电子、离子轰击而脱附,并最终保证在设计功率水平上不发生真空放气、ARC 打火以及二次电子倍增效应等真空活动,从而实现耦合器稳定运行。耦合器测试老炼方法的宗旨是要在耦合器运行安全性和老炼效率之间达到最佳平衡。目前国际上推行的老炼方法是从低占空比、低功率开始,基于真空放气情况,逐步扩大占空比和提高功率水平。图 6.20 给出的是耦合器测试老炼流程图。这里,我们设计了三个真空阈值,分别是下限阈值线、中间阈值线和上限阈值线。发生真空放气时,若真空度优于下限阈值线,则继续增加功率或增加脉宽;若真空度在下限阈值线和中间阈值线之间,则维持功率或脉宽,等待真空恢复;若真空度在中间阈值线与上限阈值线之间,则降低功率或缩短脉宽;若真空度比上限阈值线更恶劣,则直接切断高频功率。该过程通常通过开发的自动老炼程序来控制。

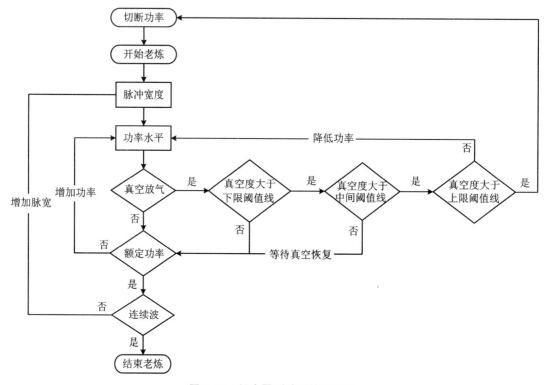

图 6.20　耦合器测试老炼流程图

参 考 文 献

［1］　Belomestnykh S. Review of high power CW couplers for superconducting cavities［J］. CESR，2002，10：11.

［2］　Campisi I E. Fundamental power couplers for superconducting cavities［R］. Newport News：Thomas Jefferson National Accelerator Facility，2001.

［3］　Schmierer E N，Haynes W B，Krawczzyk F L，et al. Testing status of the superconducting RF power coupler for the APT accelerator［C］//The 1999 Workshop on RF Superconductivity，Santa

Fe，New Mexico，USA，1999：570-576.

[4]　Matsumoto H，Kazakov S，Saito K. A new design for a super-conducting cavity input coupler[C]//
Proc. of the 2005 Particle Accelerator Conf.，IEEE，Knoxville，Tennessee，2005：4141-4143.

[5]　Belomestnykh S，Padamsee H. Performance of the CESR superconducting RF system and future
plans[R]. Tsukuba：the 10th Workshop on RF Superconductivity，2001.

[6]　Kijima Y，Mitsunobu S，Furuya T，et al. Input coupler of superconducting cavities for KEKB
[C]//Proc. 2000 European Particle Accelerator Conf.，2000.

[7]　Campisi I E. State of the art power couplers for superconducting RF cavities[R]. Newport News：
Thomas Jefferson National Accelerator Facility，2002.

[8]　Padamsee H，Knobloch J. RF superconductivity for accelerators[M]. New York：Wiley Series in
Beam Physics and Accelerator Technology，1998.

[9]　Geng R L. Multipacting simulations for superconducting cavities and RF coupler waveguides[C]//
Proc. of the 2003 Particle Accelerator Conf.，IEEE，2003，1：264-268.

[10]　Ylä-Oijala P，Ukkola M. Suppressing electron multipacting in TTF Ⅲ cold window by DC bias[M].
Helsinki：Helsinki Institute of Physics，University of Helsinki，2000.

[11]　Kijima Y，Katano G，Furuya T，et al. Conditioning of input couplers for KEKB superconducting
cavities[J]. Exchange，2003，1：9-10.

[12]　Wolf-Dietrich Moeller. High power input couplers for superconducting cavities[C]//Proceedings of
SRF 2007，Beijing，2007.

[13]　南京工学院，莫纯昌，陈国平. 电真空工艺[M]. 北京：国防工业出版社，1980.

[14]　霍栓成.镀铜[M]. 北京：化学工业出版社，2007.

[15]　Krawczyk F L. Status of multipacting simulation capabilities for SCRF applications[R]. Los
Alamos：Los Alamos National Lab，2001.

[16]　Brinkmann A，Maschinenphysik D，Lengkelt M，et al. TiN coating of RF power components for
the European XFEL[J]. Proceedings of SRF 2009，Berlin，German，THPPO037，2009.

[17]　Kazakov S，Matsumoto H，Salto K，et al. High power test of coupler with capacitive coupling
window[J]. Proceedings of Linac，2006.

第 7 章　高阶模抑制器

带电束团进入加速腔进行加速的同时,在束团运动方向上会激励起加速腔除加速模式外的其他谐振模式,称为高阶模式。这些高阶模式会损耗束流一部分能量,并建立起高阶模的电磁场。这些激励起来的高阶模式的纵向和横向电磁场会对加速束团有相应的纵向和横向洛伦兹力。横向电磁场会使束流偏移轨道,引起束流运动不稳定、横向发射度增长,甚至束流损失。纵向电磁场会导致能量损失、束流能散和纵向发射度增长。高阶模式还会带来额外的腔壁损耗,尤其对超导腔来说会增加低温损耗。

腔某个谐振模式的场能衰减为

$$U(t) = U(0)\exp\left(-\frac{t}{\tau_L}\right) \tag{7.1}$$

其中,$\tau_L = 2Q_L/\omega_n$,这里的 Q_L 和 ω_n 分别为相应模式的有载品质因子和角频率。

若场能得不到有效衰减,则会在腔内累积起来,对后续的加速束团产生影响。特别是储存环在高重复频率和连续束模式的加速结构中,高阶模式会严重影响束团的品质及稳定性,因此对高阶模的抑制就显得尤为重要。

对于超导加速器,超导腔各谐振模式的品质因子一般在 $10^9 \sim 10^{10}$,束团进入加速腔很容易激励起各种谐振模式。当高峰值流强、窄脉冲宽度的束团进入超导腔加速,脉冲的傅里叶展开中有丰富的高阶项,由于超导腔本身有一系列本征模式,很容易在超导谐振腔内激发起相应的高阶谐振模式。当超导加速器工作在连续束模式时,腔内通过的束团频率很高,加速束团的间隔 T_b 一般都在纳秒量级。前一个束团进入超导腔内时,会激励起各种谐振模式,紧接着第二个束团进入超导腔内,由于 T_b 很短,第一个束团引起的谐振模式还没有得到充分衰减,这些谐振模式就会作用到第二个束团上,以此类推,这就产生了多束团不稳定性效应,严重时会引起束流丢失。

因此,对于超导加速器,束团引起的高阶模是不可忽视的。要使高阶模得到充分衰减,必须降低危险高阶模的阻抗,这就要求

$$Q_L < \omega_n T_b = 2\pi f_n T_b \tag{7.2}$$

也就是说,要降低高阶模式的有载品质因子 Q_L。我们采用的方法是加装高阶模抑制器即专门提取或者吸收腔内高阶模式能量的装置。目前广泛应用的高阶模抑制器主要有三种类型:同轴型、波导型及束管型。本章将对每种高阶模抑制器进行详细介绍。

7.1　同轴型高阶模抑制器

同轴型高阶模抑制器通常安装在超导腔束管上,由同轴谐振腔、耦合天线和负载回路构

成。高阶模抑制器从束管内由耦合天线提取高阶模的场能,然后由传导回路导出后被负载吸收。

　　这种高阶模抑制器的优点是结构紧凑,设计复杂,适合高阶模损耗功率在几十瓦量级的超导加速器。但是不能耦合宽带范围内的高阶模,一般是针对几个特定带宽范围内的模式进行优化设计。同轴型高阶模抑制器在提取高阶模式的同时不能对工作模式(一般是基模)产生影响,因此基模抑制结构必不可少。此外,还需要考虑陶瓷窗体的真空泄漏问题、二次电子倍增情况以及天线的深入对束流的影响。

7.1.1　模式耦合原理

　　同轴型高阶模抑制器与电磁场的耦合可以简化为两种形式:一种是如图 7.1(a)所示,内导体顶端开路,形成一个探针;另一种是如图 7.1(b)所示,内导体顶端短路,形成一个环。探针或环等效成电阻 $R = Z_w$。

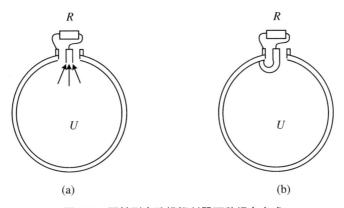

图 7.1　同轴型高阶模抑制器两种耦合方式

　　本小节以环耦合为例介绍模式耦合原理及高阶模抑制器设计思路。假设腔中某一角频率为 ω 的谐振模式的储存能量为 U,超导腔某一个端口安装如图 7.1(b)所示的耦合环,耦合端口可以等效为电压源 V_0 串联一个电感 L_s,如图 7.2 所示,L_s 是环的自感,V_0 是感应电压:

$$V_0 = i\omega\Phi_m = i\omega\mu_0 \iint H \mathrm{d}s \tag{7.3}$$

其中,H 是模式的磁场。

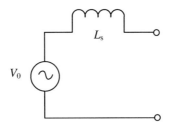

图 7.2　环耦合的等效电路

对环耦合,提取的模式功率为

$$P = \frac{1}{2}V_0^2 \mathrm{Re}(Y) = \frac{1}{2}V_0^2 \frac{1}{Z_w} \frac{Z_w^2}{Z_w^2 + (\omega L_s)^2} \tag{7.4}$$

其中，Y 是导纳，导纳与阻抗互为倒数关系[1]。

腔内模式的外部品质因子 Q_{ext} 可由下式获得：

$$Q_{ext} = \frac{\omega U}{P} \tag{7.5}$$

为了获得对高阶模更深度的阻尼，可以增加耦合回路的表面积，L_s 也会随之增加。对于抑制器来说，它是一个纯电抗元件，在某些频率上感抗可以由相应的容抗进行补偿。为了与模式谐振，对于环耦合，最简单的方式是串联一个电容器，加入电容器进行补偿后的等效电路如图 7.3 所示。

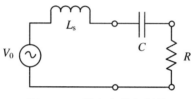

图 7.3　环耦合串联电容器

7.1.2　基模抑制结构

基模用于加速带电粒子，因此基于传输线理论设计的抑制器结构要使用滤波结构来实现对基模的抑制，也就是说，基模是有用模式，不能在耦合高阶模的同时将基模耦合出来。滤波结构的加入使设计变得更加复杂，可以将滤波结构集成到电抗结构中。在图 7.3 中，如果将电感 L 与电容 C 并联，则会在基模频率 f_0 处形成一个带阻滤波器，如图 7.4 所示。在高频段，滤波器电抗变为电容性，对于该电路，如果要抑制的某一高阶模的角频率为 ω_c，则 L 和 C 为

$$\frac{1}{C} = \omega_0^2 L = (\omega_c^2 - \omega_0^2)L_s \tag{7.6}$$

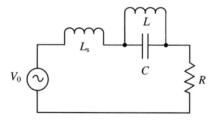

图 7.4　带有基模抑制结构的谐振高阶模抑制器原理图

7.1.3　宽带高阶模抑制结构

实际的高阶模抑制器需要抑制多个高阶模，首先要判断哪些是可能造成束流不稳定的危险高阶模，其次要判断这些高阶模的阻抗大小，每个高阶模的阻抗由这个模式频率下的 R/Q 和 Q 所决定。设计时根据束流稳定性对阻抗阈值的要求，可以得到每个模式的 Q_{ext} 阈

值,设计高阶模抑制器时模式的 Q_{ext} 要小于阈值要求。

图 7.5 给出了 LEP 超导腔 R/Q 值较大的高阶模,可以看出高 R/Q 模式主要集中在三个频率附近:480 MHz、650 MHz 以及 1.0 GHz。因为 650 MHz 与 1.0 GHz 几乎是二次谐波关系,因此采用 $\lambda/2$ 传输线设计[1],对应的高阶模抑制器的等效传输线图如图 7.6 所示,其中,L_1,L_2 和 $\lambda/2$ 传输线对应设计频率 650 MHz 以及 1.0 GHz,L_2,C 及 R 对应频率 480 MHz,L_1 代表与腔进行耦合的耦合环部分。

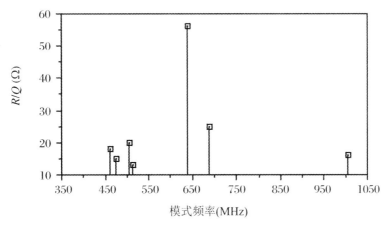

图 7.5　LEP 超导腔 R/Q 值较大的高阶模

$\lambda/2$传输线设计

图 7.6　有三个谐振频率的高阶模抑制器的等效传输线图

20 世纪 80 年代提出同轴型的高阶模抑制器,其主要用于 DESY 的 HERA[2] 以及 CERN 的 LEP[3] 上,设计均采用上述步骤,被广泛应用在许多加速器上。TESLA[4] 型的高阶模抑制器是由 HERA 演变而来,其对高阶模的抑制在 10^5 左右,目前主要应用在 1.3 GHz 9-cell 超导腔上,此外,还被缩放应用到 SNS 的 805 MHz 超导腔、3.9 GHz 超导腔以及 12 GeV CEBAF 升级项目的 1.5 GHz 超导腔上。LEP 型的高阶模抑制器后来又被应用到 SOLEIL、LHC 及 SLS 和 ELETTRA 的 Super-3HC 恒温器上。CEPC 的超导腔高阶模抑制器[5-6] 设计采用了传输线理论,与以上几种高阶模抑制器的区别是其采用了双抑制基模 (Double-Notch) 结构,该结构的优点是基模带宽很宽(约 100 MHz),常温及低温下无需对基模进行调谐,大大降低了难度及复杂性。以上这几种抑制器的剖面图如图 7.7 所示。

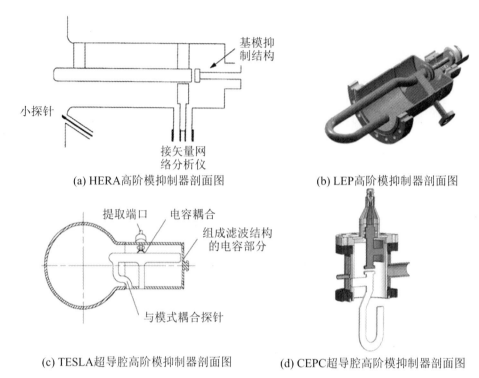

(a) HERA高阶模抑制器剖面图　　　(b) LEP高阶模抑制器剖面图

(c) TESLA超导腔高阶模抑制器剖面图　　(d) CEPC超导腔高阶模抑制器剖面图

图 7.7　几种抑制器剖面图

7.2　波导型高阶模抑制器

波导型高阶模抑制器的基本原理如图 7.8 所示,高阶模抑制器耦合的电场在波导内以 TE_{01} 模式传输。波导作为一种高通滤波器,对基模的抑制相对简单。与同轴型高阶模抑制器相比,其不需要添加额外的滤波结构,结构简单,选择合适的波导宽度及长度,使最低阶的高阶模能够传输,对基模的抑制满足要求即可。

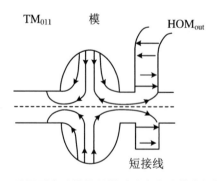

图 7.8　波导型高阶模抑制器对腔内高阶模电场的耦合

由于波导的宽带传输特性及高功率处理能力,一般情况下采用波导型高阶模抑制器可处理千瓦级的高阶模功率。最初的 CEBAF(OC)5-cell 超导腔采用了波导型的高阶模抑制器,如图 7.9 所示。因为高阶模功率只有几十毫瓦,因此将波导设计在 2 K 液氦槽内,这是目前为止唯一采用低温下波导型高阶模抑制器的情况[7]。

图 7.9　1497 MHz CEBAF 原型超导腔

尽管波导型高阶模抑制器宽带传输效果好,具有高功率处理能力,但是目前超导腔上使用得比较少,其中一个重要的原因是其存在波导导致的低温漏热问题。波导型高阶模抑制器不需要基模抑制结构,由截止频率确定波导尺寸。与同轴型高阶模抑制器相比,波导型高阶模抑制器的尺寸庞大,并且使液氦槽及低温恒温器设计变得更加复杂。超导腔的波导组件可以通过冲压成型,而后由电子束焊接到一起,如图 7.10 所示。

(a) 冲压成型的1/2波导型高阶模抑制器　　　　(a) 装载波导型高阶模抑制器的超导腔

图 7.10　JLab 的深度阻尼高阶模的高流强能量回收型加速器 ERL 和自由电子激光 FEL 超导腔设计[8]

JLab 的 5-cell 超导腔是为了高流强(安培量级)ERL 和 FEL 设计的深度阻尼高阶模的超导腔,加速器的加速梯度高达 20 MV/m。超导腔的两端各有三个波导结构,其中一个波导作为主耦合器,其他全部用来抑制高阶模,为了保证场对称性,三个波导沿束管角向对称分布,波导长度由基模抑制要求决定。波导经过弯曲一直延长到常温段,高阶模功率由安装在常温的负载吸收。负载采用 SiC 陶瓷材料,每个波导型高阶模抑制器可以处理 4 kW 高阶模功率,每支腔可以共处理 20 kW 功率,JLab 的高流强超导腔样机成功完成了高功率测试[9]。图 7.11 给出了高流强超导腔低温恒温器的概念设计模型[10]。

bERLinPro 的 7-cell 超导腔设计采用了 JLab 的高阶模抑制方案,但是其主耦合器设计采用了同轴型主耦合器设计方案[11],低温恒温器的布局如图 7.12 所示。每个抑制器抑制的高阶模功率只有 25 W。

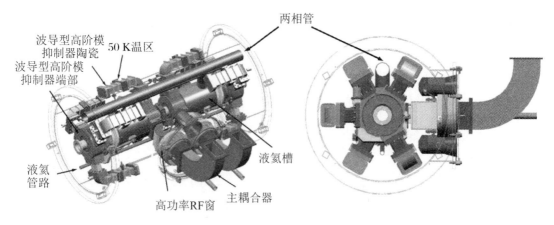

图 7.11　JLab 为 ERL 和 FEL 设计的高流强超导腔低温恒温器的概念设计模型

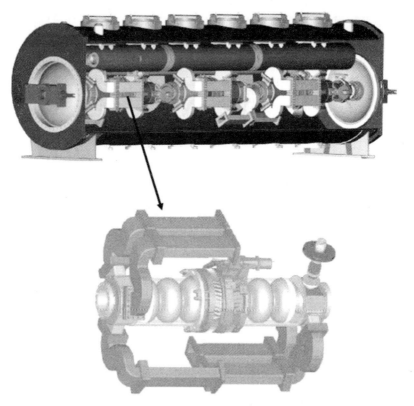

图 7.12　bERLinPro 低温恒温器由 3 支 7-cell 超导腔组成,每支超导腔
有 5 个波导高阶模抑制器和 1 个同轴型主耦合器

　　束管上的波导型高阶模抑制器与同轴型高阶模抑制器相比有如下优点:对基模有天然的抑制作用,不需要专门设计滤波结构,因此高阶模抑制器结构简单;与同轴型相比阻尼带宽更宽,这主要取决于端部吸收负载的材料特性;可以采用冲压及电子束焊接方式加工,工艺更简单;不需要射频真空窗;更高的功率处理能力,可处理千瓦量级的高阶模功率,高阶模功率在常温抑制,采用水冷即可;通过设计二次电子倍增效应,有更好的可控性;没有深入束管的内导体,抑制器不会见到束流,电荷累积不是问题。

　　波导型高阶模抑制器可能比同轴型占有更多的束流空间,这主要取决于结构设计;吸波材料安装在真空内,这可能会引入杂质污染,但是与束管型高阶模抑制器相比,离束线距离更远;为了达到基模抑制要求,波导长度一般很长。

束管上的波导型高阶模抑制器的缺点如下:抑制效率通常根据第一个波导模式进行优化设计,这样对其他模式就不是最优设计;从室温到低温的静态漏热需要根据功率损耗进行处理;对于较大的功率损耗,功率必须在恒温器外进行吸收;恒温器的设计与同轴型抑制器相比更加复杂。

7.3　束管型高阶模抑制器

超导腔的束流管道通常为圆波导,圆波导具有天然的高通特性,束管型高阶模抑制器可以安装在圆波导束管之上,从而吸收从超导腔中引出的高阶模,如图 7.13 所示。束管作为一个圆波导,要选取恰当的波导直径,使超导腔的基模(即工作模式)低于圆波导的截止频率,这样基模仍然会被“锁”在超导腔中,而不会从束管中泄漏,引起不必要的基模损耗。对于高阶模,其频率高于束管的截止频率,将通过束管传输到高阶模抑制器上,高阶模功率将被抑制器内部的吸波材料吸收。

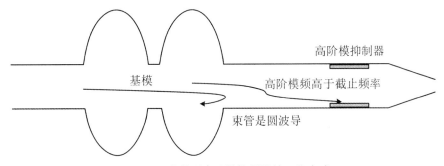

图 7.13　束管型高阶模抑制器的工作方式

圆波导的内部可以传播两类模式的微波:TE 模和 TM 模。对于这两类模式,其截止频率可以表示为

$$f_{c\,nm}^{TE} = \frac{k_c}{2\pi\sqrt{\epsilon\mu}} = \frac{p'_{nm}}{2\pi a\sqrt{\epsilon\mu}} \tag{7.7}$$

$$f_{c\,nm}^{TM} = \frac{k_c}{2\pi\sqrt{\epsilon\mu}} = \frac{p_{nm}}{2\pi a\sqrt{\epsilon\mu}} \tag{7.8}$$

式中,p'_{nm} 是 J'_n 的第 m 个根,p_{nm} 是 J_n 的第 m 个根,两个值可以通过查表得到。

国际上比较典型的束管型高阶模抑制器如图 7.14 所示[12-16]。束管型高阶模抑制器可以实现高阶模的宽带抑制,并且可以抑制较高的高阶模功率,在一些加速器中高阶模抑制器的功率容量可以达到几瓦以上。在超导腔中,如果高阶模抑制器的抑制功率只有几瓦或者几十瓦,那么可以将抑制器置于低温恒温器中,如 DESY E-XFEL 高阶模抑制器和 Cornell ERL 高阶模抑制器。如果高阶模抑制器吸收功率达到几千瓦以上,则需要将高阶模抑制器放置在低温恒温器外部。这样可以为抑制器设计水冷结构,并且降低由高阶模功率产生的低温负荷,如 KEK KEKB 高阶模抑制器和 IHEP BEPCⅡ高阶模抑制器。

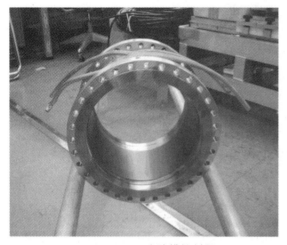

(a) KEK KEKB高阶模抑制器

(b) Cornell CESR高阶模抑制器

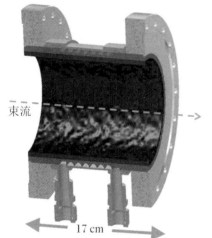

(c) ANL APS-U高阶模抑制器

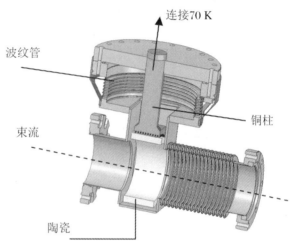

(d) DESY E-XFEL高阶模抑制器

(e) BNL ECX高阶模抑制器

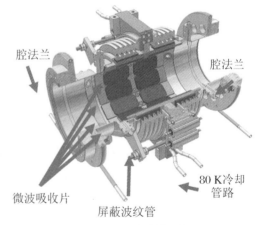

(f) Cornell ERL高阶模抑制器

图 7.14 国际上比较典型的高阶模抑制器

(g) IHEP BEPC Ⅱ 小束管和大束管高阶模抑制器

图 7.14　国际上比较典型的高阶模抑制器(续)

　　高阶模抑制器需要使用吸波材料吸收微波功率,常用的吸波材料有两种:铁氧体类材料和 SiC 类材料。这两类材料都是微波介质材料,相对介电常数和相对磁导率是反映材料微波特性的基本电磁参数。铁氧体材料的典型电磁参数如图 7.15 所示,其特点是,相对介电常数虚部很小,相对磁导率的虚部很大。SiC 材料的典型电磁参数如图 7.16 所示,其特点是,相对介电常数虚部很大,相对磁导率的虚部很小。

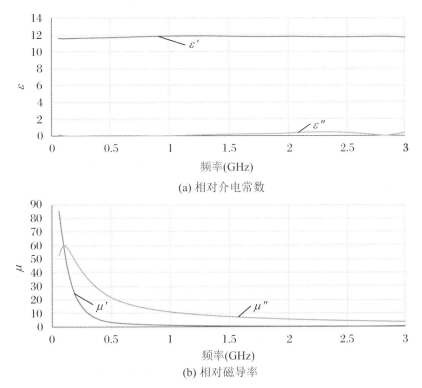

(a) 相对介电常数

(b) 相对磁导率

图 7.15　铁氧体材料的典型电磁参数

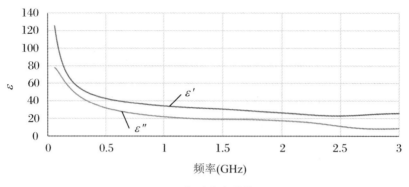

(a) 相对介电常数

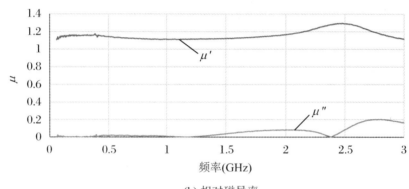

(b) 相对磁导率

图 7.16 SiC 材料的典型电磁参数

电磁场在介质材料内部的损耗计算公式为

$$P_E = \frac{1}{2}\omega\varepsilon_0\varepsilon''_r\iiint |\boldsymbol{E}|^2\mathrm{d}V \tag{7.9}$$

$$P_H = \frac{1}{2}\omega\mu_0\mu''_r\iiint |\boldsymbol{H}|^2\mathrm{d}V \tag{7.10}$$

由此可以看出,铁氧体材料相对磁导率的虚部很大,所以铁氧体以磁场损耗为主;SiC 材料相对介电常数的虚部很大,所以 SiC 材料以电场损耗为主。

以 BEPCⅡ 500 MHz 超导腔为例,当安装大束管高阶模抑制器后,对于 TM_{011} 模来说,电磁场刚好从大束管中引出,并被抑制器中的铁氧体材料吸收,如图 7.17 所示。经过高阶模抑制器的抑制,TM_{011} 模的系统 Q_L 值达到 48.8,可以看出抑制器对此模式实现了深度抑制。

大束管高阶模抑制器

图 7.17 BEPCⅡ 500 MHz 超导腔 TM_{011} 模的抑制(磁场分布)

参 考 文 献

［1］　闫润清，李英惠. 微波技术基础［M］. 4 版. 北京：北京理工大学出版社，2011.

［2］　Haebel E，Sekutowicz J. Higher order mode coupler studies at DESY［R］. DESY Report M-86-06，1986.

［3］　Haebel E. Couplers，Tutorial and update［J］. Particle Accelerators，1992，40：141-159.

［4］　Sekutowicz J. Higher order mode coupler for TESLA［R］. Proc. of the 6th Workshop on RF-Superconductivity，CEBAF，1993：426.

［5］　Zheng H，Zhai J，Meng F，et al. Higher order mode coupler for the circular electron positron collider［J］. Nuclear Inst. and Methods in Physics Research A，2020，951：163094.

［6］　Zheng H，Sha P，Zhai J，et al. Development and vertical tests of 650 MHz 2-cell superconducting cavities with higher order mode couplers［J］. Nuclear Inst. and Methods in Physics Research A，2021，995(1)：165093.

［7］　Campisi I E，Summers L K，Betto A，et al. Artificial dielectrics ceramics for CEBAF's higher-order-mode loads［R］. Newport News，Virginia：Proc. 6th Workshop on RF Superconductivity，1993.

［8］　Rimmer R A. Waveguide HOM damping studies at JLab［C］//Workshop on Higher-Order-Mode Damping in Superconducting RF Cavities，Ithaca，USA，2010.

［9］　Marhauser F，Clemens W，Cheng G，et al. Status and test results of high current 5-cell SRF cavities developed at JLab［C］//Proc. 2008 European Particle Accelerator Conf.，Genoa，Italy，MOPP140，2008：886-888.

［10］　Rimmer R A，Bundy R，Cheng G，et al. JLab high-current CW cryomodule for ERL and FEL applications［C］//Proc. 2007 Particle Accelerator Conf.，Albuquerque，USA，WEPMS068，2007：2493-2495.

［11］　Neumann A，Knobloch J，Riemann B，et al. Final design for the bERLinPro main linac cavity ［C］//Proc. 2014 Linear Accelerator Conf.，Geneva，Switzerland，MOPP070，2014：217-220.

［12］　Nishiwaki M，Akai K，Furuya T，et al. Developments of HOM dampers for super KEKB superconducting cavity［J］. Proceedings of SRF 2015，Whistler，Canada，THPB071，2015.

［13］　Belomestnykh S. HOM damper hardware considerations for future energy frontier circular colliders ［R］. New York：Brookhaven National Lab，HF2014，2014.

［14］　Kelly M P，Barcikowski A，Carwardine J，et al. Superconducting harmonic cavity for the advanced photon source upgrade［J］. Proc. 2015 International Particle Accelerator Conf.，Richmond，USA，WEPTY008，2015.

［15］　Mildner N，Dohlus M，Sekutowicz J，et al. A beam line HOM absorber for the European XFEL linac［C］//12th International Workshop on Superconductivity（SRF2005），Cornell University，Ithaca，New York，2005.

［16］　Eichhorn R，Conway J，He Y，et al. Higher order mode absorbers for high current ERL applications［J］. Proc. 2014 International Particle Accelerator Conf.，2014.

第 8 章 频率调谐及相关效应

8.1 概 述

超导腔在选型设计时,首先要根据物理需求确定腔的工作频率,然后再进行其他指标参数的选取和优化。超导腔的频率是衡量一支超导腔是否满足运行需求的一个重要指标,并且其稳定性对整个加速器的运行有着较大的影响。

超导腔出现频率偏差最直接的影响就是发射机输出功率增大,如式(8.1)所示。超导腔的带宽比较窄,对于高品质因子、低流强的超导腔带宽也就十几赫兹,腔的频率极易受影响而发生变化。从可持续发展的角度来要求,为达到绿色、低碳、节能的目标,要最大程度地提高能源的利用效率,因此对腔的工作频率要进行很好的调谐控制;超导腔运行过程中的相位、幅度等的误差多数是由频率变化导致的,从加速器稳定运行角度来看也要对腔的频率进行严格控制;此外,超导腔频率偏差过大或是频率变化失控,会导致发射机功率无法满足运行需求,加速器停机。

$$P_+ = \frac{\widetilde{V}_c^2}{8(R/Q)Q_L}\left[\left(1 + \frac{2\frac{R_L}{Q_L}Q_L I_b}{V_c}\cos\varphi_s\right)^2 + \left(\frac{\Delta f}{f_{1/2}} - \frac{2\frac{R_L}{Q_L}Q_L I_b}{V_c}\sin\varphi_s\right)^2\right] \quad (8.1)$$

其中,$\widetilde{V}_c$ 为腔压峰值,I_b 为平均流强,$f_{1/2}$ 为半带宽,φ_s 为同步相角,Q_L 为腔的有载品质因子。

超导腔在加工制造、总装集成、降温等过程中,由于各种误差和不确定性的存在,腔的频率与实际工作频率会存在一定偏差;并且在超导腔工作过程中,洛伦兹失谐、机电耦合振荡、麦克风效应等也会对腔的频率产生扰动。可以采用频率调谐技术对超导腔的频率进行实时调节。为了保证超导腔能够运行在设计的工作频率,需要对影响超导腔工作频率的相关效应和因素进行深入研究分析,并通过相应的技术和手段对腔的频率进行调节。

目前超导腔的频率调谐都是通过直接或间接对腔内电磁场的微扰动来实现的。主要的频率调谐技术有机械式调谐、活塞式调谐和电抗式调谐三种。机械式调谐是通过机械机构或气动、电动等方法使超导腔产生微小形变,间接对腔的电磁场进行扰动从而改变腔的频率,一般是改变腔的轴向长度对腔电场区域进行扰动;活塞式调谐是通过深入腔内的插杆直接对腔的电磁场进行扰动,一般是通过对磁场较强的区域进行扰动来改变腔的频率;电抗式调谐是通过对腔内电磁场耦合,用电控使外部铁氧体或铁电材料参数发生变化,改变外部储能的方式,改变腔整体的频率。图 8.1 为上述三种调谐器的代表示例。超导腔对洁净程度要求严格(特别是高性能超导腔,细微的污染就会导致严重的场致发射而无法工作),要尽可能地减小其他设备对超导腔内部环境的干扰,因此机械调谐方式是超导腔频率调谐的首选,也是目前各大超导腔加速器应用最多的调谐方式[1-4]。

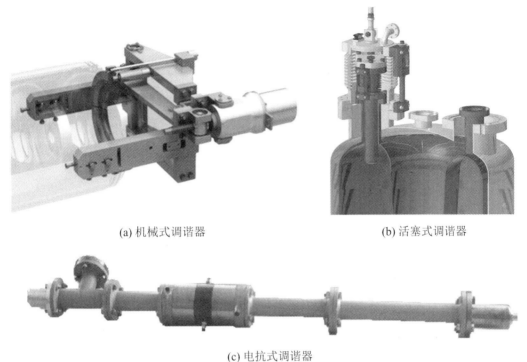

(a) 机械式调谐器　　　　　　　　　　　　(b) 活塞式调谐器

(c) 电抗式调谐器

图 8.1　频率调谐器

　　每种方式的频率调谐器都有各自的优缺点,需要结合实际使用情况进行选择和设计,并促进新频率调谐原理和技术的发展。本章主要对机械式的频率调谐技术的基本原理和设计进行了详细介绍,其他调谐方式可以阅读相关参考文献;另外,还对超导腔工作时影响其频率变化的洛伦兹失谐、机电共振和麦克风效应等进行了分析,这几种因素在不同的机器装置上产生的影响也存在差异。

8.2　调谐器原理及设计

8.2.1　频率调谐原理及准则

　　在第 8.1 节介绍了调谐器的调谐原理,即通过一定的方法技术对腔内的电磁场产生微扰动。对于机械式调谐器来说,一般是通过改变腔体的轴向长度来改变腔体的频率。谐振腔可以等效为无数个并联谐振回路,其频率可以简单表示为

$$f = \frac{1}{2\pi \sqrt{LC}} \tag{8.2}$$

所以通过改变该谐振回路的电感和电容可以调节腔体的频率。通过机械式调谐器改变超导

腔的轴向长度,相当于改变了谐振回路的电容(采用机械方式使超导腔的强磁场区发生变形,相当于改变谐振回路的电感),从而改变了腔体的频率[5-6]。

调谐器是超导腔系统的重要组成部分,用来精确控制超导腔的频率。机械式调谐器一般由两部分构成:机械调谐机构和压电陶瓷调谐机构。机械调谐是慢调谐机构,调谐范围大(几百千赫兹);压电陶瓷调谐是快调谐机构,调谐范围小(约 1 kHz)。调谐器的主体是一个机械传动的执行机构,无论是慢调谐,还是快调谐均以此机构为平台。调谐器机械传动结构的性能直接决定着整个调谐器的工作性能。

调谐器的设计中,首先要根据加速器的物理需求以及超导腔的 RF 特性和机械特性,确定调谐器的基本设计指标,然后进行具体的调谐器机构和控制系统设计。图 8.2 为调谐器的基本设计流程。调谐器是超导腔系统运行时唯一的动态部件,设计时要根据加速器的运行情况,在保证调谐器的功能作用的同时,保证系统的安全性和可维护性。

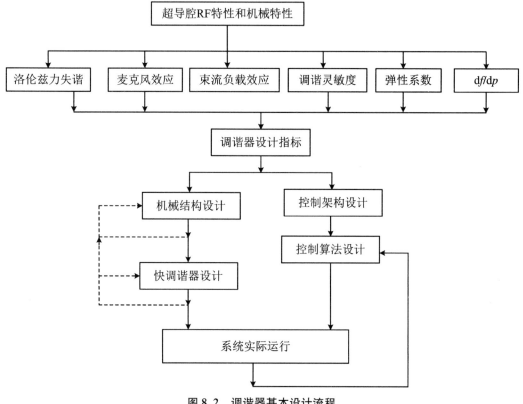

图 8.2 调谐器基本设计流程

调谐器的主要功能:

(1) 超导腔降温完成后为其调制工作频率。

(2) 对出现故障的超导腔进行主动失谐,以保证腔系统的安全和加速器的正常运行。

(3) 超导腔发生失超恢复时对腔进行频率调谐。

(4) 补偿腔的频率慢失谐。

(5) 补偿腔的洛伦兹失谐引起的频偏(脉冲运行的超导腔)。

(6) 补偿麦克风效应导致的频偏(连续波运行的超导腔)。

超导腔运行模式分为脉冲和连续波两种,一般在加速器设计之初就已经确定了腔的具体工作方式,一般运行模式不会兼容,除非有特殊需求。每种运行模式都有各自的特点,调谐器的设计也会有差异。根据不同的腔运行模式机械式调谐器要具备的特点如表 8.1 所示。

表 8.1　调谐器主要特点

功能设备	功能需求	连续波模式		脉冲模式	
机械调谐机构	降温调谐及故障失谐	调谐范围大	粗调/速度慢	调谐范围大	粗调/速度慢
压电陶瓷调谐机构	运行时的频率补偿	调谐精度高		调谐速度快	

8.2.2　调谐器设计

调谐器的设计[5-8]要根据超导模组及其加速器特点进行。对于单腔模组和双腔模组,可以选择常温调谐器,调谐器的所有功能部件全部在大气环境中,可维护性高。对于多腔模组,可以选择低温调谐器,调谐器的功能部件全部在低温真空环境中,维护具有一定的难度,但是结构更紧凑,为了降低成本也可以选择将部分功能部件安装在大气环境中。常温调谐器的材料选择范围广,耐用性比较好;低温调谐器要选择耐低温的,在恒温器内部能够适应真空、辐射环境的,低磁或无磁的材料,所以一般选 316L 不锈钢或钛合金。主要的驱动部件也要能在 5~20 K 低温环境工作。对于从低温跨越至常温的调谐器,在设计时要根据超导模组的漏热要求,控制调谐器带来的漏热,尽量降低调谐器的 2 K 热损。在跨越区一般采用 G10 隔热材料进行热隔断,并且要保证一定的机械强度。

调谐器具体设计时要考虑如下方面:

(1) 调谐器的精度。

(2) 调谐器整体的结构和紧凑性。

(3) 调谐器的回程差。

(4) 限位保护装置及功能,防止腔发生塑性形变。

(5) 调谐器的生命周期。

(6) 可维护性。

调谐器一般固定在恒温器外筒体的端板上,或是直接安装在超导腔体的一端或中间。调谐器的工作方式是使超导腔轴向产生机械形变,从而改变腔的频率。当超导腔发生机械形变时,调谐器自身也会产生形变,这也就带来调谐器调谐效率的问题。在进行调谐器设计时,根据腔、调谐器的安装方式和机械特点,可以建立模型进行调谐效率的设计和分析。

图 8.3 为 1.3 GHz 4-cell 超导腔系统的 3D 模型和实物图。在慢调谐阶段,电机转动拉伸超导腔,使其基模频率调制至正确的频率。假设机械式调谐器使系统产生 δ_T 的位移,此时超导腔会被拉伸,液氦槽会被压缩,系统仍处于平衡状态。

建立机械调谐轴向刚性度模型如图 8.4 所示,K_{w1} 为主耦合器端端板刚性度,K_{w2} 为 Pickup 端端板刚性度,K_H 为液氦槽的刚性度,K_p 为压电陶瓷的刚性度,K_b 为波纹管的刚性度,K_C 为超导腔的刚性度。

先将模型简化,通过 K_{w1} 和 K_H 得到液氦槽整体的轴向刚性度为

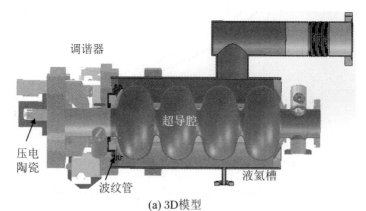

调谐器

超导腔

压电
陶瓷

波纹管

液氦槽

(a) 3D模型

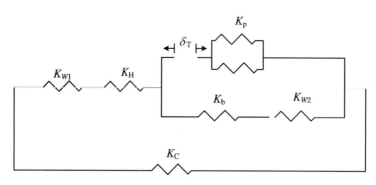

(b) 2支4-cell超导腔系统实物图

图 8.3　超导腔系统

K_p

δ_T

K_{W1}　　K_H

K_b　　　K_{W2}

K_C

图 8.4　机械调谐轴向刚性度模型

$$K_{WH} = \frac{K_{W1}K_H}{K_{W1} + K_H} \tag{8.3}$$

将波纹管与 Pickup 端端板作为一整体,得其轴向刚性度为

$$K_B = \frac{K_b K_{W2}}{K_b + K_{W2}} \tag{8.4}$$

两个压电陶瓷的整体刚性度为

$$K_P = 2K_p \tag{8.5}$$

通过对以上模型的分析可以得到系统的平衡方程为

$$\begin{cases} \delta_{\mathrm{C}} = \delta_{\mathrm{T}} + \delta_{\mathrm{WH}} + \delta_{\mathrm{P}} \\ \delta_{\mathrm{B}} + \delta_{\mathrm{T}} + \delta_{\mathrm{P}} = 0 \\ F_{\mathrm{C}} = K_{\mathrm{C}}\delta_{\mathrm{C}} \\ F_{\mathrm{WH}} = K_{\mathrm{WH}}\delta_{\mathrm{WH}} \\ F_{\mathrm{P}} = K_{\mathrm{P}}\delta_{\mathrm{P}} \\ F_{\mathrm{B}} = K_{\mathrm{B}}\delta_{\mathrm{B}} \\ F_{\mathrm{WH}} = -F_{\mathrm{C}} \\ F_{\mathrm{WH}} = F_{\mathrm{P}} - F_{\mathrm{B}} \end{cases} \tag{8.6}$$

由以上方程组可以得到系统任一部分与调谐器产生的位移 δ_{T} 的关系,从而可以得到任意部分的位移,即

$$\begin{cases} \Delta = K_{\mathrm{P}}K_{\mathrm{WH}} + K_{\mathrm{B}}(K_{\mathrm{C}} + K_{\mathrm{WH}}) + K_{\mathrm{C}}(K_{\mathrm{P}} + K_{\mathrm{WH}}) \\[2mm] F_{\mathrm{P}} = -\dfrac{K_{\mathrm{P}}\left[K_{\mathrm{C}}K_{\mathrm{WH}} + K_{\mathrm{B}}(K_{\mathrm{C}} + K_{\mathrm{WH}})\right]}{\Delta}\delta_{\mathrm{T}} \\[3mm] F_{\mathrm{B}} = -\dfrac{K_{\mathrm{P}}K_{\mathrm{B}}(K_{\mathrm{C}} + K_{\mathrm{WH}})}{\Delta}\delta_{\mathrm{T}} \\[3mm] F_{\mathrm{WH}} = -\dfrac{K_{\mathrm{P}}K_{\mathrm{C}}K_{\mathrm{WH}}}{\Delta}\delta_{\mathrm{T}} \\[3mm] F_{\mathrm{C}} = \dfrac{K_{\mathrm{P}}K_{\mathrm{C}}K_{\mathrm{WH}}}{\Delta}\delta_{\mathrm{T}} \\[3mm] \delta_{\mathrm{P}} = -\dfrac{K_{\mathrm{C}}K_{\mathrm{WH}} + K_{\mathrm{B}}(K_{\mathrm{C}} + K_{\mathrm{WH}})}{\Delta}\delta_{\mathrm{T}} \\[3mm] \delta_{\mathrm{B}} = -\dfrac{K_{\mathrm{P}}(K_{\mathrm{C}} + K_{\mathrm{WH}})}{\Delta}\delta_{\mathrm{T}} \\[3mm] \delta_{\mathrm{WH}} = -\dfrac{K_{\mathrm{P}}K_{\mathrm{C}}}{\Delta}\delta_{\mathrm{T}} \\[3mm] \delta_{\mathrm{C}} = \dfrac{K_{\mathrm{P}}K_{\mathrm{WH}}}{\Delta}\delta_{\mathrm{T}} \end{cases} \tag{8.7}$$

在快调谐阶段,高压驱动器驱动压电陶瓷,使其产生微米量级位移去补偿由束流负载、麦克风效应、洛伦兹力、氦压波动等引起的超导腔频偏。假设压电陶瓷作用在超导腔系统上的位移为 δ_{P},此时超导腔被拉伸,液氦槽被挤压。此处未考虑压电陶瓷工作时系统的动态特性,因此此超导腔系统仍然处于平衡状态。图 8.5 为系统的原理图,从图中可以看出系统模型轴向刚性度之间的关系。

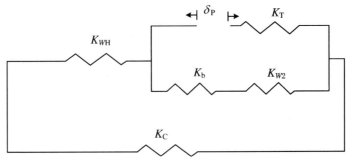

图 8.5　快调谐器轴向模型

对以上模型进行分析可以得到系统的平衡方程

$$
\begin{cases}
\delta_C = \delta_T + \delta_{WH} + \delta_P \\
\delta_B + \delta_T + \delta_P = 0 \\
F_C = K_C \delta_C \\
F_{WH} = K_{WH} \delta_{WH} \\
F_T = K_T \delta_T \\
F_B = K_B \delta_B \\
F_{WH} = -F_C \\
F_{WH} = F_T - F_B
\end{cases}
\tag{8.8}
$$

解以上方程组,可以得到系统任一部分与调谐器产生的位移 δ_P 的关系,从而可以得到任意部分的位移,即

$$
\begin{cases}
\Delta = K_T K_{WH} + K_B(K_C + K_{WH}) + K_C(K_T + K_{WH}) \\
F_T = -\dfrac{K_T[K_C K_{WH} + K_B(K_C + K_{WH})]}{\Delta}\delta_P \\
F_B = -\dfrac{K_T K_B(K_C + K_{WH})}{\Delta}\delta_P \\
F_{WH} = -\dfrac{K_T K_C K_{WH}}{\Delta}\delta_P \\
F_C = \dfrac{K_T K_C K_{WH}}{\Delta}\delta_P \\
\delta_T = -\dfrac{K_C K_{WH} + K_B(K_C + K_{WH})}{\Delta}\delta_P \\
\delta_B = -\dfrac{K_T(K_C + K_{WH})}{\Delta}\delta_P \\
\delta_{WH} = -\dfrac{K_T K_C}{\Delta}\delta_P \\
\delta_C = \dfrac{K_T K_{WH}}{\Delta}\delta_P
\end{cases}
\tag{8.9}
$$

8.3　洛伦兹失谐及机电共振

超导腔内的电磁场作用在腔内表面的壁电流上会产生洛伦兹力,洛伦兹力使得腔体发生形变,从而导致超导腔的谐振频率发生变化,这就是腔的洛伦兹失谐[9-10]。对于工作在连续波模式下的超导腔,由洛伦兹力引起的失谐量不随时间变化,称为超导腔静态洛伦兹失谐;而对于运行在脉冲模式下的超导腔,由洛伦兹力引起的失谐量随时间变化,称为超导腔动态洛伦兹失谐。洛伦兹力是随着腔内加速电场的建立而周期变化的,一般采用前馈控制即可补偿其引起的频偏。

射频电场作用于腔表面的洛伦兹力大小可以表示成式(8.10):

$$
P = \frac{1}{4}(\mu_0 H^2 - \varepsilon_0 E^2)
\tag{8.10}
$$

式中，H 和 E 分别为表面磁场强度和表面电场强度，其大小由超导腔加速梯度 E_{acc} 决定。

1.3 GHz 多 cell 超导腔典型的洛伦兹力变形如图 8.6 所示。

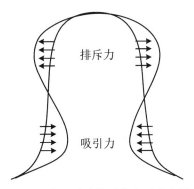

图 8.6　超导腔洛伦兹力变形示意图

超导腔的 Iris 部分受到向内的洛伦兹力，产生凹陷，赤道部分受到向外的洛伦兹力而膨胀。根据斯莱特(Slater)微扰理论，该形变引起的频率变化可以表示为

$$\frac{\Delta f}{f_0} = \frac{1}{4} \frac{\int_{\Delta V} (\mu_0 H^2 - \varepsilon_0 E^2) \mathrm{d}V}{W} \tag{8.11}$$

其中，$W = \dfrac{1}{4}\displaystyle\int_V (\mu_0 H^2 + \varepsilon_0 E^2)\mathrm{d}V$，是超导腔的储能；$f_0$ 是未失谐时超导腔的谐振频率。

当腔电场区向内凹陷时，腔的频率降低；当腔磁场区向外膨胀时，腔的频率也会降低。因此，洛伦兹力导致的总效果是使超导腔的频率降低。超导腔频率的偏移与超导腔 E_{acc}^2 成正比，即

$$\Delta f = -K \cdot E_{\text{acc}}^2 \tag{8.12}$$

式中，K 是洛伦兹失谐因子，其表征了超导腔的机械稳定性，K 越小说明超导腔越稳定。为减小脉冲模式下腔受洛伦兹力作用而产生的形变，对焊接到超导腔上的加强筋位置进行优化，目的是使 K 值尽量小。

图 8.7 为 1.3 GHz 4-cell 超导铌腔 3D 模型，壁厚为 2.8 mm，在腔的 cell 与 cell 之间有直径为 107 mm、厚度为 3 mm、宽度为 20.63 mm 的加强筋，它们的主要作用是减小洛伦兹力对超导腔失谐的影响。由于腔的损耗和束流相对较小，带宽很窄，其在受到亚微米量级变形时，很容易偏离 3 dB 带宽。另外，其他的外力也可能激发超导腔本身的机械振动模式。太赫兹自由电子激光的加速段由两支工作在 13 MV/m 的 4-cell 超导腔构成，将电子加速到 8 MeV，动态洛伦兹力导致的失谐量约为 -200 Hz。

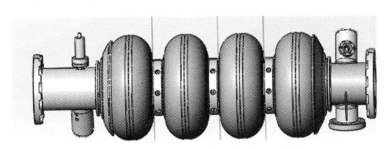

图 8.7　1.3 GHz 4-cell 超导铌腔 3D 模型

超导腔工作时,引起其机械变形的因素只有两个:洛伦兹力和麦克风效应。超导腔内的加速电场幅度不稳定,会导致洛伦兹力周期性变化,因而腔内加速电场的频率发生变化。超导腔设计时,会考虑腔的机械本征模,要求其一阶振荡频率大于 200 Hz,以避免受麦克风机械振动的影响(一般受机械泵、氦压搏定影响大)。但是当超导腔设计的机械强度不足时,超导腔受洛伦兹力影响,会激发其机械本征模,导致腔内加速电场不稳定。

$$\frac{\mathrm{d}^2 \Delta \omega_a}{\mathrm{d} t^2} + \frac{2\Omega_a}{Q_a} \frac{\mathrm{d} \Delta \omega_a}{\mathrm{d} t} + \Omega_a^2 \Delta \omega_a = -\frac{\omega \Omega_a^2 F_a}{c_a U} \tag{8.13}$$

其中,$\Delta \omega_a$ 为单个的机械本征模,Ω_a 为机械本征频率,c_a 为弹性系数,Q_a 为质量因子。由激发的机械本征模引起的射频场频率变化量为

$$\Delta \omega = \sum_a \Delta \omega_a \tag{8.14}$$

超导腔内谐振场的组分电场和磁场是相互关联的,作用在腔壁上的电磁场力以及腔内的电磁场储能都与加速梯度的平方成正比:

$$F_a = f_a \cdot E_{\mathrm{acc}}^2 \tag{8.15}$$

$$U = U_0 \cdot E_{\mathrm{acc}}^2 \tag{8.16}$$

将式(8.15)和式(8.16)代入式(8.13)中得到

$$\frac{\mathrm{d}^2 \Delta \omega_a}{\mathrm{d} t^2} + \frac{2\Omega_a}{Q_a} \frac{\mathrm{d} \Delta \omega_a}{\mathrm{d} t} + \Omega_a^2 \Delta \omega_a = -\frac{\omega U_0 \Omega_a^2 f_a^2}{c_a} E_{\mathrm{acc}}^2 \tag{8.17}$$

上式在频域内的表达形式如下:

$$\Delta \omega_a = \frac{-\omega U_0 \Omega_a^2 f_a^2(\Omega)/c_a}{(\Omega_a^2 - \Omega^2) + 2\mathrm{i}\Omega \Omega_a/Q_a} \cdot E_{\mathrm{acc}}^2 = 2\pi \cdot k_a(\Omega) \cdot E_{\mathrm{acc}}^2(\Omega) \tag{8.18}$$

因此,射频场的频率变化量为

$$\Delta \omega = 2\pi \cdot \Delta f = 2\pi \cdot \left(\sum_a k_a(\Omega) \right) \cdot E_{\mathrm{acc}}^2(\Omega) \tag{8.19}$$

ADS TCM 测试装置上存在这种洛伦兹力与机械振动耦合导致加速场不稳定的现象。此装置上的机电耦合振动频率在 250 Hz 和 340 Hz 附近,这两个机械模式对加速场的影响最大。实验中通过频谱分析仪在腔内提取的 Pickup 信号,观察到 258 Hz 和 346 Hz 两个机械振动模式。为了进一步确定两个机械振动模式,给压电陶瓷加扫频信号,激励超导腔,观察到当扫描频率在 248～253 Hz 范围和 339～356 Hz 范围时可以明显激起腔的机械振动模式。当上游腔加功率、下游腔不加功率时,通过压电陶瓷驱动下游腔,在 250 Hz 可以观察到上游腔产生振动。这说明两个腔之间也存在机械振动传递耦合情况。后将入射信号和腔内提取信号鉴相后输出的相位差信号 90°移向,然后将移相后的信号给压电陶瓷,对机械振动进行阻尼可以取得一定的效果。

8.4 麦克风效应

麦克风效应[11-12]是对外部噪声和机械振动的总称。它可以通过束流管道、支撑结构等传递给超导腔系统。图 8.8 显示了导致麦克风效应的振动噪声源。真空泵等引起的振动能够通过束流管道传递给超导腔;人为的噪声(交通运输、机械运转等)和大地的运动(地震活

动、海洋运动、月球引力等)都会通过大地作用给直线加速器(直线距离较短的加速器受地面运动影响较小)。除了上述因素,还有低温的机械泵和压缩机的振动,其可以通过低温传输线或是液氦直接传递给超导腔。这些振动对腔的谐振频率有调制作用。对于超导直线加速器,腔的品质因子很高,耦合度较小,所以腔的带宽很窄。太赫兹自由电子激光装置主加速段超导腔的有载品质因子 $Q_L = 5 \times 10^6$,对应的腔带宽为 260 Hz,工作频率为 1.3 GHz。由于机械振动的频率一般都小于 1000 Hz,当加速器工作在连续波模式下时,麦克风效应会对加速电场产生较大影响。麦克风效应对超导腔频率的影响是随机的,因此控制难度也大。目前国际上一般采用自适应学习的算法,根据大量数据的分析学习,实时调整控制参数,补偿由麦克风效应引起的频偏。调谐器对麦克风效应有阻尼作用。

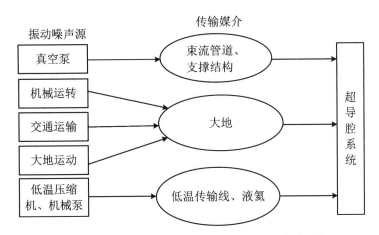

图 8.8　导致麦克风效应的振动噪声源及振动传递示意图

参 考 文 献

[1]　Padamsee H, Knobloch J, Hays T. RF superconductivity for accelerators[M]. Wiley Online Library, 2008.

[2]　Pischalnikov Y, Hartman B, Holzbauer J, et al. Reliability of the LCLS Ⅱ SRF cavity tuner[C]// Proceedings of SRF 2015, 2015: 1267-1271.

[3]　Longuevergne D, Gandolfo N, Olry G, et al. An innovative tuning system for superconducting accelerating cavities[J]. Nuclear Instruments and Methods in Physics Research A, 2014, 749: 7-13.

[4]　Shipman N, Bastard J, Coly M, et al. A ferroelectric fast reactive tuner for superconducting cavities[R]. Dresden: Proceedings of SRF 2019, 2019.

[5]　米正辉. 1.3 GHz 超导腔调谐器设计研究[D]. 北京: 中国科学院高能物理研究所, 2015.

[6]　刘亚萍. BEPC Ⅱ 500 MHz 铌腔的研制[D]. 北京: 中国科学院高能物理研究所, 2011.

[7]　Paparella R. Fast frequency tuner for high gradient SC cavities for ILC and XFEL[D]. Milan: University of Degli Studi Di Milano, 2007.

[8]　Sekalski P. Smart materials as sensors and actuators for Lorentz force tuning system[D]. Lodz: Technical University of Lodz, 2006.

［9］ Simrock S N. Lorentz force compensation of pulsed SRF cavities［C］//Proceedings of Linac 2002，Gyeongju，Korea，2002：555.

［10］ Conway Z A. Electro-mechanical interactions in superconducting spoke-loaded cavites［M］. University of Illinois at Urbana-Champaign，2007.

［11］ Neumann A，Anders W，Kugeler O，et al. Analysis and active compensation of microphonics in continuous wave narrow-bandwidth superconducting cavities［J］. Physical Review Special Topics-Accelerators and Beams，2010,13：082001.

［12］ Neumann A. Compensating microphonics in SRF cavities to ensure beam stability for future free-electrono-lasers［D］. Berlin：University of Humboldt，2008.

第 9 章　功率源和功率传输

9.1　概　　述

在加速器高频系统中,高频功率源(有时称为高频发射机或高频功率放大器)是粒子加速器的关键设备,高频功率源将来自电网的电能转变为微波,为加速腔提供加速粒子的能量。加速器高频系统组成结构如图 9.1 所示,其中,高频功率源主要由固态功率源、功率传输组件、环形器、大功率负载、移相器、大功率衰减器等组成。

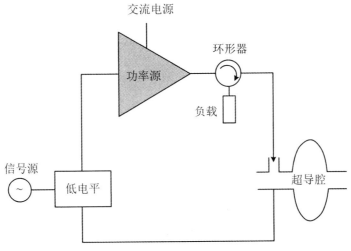

图 9.1　高频系统组成结构示意图

目前加速器领域应用最多的高频功率源有四极管(Tetrode)、速调管(Klystron)、固态功率源(Solid State Amplifier,SSA)等。其中,四极管和速调管是电真空功率源,而固态放大器是半导体功率源。

四极管功率源多用于 300 MHz 以下的频段,即使在要求输出功率很小的情况下,频率也不会超过 1 GHz。它的优点在于造价低、负载能力强、可不用环形器。它的缺点主要有:由于电子渡越时间的影响,工作频率不能太高;增益低,需要较大的推动功率,通常为级联放大。

速调管功率源的优点在于:工作频率可以很高,增益大,可达 50 dB 以上,不需要很大的推动功率;速调管的单管输出功率很大,连续波的输出功率也能到几兆瓦。它的缺点在于:管子的造价很高;在输出与负载之间需要大功率的环形器,进一步增加了投入成本;需要电压很大、功率很高的直流电源,效率并不是很高;当小功率输出时,仍要很高的直流功耗,效率变得很低。

近二十年随着半导体技术的发展,市场上出现了高频大功率半导体场效应晶体管,为生产大功率高频固态功率源提供了条件。与四极管和速调管相比较,固态功率源的优点是寿命长、噪声小、效率高、工作电压低、便于维修及不需要备份机等。近十年来,输出功率几十千瓦的固态功率源,在很多加速器的高频系统中已经广泛采用,目前法国光源、欧洲光源、合肥光源、高能同步辐射光源超导加速器等都已经采用了大功率固态功率源。在加速器上使用固态功率源,是高频系统的一个发展方向。

9.2 射频功率源

9.2.1 四极管

四极管作为射频功率源通常工作在甚高频(VHF)波段(30~300 MHz)。典型的四极管的结构如图9.2所示,由阴极(Cathode)、阳极(Anode)、控制栅极(Control Grid)和帘栅极(Screen Grid)组成。通常四极管的四个电极分别连接电源以提供电压,阳极与帘栅极电压相对于阴极为正电压,控制栅极电压相对于阴极为负电压。阴极表面发射的电流大小由控制栅极来控制。帘栅极维持射频接地,用来防止从阳极到控制栅极的电容反馈。阳极一般接入十几千伏的正高压,帘栅极电压约为阳极电压的1/10。

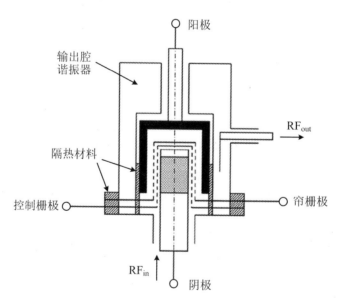

图9.2 四极管结构示意图

四极管的最大输出功率受到阴极最大电流密度以及阳极功率密度的限制。商用四极管通常设计为同轴型,阴极在内,阳极在外,便于冷却。

以 CSNS RFQ 加速器采用的 4616 型四极管为例,如图 9.3 所示。该四极管工作在 324 MHz,最大脉冲宽度为 700 μs,重复频率为 25 Hz,占空比为 1.75%。最大单管脉冲输出功率为 350 kW,设计时采用两套单管末极输出,总输出功率为 700 kW,两套四极管通过两套 6-1/8 同轴传输线向 RFQ 加速器馈送功率。该四极管工作状态为 B 类放大器,采用阴地线路,配合专用于此频段的 Y1413 型四极管谐振腔。一般而言,相比于速调管,四极管的设计方案具有造价低、体积和重量小、电压较低、效率高的优点。

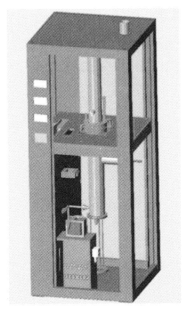

图 9.3　CSNS RFQ 四极管

9.2.2　速调管

速调管作为应用最广的射频功率源主要应用于频率 300 MHz 以上且高频功率兆瓦级的加速器上。速调管主要由电子枪、收集极、输入谐振腔、输出谐振腔、漂移空间等部分组成,如图 9.4 所示。速调管利用周期性调制电子注入速度来实现振荡或放大微波功率。其基本原理如下:首先对均匀电子流进行速度调制,经漂移后转为密度调制,然后群聚的电子流大部分受到减速,将能量交换给输出谐振腔间隙的微波场,最终经过放大的微波功率由耦合装置输出。

速调管的优点如下:单管输出功率大,连续波输出功率可达兆瓦级,脉冲输出功率可达几十兆瓦,甚至更高;工作频率范围大,增益高,因此不需要很大的前级推动功率。但其也有明显的缺点,如单管的造价高,要求高真空度、高阴极电压。即便是小功率输出,仍要产生高直流功耗和群聚的电子束功率,因而此时的速调管的效率变得很低,特别是用于强流超导加速器时要在腔和发射机之间增加大功率环形器。尽管如此,对于强流高功率的加速器,速调管仍是主力高频功率源。图 9.5 为 BEPCⅡ 上正在运行中的 500 MHz 250 kW 速调管。

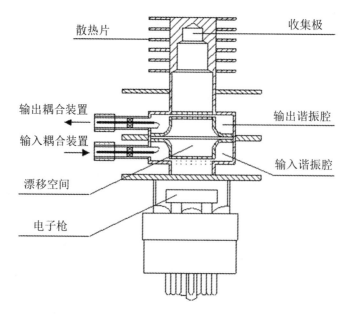

图 9.4　速调管示意图

图 9.5　BEPC Ⅱ 500 MHz 250 kW 速调管

9.2.3　固态功率源

20 世纪 60 年代,随着大规模集成电路与半导体工业的发展,出现了性能优异的金属氧化物半导体场效应晶体管(Metal-Oxide-Semiconductor Field-Effect Transistor,MOSFET)器件,并作为功放管应用于射频功率源。而固态功率源技术主要基于横向扩散金属氧化物半导体（Laterally-Diffused Metal-Oxide Semiconductor，LDMOS）器件，相比之前的 MOSFET 器件及最早的双极性结型晶体管（Bipolar Junction Transistor，BJT）器件，LDMOS 器件具有高增益、良好的电压驻波比、低噪声等优点，广泛应用于数字电视广播发射机、医疗设备、国防、通信等领域。

20 世纪 90 年代，法国 LURE（Laboratoire pour l'utilisation du rayonnement électromagnétique）实验室开始研究在 SOLEIL（Source optimisée de lumière d'énergie intermédiaire du LURE）加速器上采用固态晶体管放大器合成输出作为高频功率源，并在 2004 年成功运行 35 kW 和 190 kW 的两台固态功率源，其在国际上属于较早期的应用于加速器高频系统的大功率固态功率源，如图 9.6 所示。

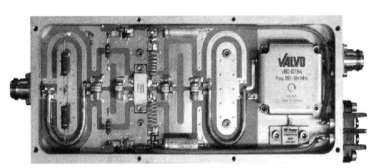

图 9.6　第一代固态放大器插件及功率源

固态功率源首次在国内加速器领域被大范围研发和使用是从 2012 年的加速器驱动次临界系统即 ADS 项目开始的，ADS 由强流连续束超导质子直线加速器、金属散裂靶和次临界反应堆组成。该直线加速器中，由 16 台 10 kW 的固态功率源为 2 支聚束腔和 14 支超导腔提供功率，如图 9.7 所示。

图 9.7　ADS Injector Ⅰ 固态功率源

　　固态功率源主要包括前置放大器、大功率功放插件、功率分配与合成系统、电源系统、水冷系统、控制保护。采用全固态电路设计,每个功放模块独立配置环形器和吸收负载,确保其稳定性与可靠性。同时,设备具有自我检测、报警指示、保护及快速恢复等功能,可通过本地和远程实现对设备的监测与控制。图9.8是HEPS 500 MHz/260 kW固态功率源组成结构,射频激励信号输入至切换控制/前置功放的输入切换单元,经耦合器、限幅器、滤波器、保护开关、增益调节器后进入输入切换器内,再进入前置功放单元A或B内,经前置功放放大至所需功率,再经输出环形器、输出切换器、定向耦合器输出。前置功放单元输出的射频信号进入1∶8同相功率分配器,分别进入8个36 kW功放机柜,每个功放机柜经过放大后输出大于36 kW的射频功率,经过4个70 kW 2∶1同轴功率合成器、3个400 kW 2∶1功率合成器,再经过波导耦合器,输出大于260 kW的功率。外部冷却装置将功放单元的耗散热量导出,保证功放单元的正常工作。配电柜实现对整机交流输入的监测和控制。

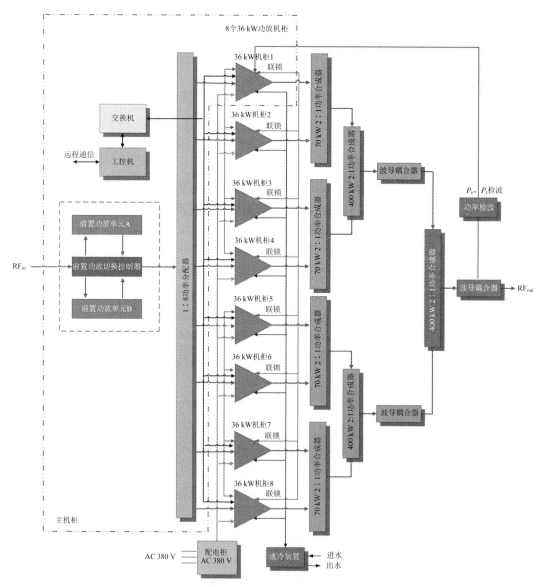

图9.8　HEPS 500 MHz/260 kW 固态功率源组成结构

固态功率源与加速器领域传统的速调管等真空管功率源相比,具有工作电压低、寿命长、噪声小、可靠性高、冗余度高、模块化程度高、便于维修等优点,对比结果如表 9.1 所示。

表 9.1 射频功率源性能对比

性能参数	四极管	速调管	固态功率源
频率范围	30～300 MHz	300 MHz～30 GHz	30 MHz～1.5 GHz
CW 输出功率	几千瓦至上百千瓦	几百千瓦至兆瓦	几百千瓦
可靠性	较差	稳定	稳定
体积	较大	大	较小
工作电压	高压(几十千伏)	高压(几十千伏)	低压(约 50 V)
效率	50%～70%	50%～70%	50%～60%
维护简易性	较复杂	复杂	较简单
寿命	几千小时	几万小时	超过几万小时
稳定性	较差	好	好
线性度	较差	较好	好
相位噪声	较大	小	更小

随着晶体管性能的不断提升,固态功率源将会在加速器射频功率源领域具有良好的发展前景。如果运行时间在十年以上,即使开始的一次性投资较高,整体收益也是合算的。固态功率源频率是固定的,频带也很窄,针对此特点进行专门的设计和调整,将会大大提高晶体管的增益,获得最佳性能,降低成本。

9.3 射频功率源的方案选择

高频功率源产生的微波功率,通过高功率微波传输线,以尽可能小的损耗以及尽可能低的反射传输至加速腔中。根据功率源种类的不同,传输线上有时会安装环形器和吸收负载来吸收从超导腔上反射的微波功率,避免对功率源造成损坏。而微波传输线根据不同原理与使用场景,通常分为同轴型和波导型。根据传输通路的需要,在微波传输线上通常安装有各类型的传输器件,如定向耦合器、软波导、E 弯波导和 H 弯波导等。定向耦合器的作用是提取一小部分传输线中的微波信号用于采集、监测以及联锁保护等。软波导可以微量调节纵向的伸缩量和横向的偏差,在传输线的安装过程中便于其他器件的安装。E 弯波导与 H 弯波导可以使波导内电磁波的传输方向发生改变。因此,在高频功率源系统中,微波传输线及传输器件是使功率源产生的高功率微波能够到达加速腔中的不可缺少的环节,尤其对于低频率、大尺寸、高连续波功率的传输器件,而高性能参数的实现具有一定的挑战。同轴传输线和矩形波导传输线如图 9.9 所示。

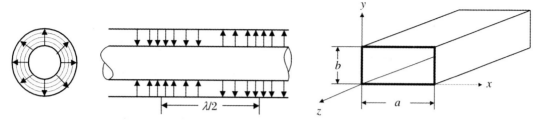

图 9.9 同轴传输线和矩形波导传输线

第 10 章　低电平控制

10.1　低电平控制系统概述

高频系统在高频谐振腔内建立射频电场,带电粒子沿纵向轨道运动,当其穿越射频电场时在加速相位上获得能量被加速或者在纵向聚束。无论用于加速还是聚束,高频系统建立的射频电场都要有较好的稳定性,束流在穿越射频电场时才能得到稳定的射频电场幅度和相位,从而保证高品质的束流。这样,低电平控制技术及其相应的控制系统应运而生。微振动、洛伦兹力、束团电量的不均匀、温度和速调管的非线性等因素将会导致高频腔失谐,因而要建立一个高频腔的频率控制环路,用于补偿腔体的失谐。由于束载的变化等因素会引起腔内射频场的幅度和相位变化,要建立高频系统幅度和相位控制环路以补偿腔内腔场幅度和相位的波动,稳定腔场的幅度和相位。

高频低电平控制系统是加速器高频系统的基本组成部分之一,其主要功能包括高频腔腔场幅度和相位控制、高频腔频率调谐控制、安全联锁保护等,以保障高频系统乃至加速器系统的稳定运行。

低电平控制技术经历了全模拟控制、数字加模拟控制和全数字控制三个阶段。20 世纪 60 年代和 70 年代的加速器高频低电平控制为全模拟控制,核心元件为微控器件;而 80 年代和 90 年代初期,因高精度和高稳定度的 NCO(Numerically Controlled Oscillator)的出现,人们发展了数字加模拟的高频低电平控制器;到 21 世纪,因数字信号处理器 DSP(Digital Signal Processor)和现场可编程逻辑器件 FPGA(Field Programmable Gate Array)的广泛使用,人们发展了全数字的高频低电平控制系统。DSP 和 FPGA 具有强大的数据处理能力,随着这些核心芯片集成度的不断提高,它们可以完全满足数字低电平控制系统功能拓展对芯片资源的需求,同时此控制系统能提供更加便利的人机交互界面和系统诊断方式。

低电平控制系统按照通信总线的不同,可分为基于网络通信的通用型低电平控制系统和基于总线通信(ATCA/MTCA/CPCI 等)的低电平控制系统。

低电平控制按照控制域的不同分为 I/Q 矢量控制、幅度和相位控制。按照激励源的不同可分为 GDR 和 SEL 两种类型。按硬件类型的不同可分为全模拟低电平控制、数字加模拟低电平控制和全数字低电平控制。

低电平按照 RF 场是否连续可分为连续模式和脉冲模式两种不同模式。根据采样方式的不同分为 RF 直接采样低电平和 IF 中频采样低电平。

国际上各加速器的高频低电平控制系统的技术特点如表 10.1 所示。

表 10.1　国际上各加速器高频低电平控制系统的技术特点

装置	主要参数	信号处理	控制内容方式	装置类型
SNS(LINAC)	$\lvert\Delta\psi\rvert<0.5°$, $\lvert\Delta V/V\rvert<0.5\%$	数字	1、2、5	质子直线加速器
TESLA	$\lvert\Delta\psi\rvert<0.5°$, $\lvert\Delta V/V\rvert<0.5\%$	数字	1、2、5	电子直线对撞机
PEPⅡ	$\lvert\Delta\psi\rvert<1°$, $\lvert\Delta V/V\rvert<1\%$	数字	1、2、3、4	B 工厂、储存环
KEKB	$\lvert\Delta\psi\rvert<0.5°$, $\lvert\Delta V/V\rvert<1\%$	模拟	1、2、3、4	B 工厂、储存环
CESR	$\lvert\Delta\psi\rvert<1°$, $\lvert\Delta V/V\rvert<1\%$	数字	1、2、3、4	正负电子对撞机
BEPCⅡ	$\lvert\Delta\psi\rvert<1°$, $\lvert\Delta V/V\rvert<1\%$	模拟	1、2、3、4	正负电子对撞机
ALS	$\lvert\Delta\psi\rvert<1°$, $\lvert\Delta V/V\rvert<1\%$	模拟	1、2	同步辐射光源
APS	$\lvert\Delta\psi\rvert<1°$, $\lvert\Delta V/V\rvert<1\%$	模拟	1、2	同步辐射光源
Spring-8	$\lvert\Delta\psi\rvert<1°$, $\lvert\Delta V/V\rvert<1\%$	模拟	1、2	同步辐射光源
PLS	$\lvert\Delta\psi\rvert<0.5°$, $\lvert\Delta V/V\rvert<0.5\%$	模拟	1、2	同步辐射光源
TLS	$\lvert\Delta\psi\rvert<1°$, $\lvert\Delta V/V\rvert<1\%$	模拟	1、2	同步辐射光源
ELETTRA	$\lvert\Delta\psi\rvert<0.5°$, $\lvert\Delta V/V\rvert<1\%$	模拟	1、2	同步辐射光源
ESRF	$\lvert\Delta\psi\rvert<1°$, $\lvert\Delta V/V\rvert<1\%$	模拟	1、2	同步辐射光源
SOLEIL	$\lvert\Delta\psi\rvert<1°$, $\lvert\Delta V/V\rvert<1\%$	模拟	1、2	同步辐射光源
SLS	$\lvert\Delta\psi\rvert<0.5°$, $\lvert\Delta V/V\rvert<1\%$	模拟	1、2	同步辐射光源
CLS	$\lvert\Delta\psi\rvert<0.5°$, $\lvert\Delta V/V\rvert<1\%$	模拟 + I/Q	1、2	同步辐射光源
SSRF(Storing)	$\lvert\Delta\psi\rvert<1°$, $\lvert\Delta V/V\rvert<1\%$	数字	1、2、3	同步辐射光源

控制内容和方式:1-腔场(幅度与相位)反馈环路;2-频率反馈环路;3-RF 直接反馈;4-零模反馈控制环路;5-前馈。

图 10.1 为 BEPCⅡ高频低电平系统。其中,图 10.1(a)为全模拟低电平控制系统,图 10.1(b)为全数字低电平控制系统。2006 年 BEPCⅡ高频建设完成,其采用的是全模拟低电平控制系统,2021 年 BEPCⅡ高频低电平控制系统完成全数字化改造。与全模拟低电平控制系统相比,全数字低电平系统的优点有:① 结构简单,主要的环路器件都集成在一块芯片上,系统搭建方便,维护亦更方便;② 更易补偿环路中的各种非线性效应,达到更好的环路性能;③ 价格便宜,远低于模拟低电平系统的费用。在实际控制中,低电平系统有各种不同的结构。既可以每支腔单独使用一套低电平,也可以多支腔合用一套低电平系统。鉴于以上原因,新建或在建的低电平系统基本采用全数字低电平控制系统。

10.2　低电平控制的基本工作原理

高频系统一般按照功能划分为低电平系统、功率源系统和高频腔系统三大部分。高频系统的基本链路如图 10.2 所示,主振提供给低电平系统射频参考信号,低电平系统产生射

（a）全模拟低电平系统　　　　　　　　　　（b）全数字低电平系统

图 10.1　BEPCⅡ高频低电平系统

频激励信号,经射频开关,送入功率源进行射频放大。放大后的信号途经环形器后送入高频腔内,在腔内建立射频电场,从而对经过腔体的带电粒子进行加速。同时,低电平信号会采集腔场的 Pickup 信号、腔入口处的前向功率和反射功率信号,用于高频低电平系统的反馈控制。

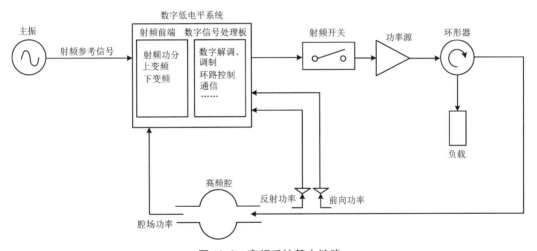

图 10.2　高频系统基本链路

　　低电平控制系统一般功能为腔场的幅度和相位环路控制和腔体频率控制。另外,为了解决功率源的非线性问题,低电平引入了功率源的幅度和相位环路控制;为了抑制低频噪声,低电平引入了基于干扰观测器（Disturbance-Observer-Based，DOB）的噪声抑制环路控制,在脉冲机器中还包括前馈控制;为解决 Robinson 不稳定性问题,低电平采用了直接反馈控制技术。

10.2.1　腔场的幅度和相位控制环路

　　低电平系统的基本功能就是保证高频腔建场腔压的幅度和相位的可控性和稳定性,这也是加速器稳定工作的重要条件。腔场幅度和相位环路控制分为 I/Q 矢量控制、幅度和相位控制两种方法,图 10.3 为 I/Q 矢量控制原理图,图 10.4 为幅度和相位控制原理图。

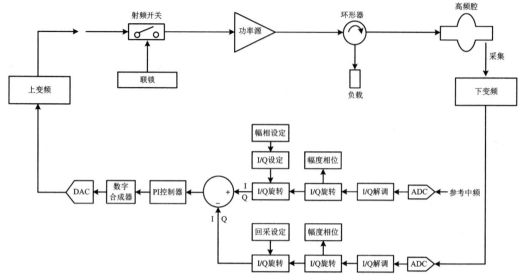

图 10.3　腔场 I/Q 矢量控制原理图

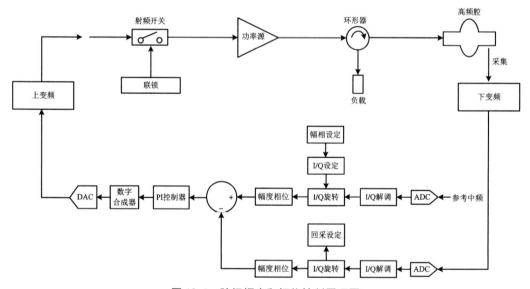

图 10.4　腔场幅度和相位控制原理图

　　两种方法的共同之处为,参考信号和腔场 Pickup 信号经 ADC 采样和 I/Q 解调再经适当的信号处理后,其差值送入 PI 控制器,然后经控制器输出送入数字合成器(DDS),调制出中频激励信号,最后经上变频后送入功率源,进而馈入高频腔完成腔场的幅度和相位控制。

　　两种方法的不同之处为,I/Q 矢量控制法是分别将参考信号和 Pickup 信号的 I/Q 值差值送入 PI 控制器,控制器输出的 I/Q 量送入数字合成器调制出中频激励信号,而幅度相位控制是分别将参考信号和 Pickup 信号的幅度和相位的差值送入 PI 控制器,PI 控制器输出得到的幅度和相位值送入数字合成器调制出中频激励信号。

　　两种方法各有优缺点,I/Q 矢量控制的优点是 I/Q 控制器采样同样的控制参数,环路延迟少于幅度和相位控制,而幅度和相位控制则没有 I/Q 控制中的相互耦合问题。

10.2.2　频率控制环路

腔频率环路控制原理如图 10.5 所示。频率控制环路是低电平系统实时监测超导腔的输入功率信号和 Pickup 信号的相位,两者的相位差值经控制器后分别驱动调谐电机和/或压电陶瓷(仅对超导腔)对高频腔的频率进行调节,从而保证相位差值为恒定值,此即保证了腔频率(此频率对应的是功率源端看到的腔加束流的等效频率,而非腔的真实谐振频率)的稳定性。

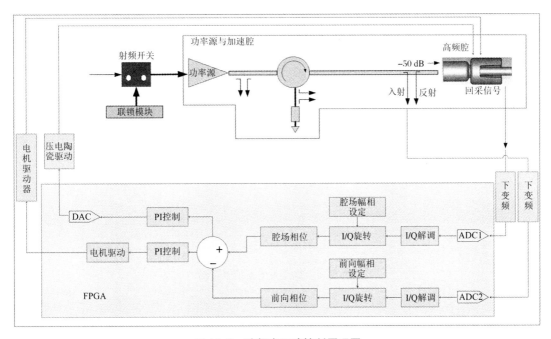

图 10.5　腔频率环路控制原理图

在电机驱动中,要设置电机的启动磁滞回线,当 $\Delta\varphi$ 超过电机启动角度时电机开始启动并调整腔的频率。随着腔的频率的变化,$\Delta\varphi$ 会逐渐变小,当其小于电机启动角度时,电机并不停止,直到 $\Delta\varphi$ 小于电机停止角度时电机才停止转动。

10.2.3　束流反馈控制环路

束团的纵向不稳定性是各个加速器关心的焦点。在低流强下,同步辐射阻尼、Robinson 阻尼都可以一定程度地抑制纵向振荡,不需要纵向反馈系统。但是,当流强达到一定值后(接近 Robinson 不稳定性阈值),它们就不足以阻尼二极相干振荡(主要的纵向振荡模式),这就需要引入纵向反馈系统。

束流反馈系统又分为逐束团(Bunch-by-Bunch)束流反馈系统和逐模式(Mode-by-Mode)束流反馈系统。逐束团束流反馈系统对所有的不稳定性模式都进行阻尼,要求带宽大;逐模式束流反馈系统对某种不稳定性模式进行阻尼。逐束团和逐模式束流反馈系统都无法区分每个束团的头部和尾部,因此它们只能阻尼束流的二极振荡($m=1$),不能阻尼更高阶次的振荡。

零模反馈是一种逐模式的束流反馈系统,它能对高频腔零模($n=0$)的纵向二极振荡进行阻尼。

在储存环中,如果有 N 个束团沿环等距离分布,则存在 N 个耦合束团振荡模式,模式序号用整数 n 表示,$0 \leqslant n \leqslant N-1$。对应于束团之间相位关系,相邻两束团之间的相位差 $\Delta = 2\pi n/N$,当 $n=0$ 时,即为零模。

纵向零模束流反馈的目的就是抑制储存环束流的纵向振荡,它通过处理和反馈控制信号来改变高频的相位,从而间接控制高频系统对束流的作用,阻尼束流的纵向二极振荡。

零模束流反馈原理如图 10.6 所示。储存环上 Pickup 耦合出的束流信号经过带通滤波后,得到与高频相同的束流信号谐波,测量其与参考信号的相位差,得到束团的相振荡信号,经过滤波、放大,得到反馈控制信号,去控制主路里的电控移相器,从而调节高频腔的高频相位,实现对束流纵向振荡的阻尼作用。

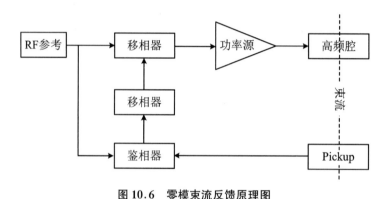

图 10.6 零模束流反馈原理图

10.2.4 基于干扰观测器的噪声抑制环路

高频系统中存在着诸如氦压波动、麦克风效应、腔体环境噪声、功率源纹波等低频噪声,而这些噪声频率较低,一般在超导腔的带宽之内,因此通常的幅度和相位控制环路对这些噪声的抑制效果欠佳,这些噪声信号会耦合到腔压信号中去,从而引起低电平系统腔压幅度及相位的控制稳定度变差。

噪声抑制环路首先需要对高频系统进行系统辨识,系统辨识一般分为三种,即白箱辨识、灰箱辨识和黑箱辨识。其中,黑箱辨识是以白噪声为激励信号,开环情况下驱动高频系统,并将采集的腔压信号作为输出信号,然后将输入输出信号导入 MATLAB 中,即可通过 ARX 模型进行系统辨识,从而辨识出高频系统的传递函数。

根据辨识出的系统传递函数,可以设计腔前及腔后滤波器,从而搭建出基于干扰观测器的噪声抑制环路,如图 10.7 所示。

10.2.5 腔场幅相前馈控制

前馈控制一般运用在扰动或变化能够预判的系统中,其特点是根据预判规律,在对应的时间戳处,在激励输出端加负的预判值,直接抵消扰动或规律变化,从而完成被控制量的稳

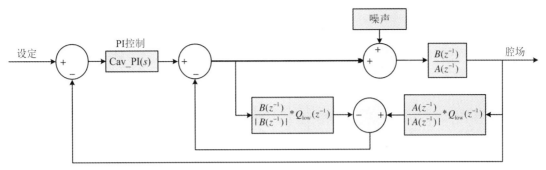

图 10.7　基于干扰观测器的噪声抑制环路

定控制。前馈控制一般运用于束流脉冲控制中,基于查找表式的控制方法一般均属于前馈控制方法。腔场幅相前馈控制的原理如图 10.8 所示。在脉冲束流模式下,当脉冲束流经过高频腔时将会在高频腔上建立束流感应腔压,从而引起腔压的波动,而如果在束流达到时刻前馈叠加一定幅值和相位的前向功率激励,而这个前向功率同样在高频腔上建立一定大小的腔压,当脉冲束流引起的感应腔压和前向功率建立的腔压幅值大小相同,相位相反时,前向功率则完全补充了束流功率并保证了高频腔腔压的稳定。

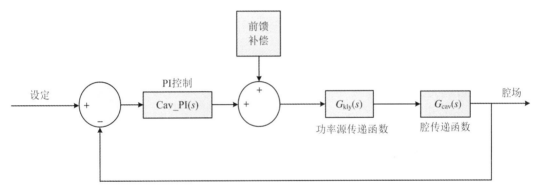

图 10.8　腔场幅相前馈控制原理

10.2.6　高频直接反馈

因为加速器中束流流强受 Robinson 不稳定性影响,所以其存在着最大流强限制,高频直接反馈环路可以提升高频系统的相位裕度,等效地降低束流等效的负载阻抗,提升流强上限。高频腔场直接反馈控制的原理如图 10.9 所示,高频直接反馈的概念就是引入一个反向的束流感应腔压,通过反馈环路增大腔的带宽,等效为降低了腔的瞬态阻抗和品质因子,当束流端等效的腔的阻抗降低后,由阻抗引起的其他束流不稳定也会相应地减弱。

高频直接反馈控制通常只存在于模拟低电平控制系统中,在数字低电平控制系统中,采用 I/Q 矢量控制的腔场幅度和相位环路控制,其 PI 控制环路本身其实已经覆盖了高频直接反馈功能。

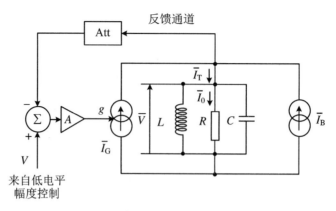

图 10.9　高频腔场直接反馈控制原理

10.3　低电平控制技术

低电平控制技术涉及广泛的学科领域,包括微波技术、射频超导技术、控制理论与控制技术、数字信号处理、软件无线电技术、模拟电子和数字电子技术、计算机技术以及人工智能等。本节简略介绍低电平控制相关的主要技术方法,包括 RF 信号的采集与恢复、数字移相和控制模型分析等。

10.3.1　RF 信号的采集

低电平系统的主要目的是控制高频加速腔场的幅度和相位,所以首先要进行 RF 信号采集。获取 RF 信号的幅度和相位有多种方法,如图 10.10 所示。早期常规的获取方法是通过模拟检波器和鉴相器分别获取 RF 信号的幅度和相位的直流量,然后送入 ADC 进行数字采样。第二种方法是将 RF 信号送入模拟解调器解调出 I/Q 量,再分别送入 ADC 进行数字采集。目前常用的是第三种方法——数字 I/Q 解调,首先将 RF 信号下变频到中频信号,再通过 ADC 采集后进行数字 I/Q 解调。然而随着电子技术的发展,RF 信号直接采样成为可能,RF 信号不必下变频,可直接送入 ADC 进行数字 I/Q 解调。

10.3.2　RF 信号的恢复

RF 信号的恢复(图 10.11)是 RF 信号采集的逆过程,可分为零中频上变频和外差上变频两类。零中频上变频采用模拟调制法,将 DAC 输出的基带的 I/Q 量,送入模拟的矢量调制器从而生产需要的 RF 信号。外差上变频法是首先在数字域内部进行 I/Q 调制,生产 IF 中频信号,然后再在外部与 LO 本振信号混频后进行上变频得到 RF 信号。外差上变频法又分为双边带外差上变频和单边带外差上变频。

双边带外差上变频如图 10.11(b)所示,在数字域 I/Q 调制后经 DAC 输出得到 IF 中频

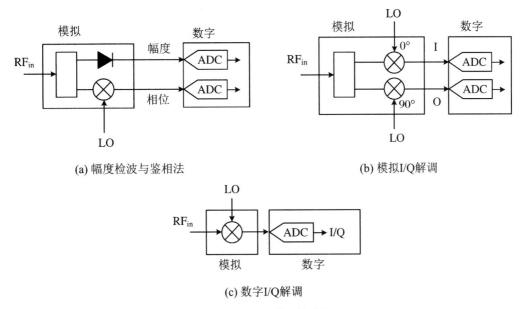

(a) 幅度检波与鉴相法　　　　　　　(b) 模拟I/Q解调

(c) 数字I/Q解调

图 10.10　RF 信号的采集

信号,IF 信号和 LO 本振信号混频,此时输出将会得到 LO±IF 的双频率信号,所以在混频输出后需要采用 RF(LO+IF)频段的带通滤波器,滤除 LO−IF 频率成分,只剩下 LO+IF 的 RF 信号。

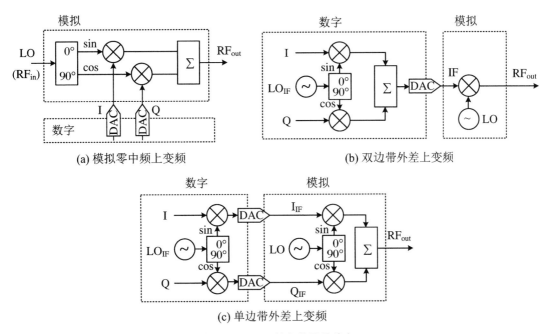

(a) 模拟零中频上变频　　　　　　　(b) 双边带外差上变频

(c) 单边带外差上变频

图 10.11　RF 射频信号的恢复

10.3.3 数字移相

如图 10.12 所示,幅度为 A,角度为 φ 的信号对应向量 M,其坐标 (I_1, Q_1) 为 $(A\cos\varphi, A\sin\varphi)$;当向量 M 旋转 θ 角度,得到向量 N,其坐标 (I_2, Q_2) 将变为 $(A\cos(\varphi + \theta), A\sin(\varphi + \theta))$。

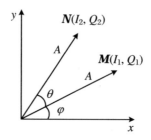

图 10.12 I/Q 矢量旋转图

旋转前后的坐标满足如下公式:

$$(A\cos(\varphi + \theta), A\sin(\varphi + \theta))$$
$$= (A(\cos\varphi\cos\theta - \sin\varphi\sin\theta), A(\sin\varphi\cos\theta + \cos\varphi\sin\theta))$$
$$= A\begin{pmatrix} \cos\theta & -\sin\theta \\ \sin\theta & \cos\theta \end{pmatrix}\begin{pmatrix} \cos\varphi \\ \sin\varphi \end{pmatrix} \tag{10.1}$$

即

$$\begin{bmatrix} I_2 \\ Q_2 \end{bmatrix} = \begin{pmatrix} \cos\theta & -\sin\theta \\ \sin\theta & \cos\theta \end{pmatrix}\begin{bmatrix} I_1 \\ Q_1 \end{bmatrix} \tag{10.2}$$

其中,移相矩阵为

$$R = \begin{pmatrix} \cos\theta & -\sin\theta \\ \sin\theta & \cos\theta \end{pmatrix} \tag{10.3}$$

所以,将初始的 I/Q 信号乘以旋转矩阵 R 后,其效果即相当于相位正向旋转了 θ 角度。

10.3.4 控制模型分析

将高频加速腔等效为 RLC 电路,发射机和束流等效为电流源,则高频系统的等效电路模型如图 10.13 所示。

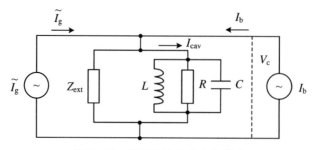

图 10.13 高频系统等效电路模型

根据基尔霍夫定律,存在如下关系式:

$$\ddot{V}_c(t) + 2\omega_{1/2}\dot{V}_c(t) + \omega_0^2 V_c(t) = 2\omega_{1/2} R_L \dot{I}(t) \tag{10.4}$$

将 $V_c(t)$ 和 $I(t)$ 表示为实虚部的形式:

$$V_c(t) = \begin{bmatrix} V_r(t) \\ V_i(t) \end{bmatrix} \cdot e^{i\omega t} \tag{10.5}$$

$$I(t) = \begin{bmatrix} I_r(t) \\ I_i(t) \end{bmatrix} \cdot e^{i\omega t} \tag{10.6}$$

将上式代入高频系统二阶方程并提取出 $e^{i\omega t}$ 后,二阶方程可以降为一阶方程:

$$\begin{bmatrix} \dot{V}_r(t) \\ \dot{V}_i(t) \end{bmatrix} = \begin{bmatrix} -\omega_{1/2} & \Delta\omega \\ \Delta\omega & -\omega_{1/2} \end{bmatrix} \cdot \begin{bmatrix} V_r(t) \\ V_i(t) \end{bmatrix} + \begin{bmatrix} R_L\omega_{1/2} & 0 \\ 0 & R_L\omega_{1/2} \end{bmatrix} \cdot \begin{bmatrix} I_r(t) \\ I_i(t) \end{bmatrix} \tag{10.7}$$

其中,$\Delta\omega = \omega_0 - \omega \ll \omega$,则

$$V_c(t) = \frac{R_L\omega_{1/2}}{\omega_{1/2} - i \cdot \Delta\omega} \cdot I(t) \tag{10.8}$$

高频腔腔体的幅频与相频响应曲线如图 10.14 所示。

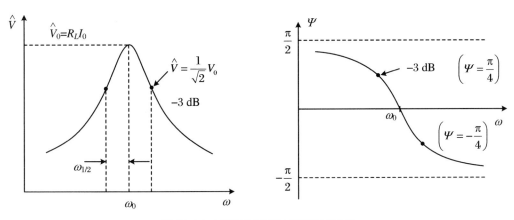

图 10.14　高频腔幅频与相频响应曲线

对应到频域的传递函数为

$$G_{cav}(s) = \frac{R_L\omega_{1/2}}{s + \omega_{1/2} - i \cdot \Delta\omega} \tag{10.9}$$

如果高频腔完全谐振,$\Delta\omega = 0$,同时将输入、输出增益归一化,则高频腔的传递函数可以简化为如下形式:

$$G_{cav}(s) = \frac{\omega_{1/2}}{s + \omega_{1/2}} \tag{10.10}$$

低电平系统反馈控制一般模型如图 10.15 所示。$K(s)$ 为控制器传递函数;$G(s)$ 为发射机和高频腔的传递函数,由于发射机带宽一般远低于高频腔带宽,其可以用 $G_{cav}(s)$ 代替。$H(s)$ 为检测器传递函数,设检测器带宽为 ω_d,系统延迟时间为 τ,则检测器的传递函数为

$$H(s) = \frac{\omega_d}{s + \omega_d} \cdot e^{-\tau s} \tag{10.11}$$

控制器一般采用 PI 控制器,PI 控制器的传递函数为

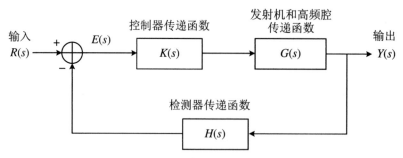

图 10.15　低电平闭环传递函数模型

$$K(s) = k_p \left(1 + \frac{k_i}{s} \right) \tag{10.12}$$

系统的闭环传递函数为

$$T(s) = \frac{K(s) \cdot G(s)}{1 + K(s) \cdot G(s) \cdot H(s)} \tag{10.13}$$

当所有模块的传递函数确定后,即可通过模拟仿真分析系统的各种特性,确定控制器的 k_p 和 k_i 参数。

当系统存在输入噪声和检测噪声时,低电平反馈系统的模型则如图 10.16 所示。则输入噪声和系统输出之间的传递函数为

$$T_A(s) = \frac{Y(s)}{A(s)} = \frac{G(s)}{1 + K(s) \cdot G(s) \cdot H(s)} \tag{10.14}$$

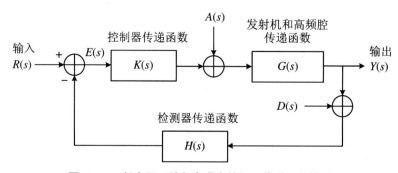

图 10.16　低电平系统包含噪声的闭环传递函数模型

检测噪声和系统输出之间的传递函数为

$$T_D(s) = \frac{Y(s)}{D(s)} = \frac{K(s) \cdot G(s) \cdot H(s)}{1 + K(s) \cdot G(s) \cdot H(s)} \tag{10.15}$$

10.4　低电平系统的功能实现

低电平控制系统的功能实现依赖于硬件系统和软件系统,两者缺一不可。硬件系统是低电平系统依托的主体,软件系统是低电平功能实现的手段。

10.4.1　低电平控制的硬件实现

高频系统整体框架如图 10.17 所示,低电平系统硬件主要包括低电平环路控制系统和联锁保护系统两部分。其中,低电平环路控制系统主要实现腔场的幅度和相位控制与腔频率控制功能;联锁保护系统则是系统设备和人身安全的保障,当系统监测到故障现象时,可及时切断 RF 开关,关闭主激励链。

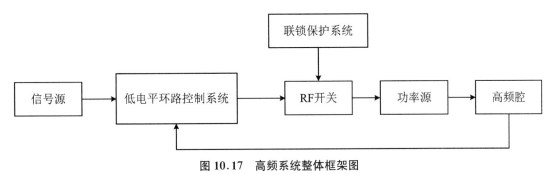

图 10.17　高频系统整体框架图

10.4.1.1　低电平环路控制系统

高能同步辐射光源低电平环路控制系统硬件设备主要包括数字信号处理板、ADC/DAC 子板和射频前端板。图 10.18 为高能同步辐射光源低电平环路控制硬件框架图。射频前端板完成 RF 信号和 IF 信号之间的转换,包括射频信号的功分、射频信号到中频信号的下变频转换、中频信号到射频信号的上变频转换等;ADC/DAC 子板完成 IF 信号的模数转换和数模转换。ADC/DAC 子板通过 FMC 接口和数字信号处理板进行数据通信。数字信号处理板卡是低电平控制系统的核心板,主要完成环路控制算法、参考时钟分配等。数字信号处理、控制算法和信号通信主要由板卡内的 FPGA 来完成;低电平环路控制系统通过路由接入局域网网络,外部客户端通过网络实现对低电平环路控制系统的控制和监测。图 10.19 为高能同步辐射光源增强器高频低电平环路控制机箱。在自闭环控制情况下,幅度和相位控制精度峰值可以分别达到 $\pm 0.015\%$ 和 $\pm 0.01^\circ$。

10.4.1.2　安全联锁保护系统

高能同步辐射光源联锁保护系统硬件设备主要包括联锁保护板卡、联锁前面板和联锁后面板。联锁保护板卡实现安全联锁逻辑算法控制。联锁前面板通过 FFC 接口和联锁板卡对接,用于联锁状态的显示和联锁通道的使能设置。联锁后面板也是通过 FFC 接口和联锁板卡进行对接,具有外部的联锁输入和输出接口。联锁保护系统通过路由接入局域网,外部客户端通过网络可以实现对联锁保护系统的控制与监测。

联锁保护输入信号包括快联锁保护信号和慢联锁保护信号,其中,快速联锁保护信号包括真空联锁信号、ARC 联锁信号、腔压联锁信号、功率联锁信号、低温联锁信号、PPS 和 MPS 安全联锁信号等,慢联锁保护信号包括温度联锁信号、流量联锁信号、压力联锁信号等。当联锁保护系统检测到联锁故障状态后,将会锁存当前的联锁状态,即使是对应的联锁信号恢复正常时其也不会恢复,只有进行重置复位后才会清除当前的已经恢复正常状态的联锁

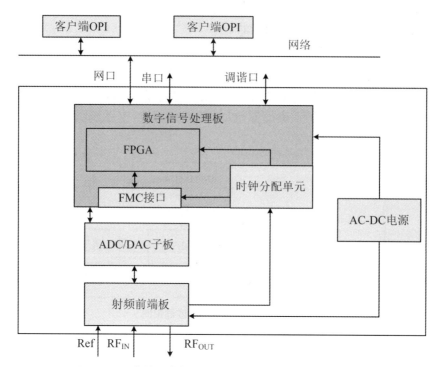

图 10.18　高能同步辐射光源低电平环路控制硬件框架图

图 10.19　高能同步辐射光源增强器高频低电平环路控制机箱

信号。

联锁保护输出包括射频开关联锁和中控安全联锁。射频开关联锁是在高频系统出现任何联锁故障输入后联锁射频开关切断 RF 激励。中控安全联锁信号包括"RF Ready""Standby"和"RF ON"。RF Ready 为"1"时表明所有高频设备无故障。Standby 为"1"时表明所有高频设备无故障,且中控给的安全联锁信号处于非联锁状态。RF ON 为"1"时表明所有高频设备无故障,安全联锁信号处于非联锁状态,高频系统已处于开机状态,功率源已经有功率输出并送入了高频腔。

联锁保护系统具备联锁输入信号的屏蔽功能,当需要屏蔽某一路联锁输入信号时,只要在机箱前面板将对应通道开关拨至 OFF 状态即可。联锁机箱前面板同时有 LED 灯显示功能,LED 灯红色表示对应通道为联锁状态,绿色则表示状态正常。图 10.20 为高能同步辐射光源高频安全联锁机箱,其最多可以有 54 路联锁输入,18 路联锁输出,快联锁响应时间小于 20 μs。

图 10.20　高能同步辐射光源高频安全联锁机箱

10.4.2　低电平控制的软件实现

低电平系统的软件部分负责实现硬件设备与计算机之间的通信,主要包括上层 OPI、底层驱动程序以及数据库的设计等,软件系统是基于实验物理及工业控制系统(EPICS)的控制架构实现分布式控制的集成系统。

EPICS 是由美国 Los Alamos National Lab(LANL)和 Argonne National Laboratory(ANL)等联合开发的基于网络的大型分布式软实时控制系统。EPICS 包含一系列开源软件集,主要用于粒子加速器、射电望远镜等大型装置。EPICS 软件系统最核心的两点是通道访问(Channel Access,CA)和分布式动态数据库(DB)。

IOC 是 EPICS 的主要控制部分,其核心是一个实时运行数据库。EPICS 将控制对象需要关注的物理量、状态写成一条条记录(Record),外部通过 CA、DA(Data Access)访问机制访问 IOC 的运行数据库,对里面的记录进行访问、修改,从而达到控制的目的。这些记录通过 IOC 中的驱动部分和设备通信协议的转化,到达具体设备。

高频低电平系统 IOC 应用包括低电平板卡 IOC 应用、联锁保护系统 IOC 应用及高频系统集成 IOC 等。其中,低电平板卡 IOC 主要完成 EPICS 与板卡的通信交互,实现低电平控制的主要功能;联锁保护系统 IOC 则是将温度、压力、流量、电机位置、调谐器压力等慢信号的联锁,ARC 联锁、真空联锁、功率联锁等快信号的联锁等接入 EPICS 系统中;高频系统集成 IOC 为软 IOC,完成高频系统控制集成,包括系统功能优化、自动化老炼、各种软件算法实现等功能。

上层 OPI 一般采用 CS-Studio。CS-Studio 是一个大型集成控制平台,其相对于 EDM

具有更加友好的操控界面和系统集成性，集成了一系列控制与监控工具包。同时安装过程也比 EDM 等简单，在 Windows 系统中不用安装 EPICS BASE 环境，只需要有 Java 环境就可运行使用。CS-Studio 具有丰富的元部件库，用户能够快速上手；CS-Studio 集成了 BOY、Data Browser、Alarm Handler、Archive Engine、Diagnostic Tools、LOG 日志系统等工具，同时也支持用 Java 和 Python 等脚本语言进行编程。其中，CS-Studio BOY 是开发上层 OPI 的主要工具，它是一种所见即所得的 OPI 软件，允许拖动各种插件来构建可视化控制界面，联网情况下，输入 PV 域名即可实现 PV 的读取与控制。

图 10.21 为基于 CS-Studio 开发的 BEPCⅡ高频系统 OPI 运行控制界面，软件集成了低电平环路控制、发射机控制、联锁控制等功能。

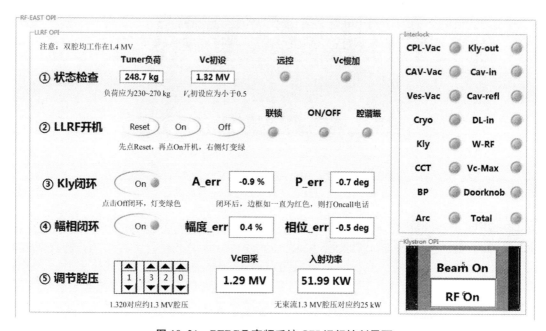

图 10.21　BEPCⅡ高频系统 OPI 运行控制界面

第 11 章　超导腔系统集成测试和运行

11.1　概　　述

用于工程项目的低温超导模组,在正式装入加速器系统之前,需要经历超导腔垂直测试、单腔水平测试、超导腔串组装、低温超导模组集成以及低温超导模组水平测试等步骤。低温超导模组水平测试是其投入运行之前不可缺少的环节,低温测试和高功率测试可以检验各个部件的性能是否达标,也可以检验低温超导模组的整体性能。只有各个性能指标均满足要求,才能集成到超导加速器装置中进行带束流运行。

11.2　超导腔单腔水平测试

在超导腔垂直性能测试之后,要将其与高功率耦合器等部件集成并进行单腔水平测试,测试性能关系到后续束流运行的参数指标,也决定着后期超导腔的批量生产。单腔水平测试是采用通用小型水平测试恒温器,将超导腔、耦合器以及调谐器等部件放入低温恒温器中,并与低温管道连接组成封闭的通道,同时将微波信号、温度信号、液位信号以及压力信号等按照运行条件进行连接,从而测试系统集成后的整体性能,包括超导腔梯度、品质因子、调谐器机械响应曲线、腔本征振动频谱、耦合器高功率特性、低温漏热等指标。

单腔水平测试站包含一个液氦分配阀箱和一台水平测试恒温器。测试站四周要建立辐射测量、屏蔽和人身联锁装置,整个测试站置于混凝土浇筑的屏蔽体内,其一侧有可滑动的防护门,用于人员及设备进出,如图 11.1 所示。

单腔水平测试站的磁场测量与垂直测试站类似,使用磁通门高斯计和专用工装对恒温器内外进行磁场测量。恒温器外使用消磁线圈进行低温恒温器整体消磁,使用消磁仪进行部件消磁,来满足低磁通量的要求。超导腔的降温情况由测试低温恒温器内的温度探测系统获取,超导腔本征振动模式和环境振动数据由恒温器内外排布的加速度传感器以及数据获取系统来采集并处理,同时测试低温恒温器单独配置了束流真空泵组以及隔热真空泵组。用于控制和高功率测量的低电平系统及功率源系统,可以根据实际测量的频率和带宽进行调节。同时也可以使用耦合器测试站的高功率源,在耦合度更接近实际运行的状态下对单腔进行高功率测试。鉴于水平测试低温恒温器是用于超导腔的批量测试,除满足上述基本要求之外,还有一个重要的理念是要方便操作,尽可能缩短测试周期以达到提高测试效率的

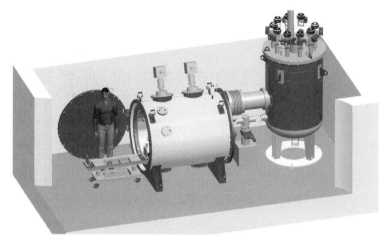

图 11.1　单腔水平测试站示意图

目的。超导腔在测试低温恒温器内的主要操作可以简单归纳如下:将洁净间内装配完毕的超导腔、高功率耦合器以及调谐器等转移到洁净间外,放置在可滑动的小车上,通过导轨送入水平测试恒温器筒体内,连接低温接口以及信号线,如将 2 K 两相管、4 K 降温/复温管、束流真空管等接口集中在真空筒体端盖附近,以方便用手直接操作引出到真空室外,连接完成之后封闭真空室,将低温管道内部抽真空并通氮气置换其中的残余空气,同时在恒温器筒体建立隔热真空,最后进行液氦降温完成前期准备工作[1]。

11.3　低温超导模组水平测试

　　低温超导模组整体水平测试是超导加速器工程不可缺少的环节,需要完成将若干超导腔在洁净间内组装成串列结构,并与高功率耦合器等集成组装,再将超导腔串与低温恒温器集成组装等步骤;然后进行低温超导模组的整体降温和高功率测试,确认超导系统中的各个部件以及总体系统性能能否达标,只有整体水平测试满足指标要求后才能将其集成到加速器装置中。

　　低温超导模组水平测试站的辐射防护和探测是按照运行装置的标准进行考虑和设计的。在混凝土屏蔽体内预留足够的空间来放置大型低温恒温器(Cryomodule),屏蔽体开口和位置要充分考虑低温恒温器进出所需的空间。

　　水平测试站包含 4 K 主分配阀箱、2 K 分配阀箱及液氦传输管道,在热负荷方面需要对低温超导模组测试时的最大热负荷做出预估并做好预案。国际上几家 1.3 GHz 低温超导模组水平测试站如图 11.2 所示。

11.3.1　水平测试磁场测量及消磁

　　超导腔水平测试前要使用磁通门高斯计和专用工装测量水平测试恒温器内、外磁场,同时在恒温器外要使用消磁线圈进行低温恒温器整体消磁,并使用消磁仪进行内部件消磁。

(a) 高能所PAPS水平测试

(b) FNAL水平测试

(c) DESY水平测试

图 11.2　1.3 GHz 低温超导模组水平测试

主要技术参数或指标如下：磁场测量精度为 0.1 mG，量程大于 500 mG；亥姆霍兹线圈磁场控制精度为 0.1 mG，磁场强度大于 500 mG。

11.3.2　射线探测系统

　　水平测试站设置的 X 射线探测系统，分别在水平测试站的低温恒温器外筒沿束流轴向均匀布置多个 X 射线监测探头，实时监测测试环境的剂量值，并在水平测试控制室实时显示。将 X 射线剂量监测值送入低电平控制系统中，作为联锁信号，一旦发现测试站内部剂量过高或控制室内剂量高于本底，立即切断馈送功率，以保障测试人员和设备的安全。

11.3.3　振动模式测试系统

　　超导腔 Q 值高、带宽窄，极易受机械振动的影响，导致其失谐以及稳定性降低。振动模式测试系统可以实时在线测量超导腔及恒温器内外相关组件的机械振动情况，能够帮助排除外界干扰源，并为超导腔及低温恒温器关键设备结构的优化提供指导。

　　设备原理：利用加速度传感器对超导腔和恒温器设备的机械振动进行测量，并通过数据采集分析系统，对设备的机械振动模式进行分析。

　　设备方案：在恒温器和超导腔液氦槽表面均匀地布置多个加速度传感器，将传感器的信号引出至数据采集分析系统，对采集信号数据进行处理分析，对机械振动进行频域及时域的显示，如图 11.3 所示[2]。

主要技术参数或指标:振动测试系统频率响应为 0～1000 Hz。

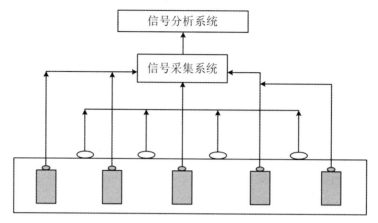

图 11.3　振动模式测试系统

11.3.4　水平测试低电平系统

水平测试低电平系统用来向超导腔中馈送功率,建立起高频电磁场,并控制腔场的幅度和相位,同时采集并计算相关射频参数。低电平系统主要测量超导腔在设计工作频率下的无载品质因子 Q_0 随平均加速场强 E_{acc} 的关系曲线。整腔水平测试低电平频控环路如图 11.4 所示。

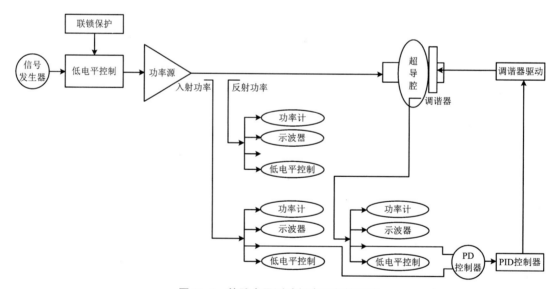

图 11.4　整腔水平测试低电平频控环路

低电平控制子系统包含三个反馈控制环路和安全联锁快速保护系统。三个反馈控制环路分别是幅度反馈控制、相位反馈控制和频率反馈控制。在水平测试系统中,频率反馈控制是水平测试的核心。频率反馈控制可以自动补偿超导腔因液氦槽压力波动或其他因素引起的腔体频率偏差,保持高频腔处于谐振工作状态。频率反馈控制的工作原理是检测到高频腔压与入射波的相位误差信号,经驱动放大电路驱动步进电机和压电陶瓷棒控制调谐超导腔的频率,使误差信号趋零。

超导腔在工作时,腔体表面变化的磁场产生表面电流,由此产生的微波功率损耗造成超导腔壁面发热,这部分热量成为超导腔的动态热负荷,并直接进入液氦低温系统,是低温系统的最大热负荷来源。低电平控制系统将超导腔加到某一加速电压 V_{acc} 时,有

$$Q_0 = \frac{V_{acc}^2}{(R/Q) \cdot P_{dynamic}} \tag{11.1}$$

$$P_{dynamic} = P_{total} - (P_{static} + P_{heater}) \tag{11.2}$$

其中,$P_{dynamic}$ 为超导腔的动态热负荷,W;V_{acc} 为超导腔的加速电压,V;R/Q 为超导腔的分路阻抗,Ω;Q_0 为超导腔的品质因子;P_{static} 为模组的静态热负荷,W;P_{heater} 为电加热器功率,W。

在液氦容器内超导腔采用浸泡式冷却。在运行模式下,液氦容器内的压力波动会引起超导腔的谐振频率变化,因此液氦容器的压力关系到超导腔的运行稳定性。要求液氦容器的压力波动范围控制在 ±3 mbar 以内。为了满足这个要求,要在超导腔液氦容器内设置薄膜电加热器,用来补偿不同超导腔加速电压产生的热负荷,使整个低温模组的总热负荷保持相对恒定。

由低温系统测出超导腔总热损耗功率与静态漏热功率,算出 $P_{dynamic}$ 和 Q_0。在未加超导腔高频功率,即 $P_{dynamic} = 0$ 时,可根据加热器的功率标定 P_{static},测出在不同 V_{acc} 下的 Q_0,得到 V_{acc} 与 Q_0 关系曲线。

水平测试低电平系统主要技术参数如表 11.1 所示。

表 11.1　主要技术参数

序号	技术要求	参数
1	频率反馈控制	环路捕捉带 ±45°
2	腔压稳定度	≤1%
3	相位稳定度	≤±1°
4	联锁保护	响应时间≤10 ms

调谐范围和调谐精度由待测超导腔决定。

水平测试低电平控制系统是一套复杂的控制系统,采用嵌入式、全数字和模块化的控制结构,由总线机箱、电源、CPU 主板、FPGA 数字控制板、上下变频板及 DA 板卡等组成。

11.3.5　水平测试温度测量

超导腔的水平测试一般是在低温 2 K 或 4.2 K 超导温度下进行的。水平测试时,测试低温恒温器内有超导腔、耦合器、超导磁体等各种设备,测温电阻分布在这些设备上,用来实时监测各设备在测试过程中温度的变化。测温电阻是基于导体或半导体的电阻值随温度变化而变化这一特性来测量温度及与温度有关的参数的。测温电阻传感器有二极管类、正温度系数温度传感器、负温度系数温度传感器、热电偶等。水平测试温度测量的主要技术参数如表 11.2 所示。

表 11.2 主要技术参数

序号	技术要求	参数
1	测温范围	1.4～400 K
2	传感器精度	全量程温度范围内,灵敏度≤±80 mK
3	应用条件	极好的抗电离辐射,高真空环境中

水平测试测温仪器一般包含两部分:一部分是测温电阻传感器,一部分是配套的温度测温仪。在水平测试系统中,测温电阻拟采用 Cernox 薄膜电阻低温传感器,Cernox 与块状或者比较厚的薄膜电阻传感器相比具有明显的优势。这些薄膜传感器封装尺寸小,可以广泛应用于各种实验的安装环境中,各种封装形式非常容易安装。其还具有极好的热传输性,热响应时间比块状传感器要快,并且在重复热循环和电离辐射的条件下,传感器的稳定性好。测温电阻通常要把电阻信号通过引线传递到二次仪表(测温仪)上,测量温度在测温仪面板上显示出来,其一般可以同时显示八个通道的温度测量值。测温仪配有计算机接口,并有模拟输出、继电器、报警、数据存储、打印等功能。Cernox 各种封装的传感器以及测温仪如图 11.5 所示。

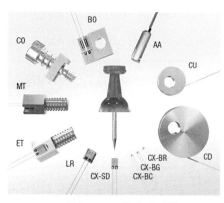

(a) 封装 Cernox 温度传感器　　　　　　　　(b) 八通道测温仪

图 11.5　温度传感器和八通道测温仪

11.4　超导腔系统集成与调试

低温超导模组集成是一项总体系统工程,将超导腔、高功率耦合器、调谐器、束流诊断检测器超导设备集成在低温恒温器中,满足内部各个加速器设备的工作条件要求。低温超导模组是加速器系统的关键设备,其不仅为超导加速器件提供稳定的低温液氦超导环境,更重要的是将这些器件集成在低温恒温器中,满足各个器件的运行需求,形成一套总体集成设备。低温超导模组将工作温度持续控制在设定值,应用多种绝热技术来控制外界热量的传递,让核心区域几乎不受外界环境的影响,使低温液体能够长时间保存。

低温超导模组一般包括三个部分:真空容器、超导腔串(由超导腔、高功率耦合器、机械调谐器等组成)、冷质量(包括低温管道、低温绝热支撑、辐射冷屏等)。系统集成组装包括两个环节:洁净间内的超导腔串组装以及洁净间外的低温恒温器与超导腔串的集成。为了最大限度减少超导腔串束流真空的粒子污染,超导腔串组装是在 10 级洁净间内完成的,在超导腔串装配完成后腔串两端设置高真空闸板阀来建立束流高真空系统。从洁净间内转运出来的超导腔串作为一个整体,与冷质量以及真空筒体进行组装。

11.4.1　TESLA 型低温超导模组的集成

TESLA 型低温恒温器的概念设计由德国电子同步加速机构在 20 世纪 90 年代初提出[3]。后来在建的大型加速器装置中用到的低温恒温器都沿用 TESLA 型低温恒温器的基本结构方案,包括 E-XFEL、ILC、LCLS Ⅱ。

E-XFEL 低温恒温器内部包含 8 支 1.3 GHz 9-cell 超导腔和 1 支超导四极磁体,所有超导设备均采用 2 K 超流氦浸泡式冷却,冷质量通过 3 套低温绝热支撑(POST)吊装在真空容器的上部,低温恒温器内设置 2 层冷屏,即 5 K/8 K 和 40 K/70 K 氦气冷屏,8 K 冷屏包扎 10 层绝热材料(Multilayer Insulation,MLI),80 K 冷屏包扎 30 层绝热材料[3]。正在预研的 ILC 项目,采用的超流氦低温恒温器在 TTF-Type Ⅲ 基础上做了一些调整与改进,主体框架结构与 E-XFEL 低温恒温器类似,不同之处在于,ILC 低温恒温器总长度略有增加,ILC 低温恒温器中的超导四极磁体的位置不同等[4]。

E-XFEL 与 ILC 超流氦低温恒温器中的超导腔的运行方式均为脉冲模式,而 LCLS Ⅱ 超流氦低温恒温器中的超导腔运行方式为连续波模式。超导腔的运行模式不同,超流氦低温恒温器的结构参数和热力学性能也有所区别,虽然基本结构类似,但是 LCLS Ⅱ 低温恒温器的动态热负荷比 E-XFEL 低温恒温器要大很多。三种 TESLA 型超流氦低温恒温器的结构方案对比,如图 11.6 所示。

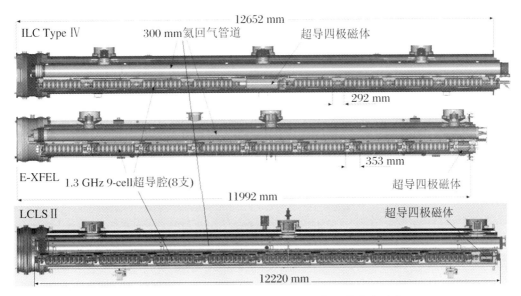

图 11.6　ILC、LCLS Ⅱ 与 E-XFEL 低温恒温器方案对比

TESLA 型低温超导模组的集成包括两个环节:洁净间内的超导腔串组装和洁净间外的

超导腔串与低温恒温器的组装。超导腔串由超导腔、高功率耦合器、机械调谐器等组成,为了最大限度减少超导腔串束流真空的粒子污染,超导腔串组装是在 10 级的洁净间内完成的,在超导腔串两端设置高真空闸板阀来建立束流高真空系统。从洁净间内转运出来的超导腔串作为一个整体,与冷质量以及真空筒体进行组装。下面以美国 LCLS Ⅱ 低温超导模组为例来介绍 TESLA 型低温超导模组的组装过程[5]。

11.4.1.1　超导腔串的组装

(1) 超导腔与耦合器冷端的组装。分别将每个耦合器的冷端与对应的超导腔连接,并保证超导腔与耦合器的密封配合,如图 11.7 所示。

图 11.7　超导腔与耦合器冷端的组装

(2) 8 支超导腔组装成腔串。将 8 支超导腔以及腔串两端的 2 个闸板阀进行组装,并保证超导腔间的密封配合,如图 11.8 所示。

图 11.8　超导腔串的组装过程

（3）超导腔串的束流管抽真空、检漏。将 8 支超导腔以及两端的闸板阀组装成串，用真空泵组将束流管道抽真空，并用氦质谱检漏仪检查各个密封口。超导腔串在洁净间内完整组装如图 11.9 所示。

图 11.9 超导腔串在洁净间内完整组装

11.4.1.2 超导腔串与低温恒温器的组装

（1）超导腔串在洁净间外的组装。

① 将冷质量就位于龙门架工装，并将 GRHP 回气管道调水平（根据场地固定基准点）；

② 把超导腔串从洁净间里推出来，放到地轨上；

③ 调整每段两相管的相对位置（拉线或者激光仪）；

④ 对各超导腔连接的两相管接口进行焊接或者密封；

⑤ 对两相管进行氦质谱检漏和压力测试；

⑥ 安装 8 支超导腔的磁屏蔽；

⑦ 安装超导腔的多层绝热材料（10～15 层）；

⑧ 安装温度传感器及 RF 信号传感器；

⑨ 调节龙门架工装的高度，测量高度，将超导腔串与冷质量试配；

⑩ 两相管与回气管（GRHP）焊接；

⑪ 降温/复温管道与超导腔的底部管道焊接；

⑫ 对两相管进行氦质谱检漏和压力测试；

⑬ 对所有的信号线进行检查和归类。

超导腔串在洁净间外的组装如图 11.10 所示。

（2）超导腔串与冷质量上半部分组装。

① 将超导腔串推到龙门架工装正下方，把超导腔串与冷质量连接；

② 安装超导磁体（Split Magnet）；

③ 利用激光准直仪（Laser Tracker）对腔串进行准直调节；

④ 安装调谐器电机（Tuner Motor）和压电陶瓷，并进行预调节测试；

⑤ 完成耦合器热锚和铜编织带的连接；

图 11.10　超导腔串在洁净间外的组装

⑥ 检查各类测点信号线(高频、低温、BPM 等);

⑦ 焊接磁铁电流引线至磁铁仪表盒;

⑧ 安装焊接 50 K 铝冷屏的下半部分;

⑨ 安装冷屏的多层绝热材料(30~40 层);

⑩ 各类信息测点的电阻测量。

超导腔串与冷质量上半部分组装如图 11.11 所示。

图 11.11　超导腔串与冷质量上半部分组装

(3) 冷质量和真空筒体的集成以及低温恒温器外围的组装。

① 利用装配工装进行带超导腔串的冷质量和真空筒体的装配;

② 焊接超导磁体电流引线法兰、JT 低温阀门、预冷低温阀门;

③ 对真空筒体与冷质量的相对位置进行准直调节;

④ 对各个通道进行真空检漏(氦质谱检漏仪);

⑤ 安装主耦合器的 T 形接头等常温部分及波导等;

⑥ 将内部的信号线和 RF 电缆引出,连接到引线法兰;

⑦ 将各个引线法兰安装到真空筒体上；

⑧ 安装连接耦合器外部真空管道,检漏和充气等；

⑨ 安装耦合器调谐电机；

⑩ 安装恒温器顶部 3 个 POST 盖帽法兰；

⑪ 安装调谐器接入端口挡片；

⑫ 安装安全阀法兰；

⑬ 对真空筒体(隔热真空)进行抽真空、检漏及置换；

⑭ 对束流管道(束流真空)进行抽真空、检漏。

冷质量和真空筒体的集成以及低温恒温器外围的组装如图 11.12 所示。

(a) 冷质量和真空筒体的集成

(b) 低温恒温器外围的组装

图 11.12　冷质量和真空筒体的集成以及低温恒温器外围的组装

11.4.2　轮辐低温超导模组的集成

ADS 注入器 I 项目采用 2 个轮辐超导腔($\beta = 0.12$)低温超导模组(CM1 和 CM2),每个低温超导模组包括 7 支轮辐超导腔、7 个超导螺线管磁体以及 7 台 BPM 等。对应的低温恒温器设置有两层低温防热辐射冷屏,即5 K冷屏与80 K冷屏,其冷却介质分别为5 K氦气与77 K液氮,冷屏采用的材料是6061硬铝。为了减少辐射热负荷,4.2 K部分的腔串、氮低温管道以及5 K冷屏都包扎10层多层绝热材料,而80 K冷屏与氮低温管道包扎30层多层绝热材料。同时为了减少在整个恒温器运行过程中的对流换热,真空筒体隔热真空采用动态真空的形式,真空度小于1×10^{-4} Pa[6]。轮辐超导腔低温超导模组的结构如图11.13所示。

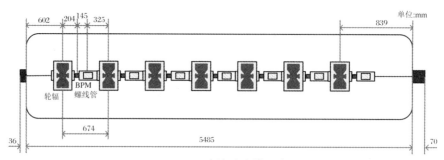

(a) CM1束流动力学尺寸

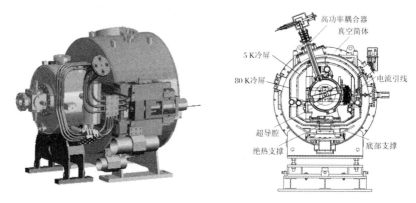

(b) 单个磁聚焦结构(超导腔+超导磁体+BPM)　　(c) CM1低温超导模组横截面

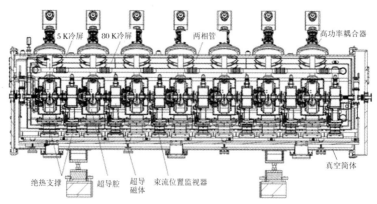

(d) CM1低温超导模组纵截面

图11.13　CM1低温超导模组的结构示意图

轮辐低温超导模组的集成包括两个环节:在洁净间内完成的超导腔串的组装,在洁净间外完成的超导腔与低温恒温器的组装。超导腔串组装是在10级洁净间内完成的,超导腔串两端设置高真空闸板阀来建立束流高真空系统。从洁净间内转运出来的超导腔串作为一个整体,与冷质量以及真空筒体进行组装。

11.4.2.1　超导腔串的组装

(1) 7 支超导腔组装成腔串。将 7 支超导腔以及腔串两端的闸板阀进行组装,并保证超导腔间的密封配合,如图 11.14 所示。

图 11.14　超导腔串的组装

(2) 超导腔串的束流管抽真空、检漏。将 7 支超导腔以及 2 个端部闸板阀组装成串,用真空泵组将束流管道抽真空,并用氦质谱检漏仪检查各个密封口,如图 11.15 所示。

图 11.15　超导腔串的真空检漏

11.4.2.2　超导腔串与低温恒温器的组装

(1) 超导腔串以及冷质量的组装。

① 将冷质量的下半部分放置在工装小车上;

② 把超导腔串从洁净间里推出来,通过大梁放置在龙门架上;

③ 升降小车,调整冷质量下半部分的高度以实现与超导腔串的对接合体;

④ 利用激光准直仪对腔串进行准直调节;

⑤ 安装调谐器电机和压电陶瓷,并进行预调节测试;

⑥ 将预制好的两相管与超导腔串连接密封,并调节其相对位置(拉线或者激光仪);

⑦ 对两相管、预冷管等低温管道进行氦质谱检漏和压力测试；

⑧ 安装温度传感器及 RF 信号传感器；

⑨ 安装超导腔的多层绝热材料(10～15 层)；

⑩ 安装焊接 5 K 铝冷屏的上半部分，并包裹多层绝热材料(10～15 层)；

⑪ 安装焊接 80 K 铝冷屏的上半部分，并包裹多层绝热材料(30～40 层)；

⑫ 完成信号线的电阻测量(高频、低温、BPM 等)。

超导腔串以及冷质量的组装如图 11.16 所示。

图 11.16　超导腔串以及冷质量的组装

(2) 冷质量和真空筒体的集成以及低温恒温器外围的组装。

① 利用装配工装进行带超导腔串的冷质量和真空筒体的装配；

② 对真空筒体与冷质量的相对位置进行准直调节；

③ 对各个通道进行真空检漏(氦质谱检漏仪)；

④ 安装主耦合器的 T 形接头等常温部分及波导等；

⑤ 将内部的信号线和 RF 电缆引出，连接到引线法兰；

⑥ 将各个引线法兰安装到真空筒体上；

⑦ 安装连接耦合器外部真空管道，检漏和充气等；

⑧ 安装调谐器接入端口挡片；

⑨ 对真空筒体(隔热真空)进行抽真空、检漏及置换；

⑩ 对束流管道(束流真空)进行抽真空、检漏。

冷质量和真空筒体的集成以及低温恒温器外围的组装如图 11.17 所示。

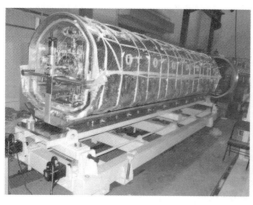

图 11.17　冷质量和真空筒体的集成以及低温恒温器外围的组装

11.4.2.3　超导模组测试

轮辐低温超导模组完成集成组装后,就位在隧道内,与低温分配阀箱完成对接,并完成微波馈管、信号电缆等外围连接,同时完成束流管的连接,实现与加速器系统集成,如图 11.18所示。

图 11.18　安装于隧道中的轮辐低温超导模组

轮辐低温超导模组在隧道内就位后,与低温管道和低温分配阀箱连接后就可以降温。在低温实验过程中,各个测量点的温度、压力、液位均实现在线测量、采集及存储记录。

超流氦低温恒温器有三个独立的通道,即 80 K 液氮通道、5 K 氦气通道及 2 K 超流氦通道。在降温过程之前,要对三个通道进行抽真空置换,首先对 80 K 液氮通道及 5 K 氦气通道进行降温,降温速率不用严格控制。2 K 超流氦通道的降温对象为超导腔、超导磁体及低温连接部件,降温过程中要严格控制降温速率,防止降温过快,同一零部件的温差不均匀导致热应力过大。液氦的汽化潜热较小,而从 4.2 K 到 300 K 的显热较大,因而采用液氦底部注入的方式。

2 K 超流氦通道的降温过程可以分为两个阶段:第一阶段是从室温 300 K 到 4.2 K 过程。其中,300 K 到 100 K 期间,降温速率限制在 10 K/h,超导腔的最大温差控制在 50 K 以内,其降温介质——冷氦气是由制冷机的 40 K 与 300 K 两股氦气按照降温需要进行不同流量混合而成的;100 K 到 4.2 K 期间,此时材料的冷收缩已经完成了 90% 以上,降温速率可以不受限制,同时为了避开材料的"氢中毒"温度,要进行"快速降温",其降温介质是由 4.2 K 液氦杜瓦直接供给的。第二阶段是从 4.2 K 到 2 K 过程,从常规态液氦减压降温为 2 K 超流态液氦[7]。低温超导模组低温测试如图 11.19 所示。

ADS 先导专项强流质子加速器注入器 I 中的两个低温超导模组于 2016 年已经同时投入运行,于 2017 年 1 月 4 日在超导段出口获得能量为 10 MeV、流强为 2.1 mA 的连续波质子束。ADS 注入器 I 束流测试指标如图 11.20 所示[8]。

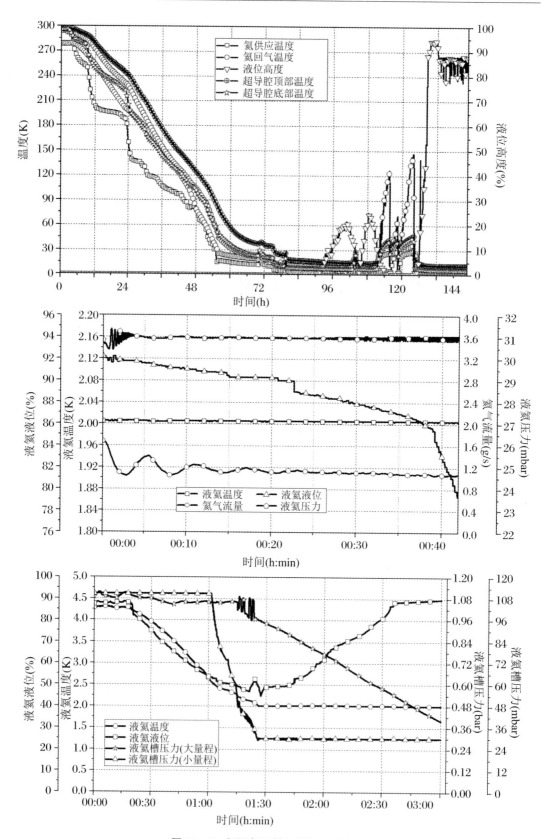

图 11.19　低温超导模组低温测试实验

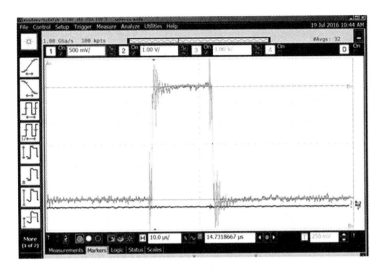

图 11.20　ADS 注入器 I 束流测试

参 考 文 献

［1］　葛锐，韩瑞雄，边琳，等. Spoke 型超导腔水平测试低温恒温器的设计［J］. 低温工程，2014，（03）：7-10.

［2］　Altarelli M，Brinkmann R，Chergui M，et al. The European X-Ray free-electron laser technical design report［R］. Hamburg，Germany：Deutsches Elektronen Synchrotron（DESY），2007.

［3］　McGee，M W，Volk，J T. Vibrational stability of SRF accelerator test facility at FermiLab［C］// Particle Accelerator Conference（PAC 2009），2009

［4］　Chirs A，Maura B，Barry B，et al. The international linear collider technical design report-volume 3. 1：accelerator R&D ［R］. Tsukuba Japan：High Energy Accelerator Research Organization（KEK），2013.

［5］　Gonnella D，Aderhold S，Burrill A，et al. Industrialization of the nitrogen-doping preparation for SRF cavities for LCLS II［J］. Nuclear Instruments and Methods in Physics Research A，2018，883（2018）：143-150.

［6］　葛锐. ADS 注入器 I 2 K 低温系统关键技术研究［D］. 北京：中国科学院大学，2015.

［7］　Ge R，Li S P，Han R X，et al. ADS Injector-I 2 K superfluid helium cryogenic system［J］. Nuclear Science and Techniques，2020，31（2020）：81-94.

［8］　Yan F，Geng H，Meng C，et al. Commissioning of the China-ADS Injector-I testing facility ［C］//7th International Particle Accelerator Conference（IPAC 2016），Busan Korea. 2016：2048-2051.

第3篇

低温技术

第 12 章　加速器低温概述

在本书前面部分,已经较为完整地介绍了射频超导技术的各个方面,但对于超导腔来说,还有一个非常重要的"盟友"——低温系统,尚未展开详述。这是由于低温系统与超导腔虽然息息相关,但它们的基础科学原理还是有较大区别的,用于超导腔的射频超导技术主要是建立在电动力学、电磁学以及材料学基础上,而低温技术则是建立在热力学、传热学、流体力学、工程力学等基础上,两者之间的区别还是较为明显的。因此本书将低温系统列为单独的一个部分,不仅讲述低温系统的一般性知识,而且侧重讲述超导加速器低温系统自身的特色。但低温系统涉及的学科知识较为驳杂,此处篇幅有限,未必能够面面俱到。希望本书能够起到引领入门的作用,帮助新进入本领域的读者们建立起较为完整的知识体系,更多细节性的知识,读者们可以通过查阅各章节的参考文献来获得。

高能量和高亮度是当前高能物理加速器的两大前沿。目前已经建造或正在建造的高能粒子加速器装置,如美国连续电子束加速装置、日本 KEK 建造的特利斯坦(TRISTAN)、德国 DESY 建造的强子-电子环加速器(HERA-e)、CERN 建造大型强子对撞机、北京正负电子对撞机重大改造工程和高能同步辐射光源等,或者已计划的直线对撞机——欧洲自由电子激光的 TESLA 和国际直线对撞机,均要采用超导腔来加速带电粒子。现在,高能加速器已经发展到要把质子和电子的能量加速到 TeV 能区,在该能区束缚质子束流的运动需要高达几特的磁场,加速电子的高频腔要达到的电场强度也要超过十几兆伏每米,这么高的场强只有通过低温超导技术才能实现。众所周知,实用性的超导设备必须工作于极低的温度下。按照提供的低温温区来划分,低温系统可以分为液氦低温系统、液氢低温系统、液氮低温系统、液氖低温系统等,这些工质的液化温度不同,因此能提供的低温温区也不同。在超导加速器领域里,最常见的是液氦低温系统(4.5 K 及以下温区)和液氮低温系统(80 K 温区)。对于液氦低温系统来说,又可以分为普通液氦低温系统(又称为 4 K 系统)和超流氦低温系统(又称为 2 K 系统)两大类。2 K 系统的造价和复杂性比 4 K 系统要高不少,但是由于超导腔在 2 K 低温环境中往往可以表现出更好的性能,在某些情况下,宁可增加低温系统的造价也要将其升级至 2 K 系统,因为从整体来说仍然是合算的。而液氮低温系统一般是作为液氦低温系统的预冷工质,有时兼作某些低温设备的冷屏使用。

对于超导加速器而言,最重要的超导设备为超导腔和超导磁铁,超导腔是为束流提供加速能量的"发动机",而超导磁铁则是保障束流按要求聚集、偏转的"舵手"。以上这些超导设备的顺利运行,全都离不开低温系统的稳定支持。按照低温系统冷却的对象来分,加速器低温系统又可以分为超导腔低温系统和超导磁铁低温系统,本书重点讲述超导腔低温系统,不过超导磁铁低温系统大体上是类似的。

12.1 超导加速器低温系统的发展历程

卡麦林·昂纳斯于 1908 年首次将氦气液化并于 1911 年在液氦温度下研究各种材料的物理性质时发现了超导性后,低温与超导技术开始发展。不过将低温技术引入粒子加速器领域却是近几十年以来的事,20 世纪中期随着强磁场超导材料 NbTi 和 Nb_3Sn 的发现,利用低温超导特性研制的超导磁铁和超导腔开始在高能加速器、重离子加速器、电子直线加速器、同步辐射光源、高能探测器和受控热核装置等领域中得到实际应用。超导加速器由于具有更加紧凑的尺寸、更少的能耗、更强的加速梯度等显著优势,正日益成为加速器发展的主流方向。随着低温与超导技术的进步和迅速发展以及现代加速器对更高束流能量和更高亮度的要求,现在绝大多数加速器的建造都要采用低温超导技术。我国在加速器低温超导技术上虽然起步较晚,但近几十年新建和在建的众多超导加速器装置也都采用了低温与超导技术,下面对国内外超导加速器低温系统的发展历程进行简述。

1980 年,第一个使用超导磁铁的加速器——费米实验室的万亿伏特粒子加速器 Tevatron 开始建造,从此开始引入液氦低温系统。1988 年,日本 KEK 建造的 TRISTAN 对撞机中首次采用了超导腔。后续的数十年内,超导腔和超导磁铁在各大加速器装置中得到了广泛应用,例如 CERN 的 LHC、美国 SLAC 的 LCLS 项目、DESY 的 E-XFEL 项目以及欧洲散裂中子源(ESS)项目等,都建设了规模庞大的低温系统,为超导设备提供必备的冷量。

CERN 建造的大型强子对撞机的制冷量为 8×18 kW@4.5 K 低温系统,总制冷量达到 144 kW/4.5 K,依旧是目前世界上最大的氦低温制冷系统。强子对撞机是一个环形对撞机,在全环 27 km 上大规模使用了 1800 个超导磁体,直线段共有 288 支超导腔运行,均采用 1.8 K 超流氦冷却,可谓是当今世界上最寒冷的地方[1-3]。位于德国汉堡的 E-XFEL 项目是世界上首个能产生高强度短脉冲 X 射线的激光设施,这一大型科研项目由德国牵头,欧洲 11 个国家共同合作,总耗资达 10 亿欧元。E-XFEL 目前由德国电子同步加速器机构负责运行,其配套了一套制冷量为 2.5 kW@2 K 的低温系统。TESLA 的 500 GeV 能量的自由电子激光装置已被提出,计划采用 21000 支 9-cell 超导腔和 800 个超导磁体,同样将需要大规模配置 2 K 超流氦低温制冷系统[4-6]。1986 年,日本 KEK 决定在 TRISTAN 环上安装 32 支 5-cell 超导腔,同时开始了配套超导腔低温系统的建设,1988 年,4 kW@4.4 K TRISTAN 超导腔低温系统建设完成,随后 KEKB 于 1998 年建设完成,它抛弃了原多个 cell 超导腔,采用了 8 支 1-cell 超导阻尼腔运行,其低温系统仍然使用 TRISTAN 6.5 kW@4.4 K 低温制冷系统。目前日本 KEK 已经为国际直线对撞机建造了制冷量为 100 W@2 K 的 STF(超导射频测试设施)低温系统[7-9]。美国已经建造了许多加速器设施,BNL 实验室 RHIC 低温系统于 1986 年投入运行,总的制冷量为 24.6 kW@4 K,RHIC 重离子对撞机共有各种超导二极磁体 396 个,超导四极磁体 492 个,全环低温管线 2750 m。同时也包括正在运行的连续电子束加速装置及其相关的升级项目,其制冷量为 4.2 kW@2 K。此外,还有托马斯·杰斐逊国家加速器实验室的 4.2 kW@2.1 K 低温系统[10];橡树岭国家实验室(ORNL)的欧洲散裂中子源,制冷量为 2.4 kW@2.1 K 低温系统[11];ANL 的重离子激光器 ATLAS,制冷量为 1.2 kW@4.7 K 低温系统[12];美国国家加速器实验室的 LCLS II,制冷量为 4 kW@2 K

的低温系统[13];康奈尔大学加速器实验室的 ERL 的制冷量为 7.5 kW@1.8 K[14];密歇根州立大学(MSU)的稀有同位素光束设施(FRIB),其 2 K 超流氦低温系统的制冷量为 3.6 kW@2.1 K[15]。

国内加速器低温超导技术近几十年来发展较快,从原来的技术跟踪和实验室研究到现在较大规模的实际应用,近些年中国也正逐渐投资于大型科学设施的建设,这已经算迈出了很大的一步。高能所建造的 BEPCⅡ是国内第一套超导加速器系统,采用了当时世界上流行的 3 种超导设备,即 2 支 1-cell 超导腔、2 个超导对撞区磁体和 1 个大型探测器超导磁体。BEPCⅡ低温系统由 2 台 500 W@4.5 K 制冷机,分别为超导腔和超导磁体提供制冷量,总的制冷能力为 1 kW@4.5 K,BEPCⅡ超导腔低温系统已于 2006 年 8 月建成并稳定运行[16-17]。此外,高能所自主研发并设计制造了国内首套百瓦级 2 K 超流氦低温系统——ADS 注入器Ⅰ,2 K 低温系统目前已稳定运行多年,为众多不同类型的超导腔的研发测试提供稳定可靠的 2 K 超流氦低温环境,其制冷量为 1000 W@4.5 K 或 100 W@2 K[18]。此外,PAPS 是由北京市与中国科学院联合资助,由高能所、北京怀柔科学城建设发展有限公司承建的大型科技服务平台项目,也是建设"怀柔科学城大科学装置集群核心区"不可缺少的一环。PAPS 低温系统已于 2021 年 6 月 18 日顺利通过验收,其制冷量为 2.5 kW@4.5 K 或 300 W@2 K[19]。中国科学院上海同步辐射光源(SSRF)低温系统的制冷量为 600 W@4.5 K,为进一步提升光源加速器性能,SSRF 二期工程中拟新增三次谐波超导腔和超导扭摆器等超导设备,要建造一套 4.5 K 相当总制冷量 650 W(含 70 W@2 K)的液氦系统,为超导腔和一些特殊光束线设备等提供运行必需的制冷量和冷却液氦[20]。此外,加速器驱动嬗变研究装置低温系统的制冷量为 18 kW@4.5 K 或 4.8 kW@2 K[21],上海硬 X 射线自由电子激光低温系统的制冷量为 13 kW@2 K,高能同步辐射光源低温系统的制冷量为 2 kW@4.5 K 以及高强度重离子加速器设施(HIAF)低温系统的制冷量为 10 kW@4.5 K 或 2 kW@2K[22],CSNSⅡ超导腔系统需求制冷量为 800 W@2 K 正在建设之中。此外,CEPC 低温系统的详细设计 TDR 阶段正在进行中,其超导腔侧低温系统制冷量为 4×15 kW/18 kW@4.5 K[23]。

12.2　超导加速器低温系统的发展趋势和基本设计理念

从总体来看,超导加速器低温系统未来的发展趋势包括从 4 K 系统到 2 K 系统,从百瓦级冷量到千瓦/万瓦级冷量,单点设备供冷到分布式多点供冷,单套液氦系统到液氦/液氢/液氮复合系统,半自动/手动控制到全自动控制等。简单来说,就是越发复杂化、规模化、数字化和自动化。

这些发展趋势绝大部分是伴随着超导加速器,尤其是超导腔性能的提升而逐渐提出的,而且它们之间会产生相互影响。例如,为了获得更高的加速梯度,要将 4 K 系统升级至 2 K 系统,因此带来了低温系统复杂度的提升。为了获得更强的粒子束流,要增加超导腔数量,因此带来了低温系统规模的扩大。而低温系统规模的扩大,又会为整套系统带来更多迟滞性、非线性因素,令部分工况变得难以通过传统自动控制方案实现良好控制,因此带来了更多数字化和自动化领域的需求。对于低温系统的设计者来说,不仅要面对自己眼前所要考虑的具体设计问题,有时候也要站在历史和发展的角度上,更深入地考虑这些问题产生的原因和历史发展脉络,这样才能更好地把握住设计的精髓之处,也才能做出最合理的设计方案。

大体上来说,一套设计合理、运行良好的加速器低温系统应该具有以下特点:

(1)满足超导设备所需的低温环境,能维持压力/温度稳定在一定范围内,能及时提供超导设备消耗掉的冷量。

(2)测控精确,自动化程度高,安全性高,故障少。

(3)结构中的冗余设计合理,建设成本低,同时运行效率高,能耗低,运行成本低。

(4)结构尽可能简洁,维护方便,并且具有一定的可扩展性。

不过以上这些需求往往是互斥的,"多快好省"总是很难同时达成,因此在实际的工程实践中,还需要结合实际情况以及设计者自己的经验做出合理的取舍,这也正是设计者的价值所在。

本书接下来将主要结合高能所建设运行加速器低温系统数十年的经验,从低温技术的基本原理开始阐述,然后从系统层面来介绍低温系统的整体设计方法。最后介绍两类有代表性的低温系统非标设备,一类是直接给超导腔提供低温环境的大型低温恒温器,一类是承担低温系统中绝大多数热量交换功能的低温换热器。

参 考 文 献

[1] Evans L R. The Large Hadron Collider[C]//Dallas: Proceedings of IPAC1995, 1995.

[2] Lebrun P. Superfluid helium cryogenics for the Large Hadron Collider project at CERN[J]. Cryogenics, 1994, 34(1-8).

[3] Lebrun P, Tavian L, Claudet G. Development of large-capacity refrigeration at 1.8 K for the Large Hadron Collider at CERN[R]. Geneva: No. LHC-Project-Report-6, 1996.

[4] Weise H. The TTF/VUV-FEL (FLASH) as the prototype for the European XFEL project[C]// JACOW: Proceedings LINAC, 2006: 486-490.

[5] Bozhko Y, Lierl H, Petersen B, et al. Requirements for the cryogenic supply of the European XFEL Project at DESY[C]//Hamburg, Germany: AIP Conference Proceedings, 2006: 1620-1627.

[6] Wolff S. The cryogenic system of TESLA[C]//Hamburg, Germany: DESY-TESLA-2001-39, 2001: CM-P00040972.

[7] Yoshida J, Hosoyama K, Nakai H, et al. Development of STF cryogenic system in KEK[C]// PAC: IEEE Particle Accelerator Conference, 2007: 2701-2703.

[8] Nakai H, Hara K, Honma T, et al. Superfluid helium cryogenic systems for superconducting RF cavities at KEK[C]//Anchorage, AK: AIP Conference Proceedings, 2014: 1349-1356

[9] Sakanaka S, Adachi M, Adachi S, et al. Construction and commissioning of compact-ERL injector at KEK[C]//Novosibirsk, Russia: Proc. ERL2013, 2013.

[10] Rode C H. Jefferson lab 12 GeV CEBAF upgrade[C]//Tucson, AZ: AIP Conference Proceeding, 2010: 26-33.

[11] Ting X, Casagrande F, Ganni V, et al. Status of cryogenic system for spallation neutron source's superconducting radiofrequency test facility at Oak Ridge National Lab[C]//Spokane, WA: AIP

Conference Proceedings，2012：1085-1091.

[12] Fuerst J D，Horan D，Kaluzny J，et al. Tests of SRF deflecting cavities at 2 K[C]//Proc. Int. Part. Accel. Conf，2012：2300-2302.

[13] Andrew D，Joshua K，Arkadiy K. Thermodynamic analyses of the LCLS-II cryogenic distribution system[J]. IEEE Transactions on Applied Superconductivity，2016，27：1-4.

[14] Matthias L，Belomestnykh S，Chojnacki E，et al. SRF experience with the Cornell High-Current ERL Injector Prototype[C]//Vancouver：Proceedings of PAC，2009.

[15] Ganni V，Knudsen P，Arenius D. Application of JLab 12 GeV helium refrigeration system for the FRIB accelerator at MSU[C]//Anchorage，AK：AIP Conference Proceedings，2014：323-328.

[16] Zhang C. BEPCII：construction and commissioning[J]. Chinese Physics C，2009，33：60-64.

[17] Li S P，He K，Sang M J，et al. Technology of helium gas purification in BEPCII cryogenic system [J]. Cryogenics，2007，3：16-20.

[18] Li S P，Ge R，Zhang Z，et al. Overall design of the ADS Injector I cryogenic system in China [C]//Enschede，Netherlands：Physics Procedia，2015：863-867.

[19] Sun L，Ge R，Han R，et al. 2 K superfluid helium cryogenic vertical test stand of PAPS[C]// Dresden，Germany：19th International Conference on RF Superconductivity（SRF'19），2019：1107-1110.

[20] Jiang B C，Hou H T. Simulation of longitudinal beam dynamics with the third harmonic cavity for SSRF phase II project[C]//Lanzhou：Proceedings of SAP2014，2015.

[21] Xiao F N，Feng B，Xian J W，et al. 2 K cryogenic system development for superconducting cavity testing of CiADS[J]. Cryogenics，2021，115.

[22] Niu X F，Bai F，Wang X J，et al. Cryogenic system design for HIAF iLinac[J]. Nuclear Science and Techniques，2019，30(12)：178.

[23] CEPC Study Group. CEPC conceptual design report[R]. Beijing：The Institute of High Energy Physics，2018.

第 13 章 低温技术基础

13.1 概　述

从 1877 年人们第一次液化氧至今,低温技术的发展已有一百多年历史,低温技术以热力学的理论和方法为基础发展起来,并开拓了热力学的低温领域。低温技术的主要目的是发现和探索低温下流体、材料的物理性质,同时拓展低温下传热传质、制冷循环方法和真空技术的研究。鉴于粒子加速器领域,尤其是射频超导领域对低温环境的要求,低温技术在 20 世纪 80 年代左右被引入了射频超导领域中[1]。由于低温技术的背景知识与射频超导领域相差较远,为了帮助读者们更好地掌握低温相关的基本概念,本章将首先从热力学、传热学等基础学科的角度出发,介绍低温技术的一些基础知识。

13.2　热力学与传热基础

13.2.1　热力学基本定律

低温技术[2-12]是以热力学的理论和方法为基础发展起来的,热力学常用来对被研究对象与周围物体间进行质量和能量的分析计算,这种从周围物体分离出来并用于分析计算的部分称为热力系,除此以外的其他部分总称为外界。热力学的理论和方法可以从四个基本定律逐层递进来表述。

第零定律:如果两个物体分别和第三个物体处于热平衡状态,则这两个物体之间也处于热平衡状态。第零定律拓展了温度的理解,使之成为一个具有特定意义的物理量——热平衡。

第一定律:在系统中存在一个状态参数内能(用字母 U 表示),在绝热可逆的状态变化中,系统内能的增加等于外界对该系统所做的功(用字母 W 表示)。这一定律阐述了能量守恒,即能量既不能凭空产生,也不能凭空消灭,它只能从一种形式转化为另一种形式,或者从一个物体转移到另一个物体,在转移和转化的过程中,能量的总量不变。同时,也表明宏观系统的热与功都是能量的一种形式,可以相互转换。

第二定律:对于孤立系统,状态参数熵(用字母 S 表示)只能为非负值,用式(13.1)表示:

$$dS \geqslant dQ/T \tag{13.1}$$

第二定律定义了状态参数熵,也给出了测定熵的办法,其表明在孤立的系统中要想降低系统温度,必然要消耗外功。

第三定律:对于任何系统等温变化过程中,当温度趋向于零时,必有熵趋向于零。

通过热力学的理论,对宏观参数压力(P)、容积(V)、温度(T)、内能(U)和复合量(熵 S、焓 H)之间的关系进行计算和分析,就能够得到系统热力状态。从一种热力状态到另外一种状态的变化过程称为热力过程。工程实际中热力过程的转变都在有限时间内完成,在这个转变中系统的状态是不平衡的,为了便于分析计算,常常假定热力系统在热力过程的转变进程中每一个热力状态都无限接近平衡态,称之为准平衡过程。

热力系统经历了一个热力过程然后该过程反向进行且热力系统和外界都能够回归到最初状态,那么这个热力过程称为可逆过程;反之,则称为不可逆过程。由热力学基本定律可知,实际的热力过程是一个熵增加的过程,也即是不可逆过程。

热力学分析中,从分子运动理论提出了理想气体概念,即假定分子本身没有体积,分子间没有相互作用力。在工程实际中,一定条件下的空气、氮气、氢气和氦气等均可以当作理想气体进行分析计算,用到的理想气体状态方程如式(13.2)所示:

$$P \cdot v = R_g T \tag{13.2}$$

式中,P 为绝对压力,Pa;v 为比体积,m^3/kg;T 为热力学温度,K;R_g 为常数,$J/(kg \cdot K)$。

对于理想气体而言,根据阿伏伽德罗定律,在标准状态下,所有气体的摩尔体积均相等,通过理想气体状态方程导出摩尔气体常数 R,即 $R = P_0 \cdot V_m/T_0$。

计算可得 $R = 8.314\ J/(mol \cdot K)$。由于气体常数与气体所处状态无关,仅与气体种类相关,故通过摩尔气体常数与气体相对分子质量 M 可以计算得出气体常数,如式(13.3)所示:

$$R_g = R/M \tag{13.3}$$

工程上常用的空气、氮气、氖气、氢气和氦气的气体常数分别为 $0.287\ kJ/(kg \cdot K)$、$0.297\ kJ/(kg \cdot K)$、$0.412\ kJ/(kg \cdot K)$、$4.124\ kJ/(kg \cdot K)$ 和 $2.077\ kJ/(kg \cdot K)$。

低温技术研究的工质经过一个热力过程回到原状态,称为热力循环。根据热力学第二定律,在热力循环过程中需要有外界做功,这就涉及循环效率,理想的热力循环具有最高的循环效率。1824 年,卡诺(Carnot)提出了由可逆的等温过程和绝热过程组成的简单的热力循环系统,称为卡诺循环。在低温技术中往往需要外界做功,将热量从较高的温度取出进而获得较低的温度,这个热力过程与卡诺循环方向相反,称为逆卡诺循环,如图 13.1 所示。

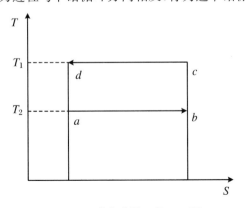

图 13.1　逆卡诺循环的 T-S 图

对于一个热力系统,从温度较低部分吸收的热量 q 与为获得这部分冷量所消耗的功的比值称为制冷系数 ε,用式(13.4)表示:

$$\varepsilon = \frac{T_2}{T_1 - T_2} \tag{13.4}$$

可以看出,逆卡诺循环的制冷系数 ε 的大小只与冷热源的温度 T_2 和 T_1 有关,与工质的性质无关。在工程实际中制冷循环是由不可逆过程组成的,实际循环的制冷系数 ε' 与逆卡诺循环的制冷系数 ε 之比能够表示实际制冷循环的热力学完善度,用式(13.5)表示:

$$\eta = \frac{\varepsilon'}{\varepsilon} \tag{13.5}$$

13.2.2 低温溶液的基本热力学过程

低温技术常常涉及低温溶液有关的问题,溶液是指由两种或者两种以上的组分组成的稳定的均匀的液体。低温液体既可以蒸发为蒸气,也可以凝结成固体。如超导加速器常用于冷却超导体的液氦,实际上是 ^{4}He 和 ^{3}He 的混合物。

对低温溶液而言,为了进行分析定义的每种聚集态内部均匀的部分称为热力学上的相,如在低温工程技术上描述低温工质常常提到的液相、气相和固相。不同相之间有物理界面,各相表现的宏观物理或者化学性质不同;同相内表现的宏观物理或者化学性质相同。

当两相接触时,物质会进行迁移,这个过程称为相变;当宏观上物质迁移相对停止时,称为达到相平衡。在一定的压力及温度情况下,达到相平衡时,每种组分在各个相中的化学势相等。低温技术工程实际中,常常采用相平衡图来说明低温溶液状态。

不同相之间的变化往往伴随有热效应,如一定压力下的氦蒸气成为液氦时,温度不变,但是要放出热量,反之则要吸收热量。

为了便于分析和计算低温溶液的饱和蒸气压力,可用拉乌尔定律:在给定温度下,液面上的蒸气混合物中每一组分的分压,等于该组分呈纯净状态并在同一温度下的饱和蒸气压力与该组分中的摩尔分数的乘积,如式(13.6)所示:

$$p_i = p_i^0 x_i \tag{13.6}$$

式中,x_i 表示溶液里第 i 分的摩尔分数,p_i 表示第 i 分的蒸气压力,p_i^0 表示第 i 纯分的饱和蒸气压力。

低温溶液的基本热力过程主要是蒸发和冷凝。在等压下的蒸发过程中,假设浓度为 φ_1 的溶液处于过冷状态,液相质量为 m_1,当受热时,溶液的温度 T 上升,开始产生蒸气,其浓度为 φ_2,质量为 m_2,由于蒸发过程是在一定容积内进行的,液体的总质量和平均浓度不变,如式(13.7)~式(13.9)所示:

$$m = m_1 + m_2 \tag{13.7}$$

$$m\varphi = m_1\varphi_1 + m_2\varphi_2 \tag{13.8}$$

$$\frac{m_2}{m_1} = \frac{\varphi - \varphi_1}{\varphi_2 - \varphi} \tag{13.9}$$

从上式可以看出,处于两相平衡的二元液体,质量之比等于浓度差的反比,如果温度继续上升,则液相完全变为气相。低温溶液的冷凝过程与蒸发过程类似。

13.2.3　低温传热基本概念

在进行低温流体的输运和储存过程中,往往涉及三个典型的传热机制,即热传导、热对流和辐射换热。从物体表面向低温流体的传热是由多个过程组成的复杂现象,其中的吸收固体表面热量的流体层与其相邻的流体层之间的对流传热是传热过程中重要的方式之一。

热传导在低温下具有与常温下不同的效应,由于低温液体的储存设备与周围环境之间存在着巨大的温差,为了减少低温液体的漏热,其储存设备均要采用特殊结构和材料。热传导是低温流体内无宏观运动时的传热现象,其在固体、液体和气体中均可发生,如当低温流体处于静止状态时,其也会因为温度梯度造成的密度差而产生自然对流,因此,在流体中热对流与热传导同时发生,这里描述的热传导主要是指固体材料的热传导。温度差是热传导的必要条件,只要固体材料之间存在温度差,就一定会发生热传导,其速率取决于固体材料的温度场的分布情况。

在固体材料中,热传导的微观过程如下:在温度高的部分,晶体中结点上的微粒振动动能较大;在低温部分,微粒振动动能较小。因微粒的振动互相作用,所以在晶体内部热能由动能大的部分向动能小的部分传导。固体中热的传导,就是能量的迁移。在导体中,因存在大量的自由电子,在不停地做无规则的热运动。一般晶格振动的能量较小,自由电子在金属晶体中对热的传导起主要作用。因此,一般的电导体也是热的良导体。

当物体内的温度分布只依赖于一个空间坐标,而且温度分布不随时间变化时,热量只沿温度降低的一个方向传递,称此为一维定态热传导,也叫傅里叶定律,如式(13.10)所示:

$$q = -k\frac{\mathrm{d}T}{\mathrm{d}x} \tag{13.10}$$

式中,q 为热流密度,T 为温度,x 为热传递方向的坐标,k 为热导率。从上式中可以看出,q 正比于温度梯度 $\mathrm{d}T/\mathrm{d}x$,热流密度的方向与温度梯度的方向相反。

一维热传导的一个表现是垂直于热流方向而平行于等温面,如果定义一个平均热导率 k_m,并对式(13.10)进行积分,则可以推导出通过一个面积为 $A(x)$ 的传热量,如式(13.11)所示:

$$Q = -k_\mathrm{m}(T_1 - T_2)\bigg/\int_{x_1}^{x_2}\frac{\mathrm{d}x}{A(x)} \tag{13.11}$$

当温度边界和热传导的几何外形已知,就可以利用上式计算出固体材料内的稳态传热量。以工程上常用的圆管为例,如果其内表面温度为 T_1,外面温度为 T_2,那么其传热量如式(13.12)所示:

$$Q = -2\pi L k_\mathrm{m}(T_2 - T_1)/\ln(r_\mathrm{o}/r_\mathrm{i}) \tag{13.12}$$

式中,L 为圆管的长度,r_o 和 r_i 是圆管的外、内半径。

在工程实际中热传导材料往往是组合结构,是由不同热导率的几种材料组成的,比如以一层挨一层连续排列的方式。通过这种组合方式的稳态热传导的计算,可以借鉴串联电路中电流的计算方法,当 $T_{x_{n+1}} > T_{x_1}$ 时,有式(13.13)和式(13.14):

$$Q = -\frac{T_{x_{n+1}} - T_{x_1}}{k_\mathrm{m1}^{-1}\int_{x_1}^{x_2}\left[\dfrac{\mathrm{d}x}{A(x)}\right] + k_\mathrm{m2}^{-1}\int_{x_2}^{x_3}\left[\dfrac{\mathrm{d}x}{A(x)}\right] + \cdots + k_\mathrm{mn}^{-1}\int_{x_n}^{x_{n+1}}\left[\dfrac{\mathrm{d}x}{A(x)}\right]} \tag{13.13}$$

$$Q = - \frac{T_{x_{n+1}} - T_{x_1}}{\sum\limits_{i=1}^{n+1} R_{ki}} \tag{13.14}$$

在工程实际中多用合金材料,其热导率随温度是不断变化的,图 13.2 给出了几种工程材料随温度变化的热导率。

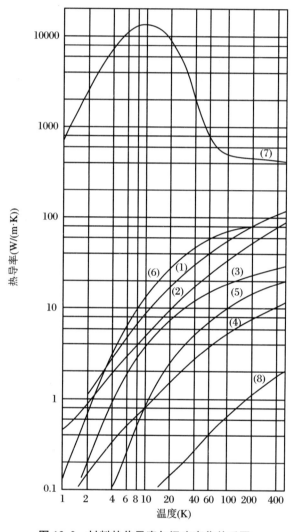

图 13.2   材料热传导率与温度变化关系图

(1)为 2024 铝;(2)为 Beryllium 铜;(3)为 K Monel 合金;(4)为钛;
(5)为 304 不锈钢;(6)为 C1020 碳钢;(7)为纯铜;(8)为 Teflon

在实际的热传导过程中温度是随时间和三维空间坐标变化的,称该热传导为三维非定态热传导。假设三维热传导的固体比热容和密度与温度无关,并无内热源,可以用热扩散方程进行描述,如式(13.15)所示:

$$\frac{\partial^2 T}{\partial^2 x} + \frac{\partial^2 T}{\partial^2 y} + \frac{\partial^2 T}{\partial^2 z} + \frac{q}{k} = \frac{1}{\alpha} \frac{\partial T}{\partial t} \tag{13.15}$$

式中,α 为扩散系数,t 为时间。扩散系数 $\alpha = k/(\rho c_p)$ 表示非定态热传导过程中物体内部温度趋于均匀的能力。

对流换热是指流体流过固体壁面时相互换热的过程,如超导加速器上应用的气冷电流引线主要就是靠冷氦气的对流换热来冷却的。在对流换热过程中所传递的热量 Q,可以利用牛顿冷却公式进行计算,如式(13.16)所示:

$$Q = hA(t_{\mathrm{w}} - t_{\mathrm{f}}) \tag{13.16}$$

式中,t_{w} 为壁面温度,t_{f} 为流体温度,h 为对流换热系数。

根据牛顿冷却公式,对流换热量与换热面积和换热温差成正比,对流换热系数 h 用来表征换热强度大小,单位为 $\mathrm{W/(m^2 \cdot K)}$。对流换热系数 h 与影响换热过程的因素有关,并且可以在很大范围内变化。牛顿冷却公式提供了对流换热的一个定义,但并没有揭示影响对流换热的因素与对流换热系数 h 之间的内在联系。因此,在工程实际分析计算中,求解对流换热系数成为主要内容。计算对流换热系数的方法主要是解析法和相似原理法:解析法是建立对流换热微分方程组,利用微分方程组推导出某一段时间内各物理参数关系,这里的微分方程组包括连续方程、换热方程、动量方程和能量方程;相似原理法是将影响因素归并成几个无量纲准则,并结合实验确定对流换热系数的准则关联式。

对于二维、不可压缩的常物性连续介质的牛顿流体而言,当流体流过固体壁面时,流体黏性使得靠近壁面的流体相对静止,速度 $u = 0$,紧靠壁面处的热量传递只能靠导热,如图 13.3 所示。

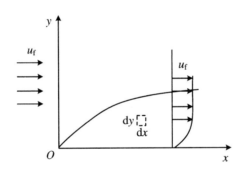

图 13.3　二维对流换热示意图

根据傅里叶定律和牛顿冷却公式可以推导出对流换热系数与温度场的关系式,如式(13.17)所示:

$$h_x = -\frac{\lambda}{(t_{\mathrm{w}} - t_{\mathrm{f}})} \frac{\partial t}{\partial y}\Big|_{y=0,x} \tag{13.17}$$

式中,t_{w} 为壁面温度,t_{f} 为流体温度,λ 为流体的热导率,$\dfrac{\partial t}{\partial y}\Big|_{y=0,x}$ 为壁面 x 处 y 方向的流体温度梯度。

由式(13.17)可知,获得流体的温度场方可推导出对流换热系数,对流体而言,流体的温度场与速度场相互关联。流体的速度场可以由连续性微分方程和动量微分方程描述。

连续性微分方程:

$$\frac{\partial u}{\partial x} + \frac{\partial v}{\partial y} = 0 \tag{13.18}$$

x 方向的动量微分方程:

$$\rho\left(\frac{\partial u}{\partial \tau} + u\frac{\partial t}{\partial x} + v\frac{\partial t}{\partial y}\right) = Fx - \frac{\partial p}{\partial x} + \eta\left(\frac{\partial^2 u}{\partial x^2} + \frac{\partial^2 u}{\partial y^2}\right) \tag{13.19}$$

y 方向的动量微分方程：

$$\rho\left(\frac{\partial v}{\partial \tau} + u\,\frac{\partial v}{\partial x} + v\,\frac{\partial v}{\partial y}\right) = Fy - \frac{\partial p}{\partial y} + \eta\left(\frac{\partial^2 v}{\partial x^2} + \frac{\partial^2 v}{\partial y^2}\right) \tag{13.20}$$

式中，u 为 x 方向流速，v 为 y 方向流速，p 表示微元流体内压力，F 表示微元流体受到的力，η 为流体黏度。

动量微分方程表示微元体动量的变化等于作用于微元体上的外力之和，其等号右边第一项是体积力项(比如重力、离心力)，第二项是压力梯度项，第三项是黏性力项；等号左边表示动量的变化，称为惯性力项。

温度场与速度场的关系可以用能量方程描述，故而微元体内的能量微分方程可以表示为式(13.21)：

$$\rho c_p\left(\frac{\partial t}{\partial \tau} + u\,\frac{\partial t}{\partial x} + v\,\frac{\partial t}{\partial y}\right) = \lambda\left(\frac{\partial^2 t}{\partial x^2} + \frac{\partial^2 t}{\partial y^2}\right) + q \tag{13.21}$$

式中，c_p 为流体的定压比热容，q 为内热源，ρ 为流体密度。

当流体流速为零、无内热源时，上式可以简化为导热微分方程，即

$$\rho c_p\left(\frac{\partial t}{\partial \tau}\right) = \lambda\left(\frac{\partial^2 t}{\partial x^2} + \frac{\partial^2 t}{\partial y^2}\right) \tag{13.22}$$

以上的连续性微分方程、动量微分方程和能量微分方程组成了对流换热微分方程组，这里含有 4 个未知量 u，v，p 和 t。自然对流换热和强迫对流换热均可以利用对流换热微分方程组进行求解。

为了获得对流换热过程中的唯一解，要满足五个条件，也称单值性条件或定解条件：① 几何条件，对流换热表面几何形状、尺寸、壁面粗糙度，即壁面与流体的相对位置。② 物理条件，流体的物性。③ 时间条件，对流换热过程是稳态或非稳态的。④ 边界条件，对流换热在边界上的状态及与周围环境之间的相互作用。边界条件主要有两类：一类是给出边界上温度分布及其随时间的变化规律；第二类边界条件是给出边界上热流密度分布及其随时间变化的规律。⑤ 初始条件，对流换热开始前的速度和温度场。

对流换热计算的主要目的是获得对流换热系数。为了分析求解对流换热微分方程组，1904 年，德国科学家普朗特(Prandtl)提出了边界层的概念，在对流换热过程中，边界层内的流体速度和温度呈现较大变化，简单分为流动边界层(图 13.4)和热边界层。图 13.4 中 δ 表示边界层的厚度，是流体速度达到 $0.99u_\infty$ 的 y 值。

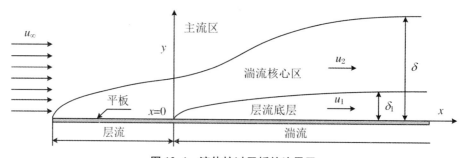

图 13.4　流体掠过平板的边界层

对流换热除了无相变的强制对流换热和自然对流换热外，还包括有相变的沸腾换热和凝结换热。沸腾换热是流体传热或者压力变化使流体液相转变为气相的过程。沸腾的类型较多，大致可以分为自然对流沸腾、强迫对流沸腾、泡核沸腾和膜态沸腾。

　　泡核沸腾是指浸没在液体中的加热表面上汽化中心处以气泡形式形成蒸气的过程。若沸腾发生在大的池内,且其中所有流体的运动都由自然对流核气泡感生的对流引起,则这种过程叫池内沸腾。在池内沸腾中液体整体温度等于或略高于系统压力对应的饱和温度。这种池内沸腾的气泡先在加热表面形成,通过过热流体上升时不断长大,最后在液体的自由表面处逸出,这时池内沸腾就产生了蒸气。

　　当外界迫使流体流过充分加热的表面,在热表面上的汽化中心形成气泡时,就发生了强迫对流泡核沸腾。在气泡形成过程中流体的核心温度被外界流体不断替换,使得气泡只能在靠近加热表层的过热液体内形成,其快进入液体表面或者在表面上破灭而无法形成蒸气。

　　水的饱和沸腾过程如图 13.5 所示,反映了单位热流密度与界面温差的关系。当壁面过热度较小时,壁面上只有少量气泡,液体内没有明显的沸腾现象,热量传递主要靠液体的自然对流。

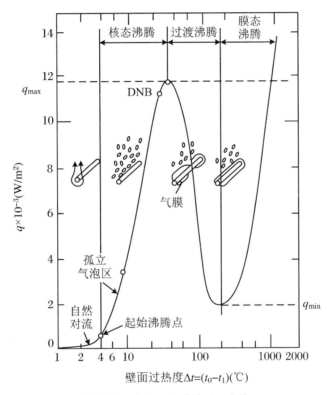

图 13.5　水的饱和沸腾过程曲线

　　当壁面过热度继续增加,壁面产生的气泡将迅速增多,并脱离液体表面。壁面处的液体大量汽化使得液体被气泡剧烈扰动,热流密度随着壁面过热度的增加而迅速增大,直至最大值 q_{max},这一阶段称为核态沸腾。如果壁面过热度继续增加,热流密度不增反降,并迅速降低到最小值 q_{min}。这一过程中气泡过多并在壁面形成气膜,气膜覆盖在壁面上不易脱落,使得换热条件恶化,同时,气膜会不时地在壁面破裂或形成大气泡而脱离壁面,这一阶段的换热状态不稳定,称为过渡沸腾。

　　随着壁面过热度继续增加,壁面会形成相对稳定的气膜,汽化在气液表面进行,热量通过导热和对流的方式从壁面通过气膜传递到气液界面,这个过程中热流密度随着壁面过热度的增大而增加,这一过程称为膜态沸腾。

　　膜态沸腾的一个重要触发是过大的壁面过热度。在超导加速器上应用的超导设备在开始降温阶段,壁面处于室温,冷却流体为液氮或者液氦,壁面过热度最大,在降温过程中容易在壁面形成膜态沸腾,因此,在超导设备降温初始阶段可以采用冷气对流换热方式而避免直接用液体降温。

13.3　超导体冷却用低温流体与材料

13.3.1　低温流体种类及其性质

在低温技术中用于进行制冷循环的工质称为低温工质(即热力系统中进行能量转换的工作物质),在超导加速器领域常用的低温工质有氮、氖、氢和氦等,这些低温工质在常温下为气体。在大气中氮气所占体积分数最高约为78%。氖气、氢气、氦气在大气中所占体积分数很少,其中,氦气约占 5×10^{-6},氢气约占 5×10^{-6},氖气约占 1.8×10^{-5}。

氮气是由氮元素形成的一种单质,化学式为 N_2。常温常压下是一种无色无味的气体。考虑到氮气在大气中所占体积分数约为78%,工业上常使用分馏液态空气的方法来获得大量氮气或液氮。

氮气的相对分子质量为28,气体常数为 0.297 kJ/(kg·K),在标准状况下的气体密度为 1.25 kg/m³,沸点为77.3 K,临界温度为126.2 K,临界压力为 3.39×10^3 kPa,三相点温度为63.2 K,三相点压力为12.5 kPa;在一个大气压下的饱和蒸气密度为 4.61 kg/m³,饱和液体密度为 809 kg/m³,汽化潜热为199 kJ/kg。氮是超导加速低温技术中常用的经济性好的低温工质,表13.1罗列了在一个大气压下的氮饱和状态的主要热力学参数。

表 13.1　氮的主要热力学参数

$T(K)$	密度 (kg/m³)		汽化潜热 (kJ/kg)	到 300 K 显热 (kJ/kg)	定压比热容 (kJ/(kg·K))		热导率 (W/(K·m))	动力黏度 (kg/(m·s))
	饱和液体	饱和蒸气			饱和液体	饱和蒸气	饱和液体	饱和液体
63.2	868	0.675	215	—	2.05	1.06	0.143	0.0204
65	861	0.914	213					
77.3	809	4.61	198	234	2.06	1.12	0.132	
80	796	6.09	195	231	2.07	1.14	0.130	0.0055
85	772	9.83	188	226	2.10	1.19	0.122	0.0058
90	746	15.1	180	220	2.14	1.26	0.114	0.0061
100	689	31.9	161	209	2.31	1.47	0.098	0.0068
120	525	124.5	134	—	4.35	4.13	0.065	0.0081
126.2	314	314	0	182	16.0	19.1	0.061	—

氖气是由氖元素形成的一种单质,化学式为 Ne。常温常压下是一种无色无味的惰性气

体。考虑到氖气在大气中所占体积分数约为 1.8×10^{-5}，工业常使用空气分离塔在制取氧气、氮气的同时，提取氖氦的混合气体，在经液氢冷凝法或活性炭硅胶的吸附作用后，便可得到氖气。

氖气的相对分子质量为 20，气体常数为 0.412 kJ/(kg·K)，在标准状况下的气体密度为 $0.901 \ kg/m^3$，沸点为 27.1 K，临界温度为 44.5 K，临界压力为 $2.72 \times 10^3 \ kPa$，三相点温度为 24.6 K，三相点压力为 43.3 kPa；在一个大气压下的饱和蒸气密度为 $4.81 \ kg/m^3$，饱和液体密度为 $1204 \ kg/m^3$，汽化潜热为 85.7 kJ/kg。表 13.2 罗列了在一个大气压下的氖饱和状态的主要热力学参数。

表 13.2　氖的主要热力学参数

T(K)	密度 (kg/m^3)		汽化潜热 (kJ/kg)	到 300 K 显热 (kJ/kg)	热导率 (W/(K·m))	动力黏度 (kg/(m·s))
	饱和液体	饱和蒸气			饱和液体	饱和液体
25	1240	5.102	88.67	—	0.1168	0.1510
27	1204	9.311	86.23			0.127
30	1151	19.92	81.51	234	0.1134	0.0980
35	1043	55.96	70.20	231	0.096	0.0668
40	898.2	137.6	52.69	226	0.073	0.0427
44.4	483	483.0	—	220	0.033	0.0167
100	689	31.9		209	—	0.0068

氢气是由氢元素形成的一种单质，化学式为 H_2。常温常压下是一种无色无味极易燃烧的气体。考虑到氢气在大气中所占体积分数约为 5×10^{-6}，工业常使用水煤气法、烃裂解法和烃蒸气转化法等得到氢气。

氢气的相对分子质量为 2，气体常数为 4.12 kJ/(kg·K)，在标准状况下的气体密度为 $0.0899 \ kg/m^3$，沸点为 20.4 K，临界温度为 33.2 K，临界压力为 $1.29 \times 103 \ kPa$，三相点温度为 13.9 K，三相点压力为 7.21 kPa；在一个大气压下的饱和蒸气密度为 $1.34 \ kg/m^3$，饱和液体密度为 $70.8 \ kg/m^3$，汽化潜热为 447 kJ/kg。

氦首先在 1868 年被发现于太阳的表面层中，当时在日食时观察到了黄色的 D3 射线。第二年，即 1869 年，雷埃特认定发射 D3 射线的气体是一种与氢相像的新元素，随后便定名为"氦"。在地球大气中氦气属于稀有气体，化学式为 He，所占体积分数约为 5×10^{-6}，目前大规模工业氦气大多数是从天然气中提取的。

氦气是最难液化的气体，也是最后一个被液化的气体，这是因为氦分子间的作用力比其他气体要小。在现有的物质中，氦的液化温度最低，而且只有在转化温度以下才有可能使之液化。氦气的相对分子质量为 4，气体常数为 2.08 kJ/(kg·K)，在标准状况下的气体密度为 $0.179 \ kg/m^3$，沸点为 4.22 K，临界温度为 5.20 K，临界压力为 228 kPa，无三相点；在一个大气压下的饱和蒸气密度为 $1.34 \ kg/m^3$，饱和液体密度为 $125 \ kg/m^3$，汽化潜热为 20.8 kJ/kg。

氦在自然界中存在着两种同位素，即 ^{3}He 和 ^{4}He，这里介绍的氦是指 ^{4}He。氦与一般物质不同，其分子间的引力很小，但是零点能比较大，约为 210 kJ/kmol，使其即使在较低压力下也不能固化,也就是说氦没有通常意义上的三相点。

当液氦沿气液平衡曲线被冷却到 2.172 K 和 5.05 kPa 状态时,会出现一个相变,这个状态点被称为 λ 点。将不同压力时的 λ 点连接起来,便构成相图上的 λ 线。在压力与温度相图上,λ 线接近一条直线,且该线的最高端压力与温度参数是 2938 kPa 和 1.81 K,氦的相图如图 13.6 所示。

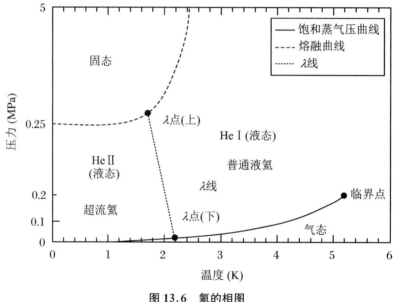

图 13.6 氦的相图

氦的相图分为 4 个区域,除了气相区和固相区外,有两个液相区,称为 He I 和 He II,He II 液体的内摩擦性很小,但是导热性很强,被称为超流氦。在超导加速器低温领域,为了使超导设备达到较好运行效果,常将超导设备运行至 2 K 及以下温度,也就是超流氦冷却。

当采用减压降温的方式使得氦降温到 λ 点以下温度,即进入超流氦温区,此时在液氦中没有气泡沸腾现象,液面会始终表现得非常稳定。这是因为超流氦的导热性很强,在液体里不能保持足以产生气泡的温差,只能在液体表面上发生汽化,这个现象使得 He I 进入 He II 能够实现可视化的实验观察。

超流氦还具有超流动性,主要原因是 He I 进入 He II 的液体黏度很小,其超流动性有个著名实验——喷泉效应实验。如图 13.7 所示,一个玻璃弯管,两端开口,其中一个开口接一个毛细管,弯管内填入金刚砂,当将弯管沉入超流氦里,用光辐照金刚砂,可发现液氦从毛细管喷出,这就是所谓的喷泉效应。

13.3.2 材料种类及其性质

材料在低温环境中表现出与常温条件下不同的性质,如在低温下的超导和碳钢的塑-脆性转变等,是在低温下特有的材料性质。材料的低温性能主要包括机械性能、热性能及电磁性能。

材料的低温机械性能主要包括极限强度、屈服强度、疲劳强度、冲击强度和弹性模量等。

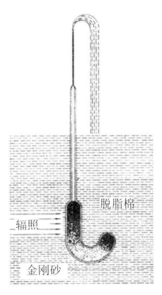

脱脂棉

辐照

金刚砂

图 13.7 超流氦喷泉效应

在工程实际中的材料多为合金材料,如 304 不锈钢、2024 铝合金和钛合金等。许多材料在拉伸试验中,当应力增加时,材料中的应变同步增大;但当应力增加到某一定值时,应变会随应力增加而急剧上升,这时的应力被定义为材料的屈服强度 σ_y。对有些材料而言,在应力与应变曲线中不存在特定应力,这时的屈服强度被定义为在拉伸试验中使材料发生永久变形 0.2% 所需的应力。在材料的拉伸试验中施加到材料上的最大标称应力被定义为材料的屈服强度 σ_u。

疲劳强度用于表示材料对应力的承受情况随时间的变化,常用弯曲试验来测试。在某一给定的弯曲次数下材料发生破损所需的应力称为疲劳强度 σ_f。材料的疲劳现象分为三个发展阶段:微小裂缝的产生、裂缝的扩大和塑性断裂。温度降低时,需要更大的应力才能使裂缝扩大,因此,一般而言,温度的降低会使材料的疲劳强度增大。

一些材料在温度降低后会发生塑性-脆性转变,以碳钢为例,当从常温下降到液氮温度 78 K 时,若材料受到外力撞击,其抗冲击强度将急剧下降,而发生脆裂。一些塑料和橡胶材料在被冷却到某一转变温度下时,也会变脆。

常用的弹性模量有三种:① 杨氏模量 E,即等温时在弹性限度内拉伸应力的变化量与应变的变化量的比值;② 剪切模量 G,即等温时在弹性限度内剪切应力的变化量与剪切应变的变化量的比值;③ 体模量 B,即等温时压力变化量与体积变化量的比值。如果材料各向同性,这三个模量可以用泊松比,即材料所受应力垂直方向上的应变与平行方向上的应变之比,$B = \dfrac{E}{3(1-\nu)}$ 表示。

当温度下降时,原子和分子振动的干扰降低,因此,原子和分子间的作用力增大,其弹性模量一般也会随之增大。

在工程实际中的材料多为合金材料,如 304 不锈钢、2024 铝合金和青铜等,当温度降低时,材料中原子的振动减弱,这时需要更大的力才能使那个位错从合金中撕开,也就意味着在温度下降时,合金材料的屈服强度增加。图 13.8~图 13.10 给出了几种工程材料随温度变化的机械性能,其中,(1)为 2024 铝,(2)为 Beryllium 铜,(3)为 K Monel 合金,(4)为钛,(5)为 304 不锈钢,(6)为 C1020 碳钢,(7)为 9% Nickel 钢,(8)为 Teflon,(9)为 Invar36。

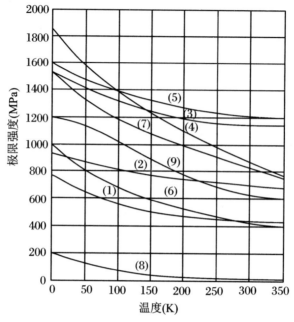

图 13.8　材料极限强度随温度变化

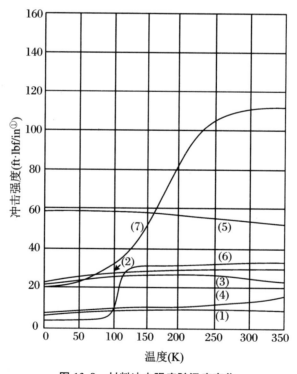

图 13.9　材料冲击强度随温度变化

---

①　ft・lbf/in 是冲击强度单位。1 ft・lbf/in＝0.53 N・m/cm。

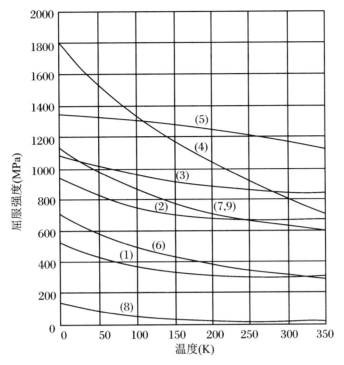

图 13.10　材料屈服强度随温度变化

13.4　超导体冷却的低温制冷循环基础

13.4.1　获得低温的方法

气体压力降低时容积随之增大,称为膨胀过程。在特定情况下气体膨胀时温度随之降低,故可以用该方法进行降温。对于不同气体,在不同的膨胀过程中其温度变化不相同。气体膨胀降温一般可以分为等熵膨胀降温和节流绝热降温。

气体的等熵膨胀降温通常是用膨胀机来实现的,在这个膨胀过程中,气体内能的落差转变为对外输出功,在理想情况下可以看作等熵过程,基本特征如下:

$$S = 常数, \quad \mathrm{d}S = 0 \tag{13.23}$$

对于等熵过程,其微分效应如下:

$$\alpha_S = \frac{T}{c_p}\left(\frac{\partial_v}{\partial_T}\right)_p \tag{13.24}$$

对于气体而言,$\alpha_S > 0$,为正值,因此气体在等熵膨胀时温度总是降低。可以理解为在气体膨胀过程中对外做功,这些功需要用内能来补偿,故而气体温度下降。

气体通过阀门、缩孔的膨胀过程称为节流,在节流过程中气体的速度变化不大,一般当作等焓过程:

$$\alpha_h = \frac{T}{c_p}\left[\left(\frac{\partial_\nu}{\partial_T}\right)_p - \nu\right] \tag{13.25}$$

对比可知，$\alpha_s < \alpha_h$，即气体节流绝热降温时的温度效应小于等熵膨胀时的。同时，α_h 数值可以大于零、小于零或者等于零，也即气体节流绝热过程中温度可以降低、升高或者不变。一些气体在常温常压下的节流绝热效应和最大节流转变温度列于表 13.3 和表 13.4 中。

表 13.3　常温常压下节流绝热效应

气体名称	α_h （10^{-3} K/kPa）
空气	2.75
氮气	2.65
氢气	-3.06
氦气	-6.08

表 13.4　最大节流转变温度

气体名称	空气	氮气	氖气	氢气	氦气
最大节流转变温度（K）	603	621	250	205	45

低温技术中相变降温的办法有液体汽化降温、固体升华降温与液体抽气降温。在超导加速器领域为了获得百瓦级的 2 K 超低温，可以对 4.5 K 液氦进行抽气降温。假定在一定时间 δ_τ 内从容器中抽取 δ_m 的饱和蒸气，剩余液体的温度可以降低 δ_T，由能量平衡：

$$\frac{\delta_m}{m} = \frac{c_s}{r_s}\delta_T \tag{13.26}$$

从式（13.26）可以看出，在有限时间内，从容器中抽出 δ_m 质量的饱和蒸气，容器中剩余液体的温度将降低 δ_T。

13.4.2　基本低温系统循环概念与过程

13.4.2.1　林德-汉普逊循环

1895 年林德（Linde）和汉普逊（Hampson）分别独立地提出了一次节流制冷循环，常称为林德-汉普逊（Linde-Hampson）循环，其过程简图如图 13.11 所示，其 *T-S* 图如图 13.12 所示。为了便于对循环进行分析，假设除了节流阀以外，没有不可逆压降、无漏热和热不完善损失。常温常压的气体在点 1 被等温压缩至点 2，随后高压气体在热交换器中等压冷却至点 3，然后高压气体通过节流阀膨胀降温至点 4，节流后产生的液体和饱和气体点 g，返回流过换热器，被等压加热至温度点 1，至此完成一个循环。这个循环里，有等温压缩过程 1—2，等压冷却过程 2—3，等焓节流过程 3—4，等温加热过程 g—1。

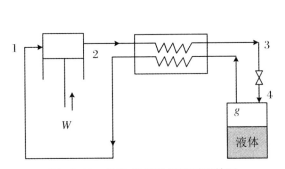

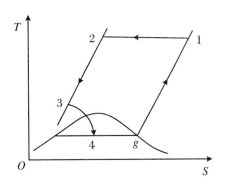

图 13.11　林德-汉普逊循环过程简图　　　　图 13.12　林德-汉普逊循环 *T-S* 图

13.4.2.2　复叠式循环

在 1933 年 Keesom 提出复叠式循环,过程简图如图 13.13 所示。首先用 NH_3 液化 C_2H_4,再用液化后的 C_2H_4 液化 CH_4,最后用 CH_4 液化氮气获得液氮。从流程简图 13.13 可以看出复叠式循环是由若干个林德-汉普逊循环组合而成的,利用不同工质低温性质一步一步最终完成氮气的液化。复叠式循环只利用了节流阀来节流降温,降温损失少,且前级来冷却后级,如果忽略不可逆压降、漏热和热损失,理论上无穷多个复叠式循环能够实现逆卡诺循环。

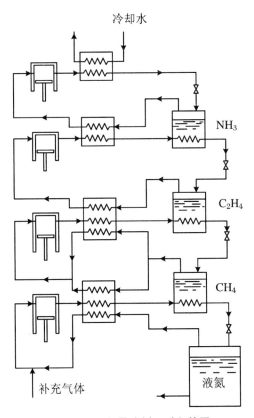

图 13.13　复叠式循环过程简图

13.4.2.3 克洛德循环

克洛德(Claude)循环是利用膨胀机实现气体绝热膨胀降温的循环过程,过程简图如图 13.14 所示。从图中可以看出克洛德循环主要包括压缩、换热、绝热膨胀降温和节流降温的过程,是在林德-汉普逊循环的基础上加上了膨胀机和多级换热降温。点 1—2 是等温膨胀过程,通过压缩机对气体做功将气体由低压 p_1 压缩到高压 p_2,高压气体经过换热器降温到点 3,从点 3 开始高压气体分为两路,一路通过膨胀机降温到点 e 与换热器低压气体混合,一路经过换热器继续换热降温到点 4、点 5,高压气体点 5 经过节流阀节流降温进入液相点 6,饱和蒸气点 g 回到换热器低压气路与点 e 汇合后经过点 7、点 8、点 9 后最终换热成常温点 1,如此完成一个循环。其循环 T-S 简图如图 13.15 所示。

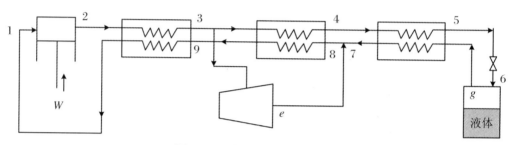

图 13.14   克洛德循环过程简图

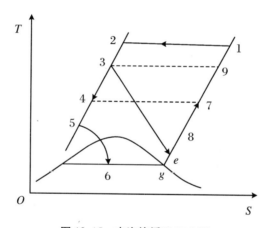

图 13.15   克洛德循环 T-S 图

在克洛德循环的基础上,1937 年卡皮查(Kapiza)利用绝热效率高的透平膨胀机以及可逆式换热器进行换热,既降低了压缩机的高压出口端压力,又提高了循环的制冷系数,从而使克洛德循环能够大规模应用于工程实践。

参 考 文 献

［1］ 赵籍九,尹兆升. 粒子加速器技术[M]. 北京:高等教育出版社,2006.

［2］ Randall F B. Cryogenic systems[M]. Oxford:Oxford University Press,1985.

［3］　Thomas M F. Cryogenic engineering［M］. New York：Marcel Dekker Inc，1996.

［4］　张祉祐. 低温技术热力学［M］. 西安：西安交通大学出版社，1991.

［5］　吴正业，厉彦忠. 制冷与低温技术原理［M］. 2 版.北京：高等教育出版社，2023.

［6］　王惠龄，汪京荣. 超导应用低温技术［M］. 北京：国防工业出版社，2008.

［7］　杨玉顺. 工程热力学［M］. 北京：机械工业出版社，2009.

［8］　杨世铭，陶文铨. 传热学［M］. 北京：高等教育出版社，2006.

［9］　陈国邦，包锐，黄永华. 低温工程技术［M］. 北京：化学工业出版社，2006.

［10］　陈国邦，金滔，汤珂. 低温传热与设备［M］. 北京：国防工业出版社，2008.

［11］　王如竹，汪荣顺. 低温系统［M］. 上海：上海交通大学出版社，2003.

［12］　张鹏，王如竹. 超流氦传热［M］. 北京：科学出版社，2009.

第14章　低温系统设计

14.1　概　　述

本章将围绕超导加速器低温系统介绍系统级的流程方案设计:首先给出低温系统的基础方案与流程设计方法;然后讨论几种典型的超导加速器低温系统——4 K 液氦低温系统、2 K 液氦低温系统和液氮系统的特点,并结合具体的例子给出设计过程;最后对低温安全系统和一些前沿的研究领域进行介绍。

14.2　低温系统的基础方案与流程设计方法

低温系统的基础方案与对应超导设备所采用的冷却方式息息相关。如图 14.1 所示,不同的超导设备结构不同,发热量不同,性能要求也不同,因此需要采用的冷却方式也不尽相同,例如 4 K 液氦浸泡冷却、5 K 超临界氦迫流冷却、2 K 超流氦浸泡冷却、两相氦迫流冷却等。

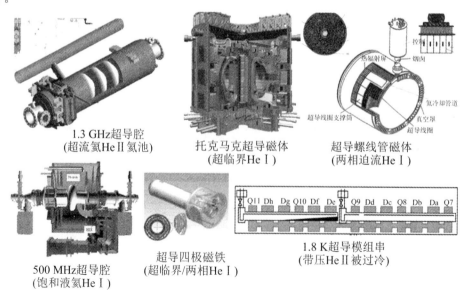

1.3 GHz 超导腔
(超流氦 He II 氦池)

托克马克超导磁体
(超临界 He I)

超导螺线管磁体
(两相迫流 He I)

500 MHz 超导腔
(饱和液氦 He I)

超导四极磁铁
(超临界/两相 He I)

1.8 K 超导模组串
(带压 He II 被过冷)

图 14.1　超导设备的流程冷却方式

尽管超导设备处的冷却需求有所不同,导致对应的低温系统基础方案不尽相同,但大部分的低温系统还是存在一些共同之处的。以超导加速器的氦低温系统为例,一般来说,其可能由 4 K 制冷系统、2 K 制冷系统、超导用冷设备(低温恒温器、超导测试站等)、常温氦气储存、氦气回收和净化系统等组成。其中的有些子系统是必不可少的,而有些子系统,例如 2 K 制冷系统、氦气回收和净化系统等并不是必要的。

4 K 制冷系统泛指最终产出为一个大气压左右的饱和液氦,其实际产出液氦的温度可能随着工作压力而发生细微的变化,为 4~5 K,但通常都泛称为 4 K 系统。4 K 系统是所有液氦低温系统的核心系统,其主要设备包括常温氦气储存罐、主氦气压缩机、一个包括多个透平膨胀机和换热器的 4 K 制冷机冷箱、液氦储存杜瓦、4 K 低温分配和控制阀箱以及配套的低温传输管线和低温控制系统。

近年来,随着超导加速器对束流能量、束流亮度等物理参数要求的不断提高,对超导设备性能的要求也随之增加。在许多情况下,传统的 4 K 液氦(He I)低温系统所支持的超导设备性能已经很难满足相关需求,而更低温度的 2 K 超流氦低温系统能够支持超导设备获得更好的性能。以超导腔的 2 K 系统为例,由于 2 K 超流氦具有超流性,且具有非常大的导热系数,能够更快速地将热量从超导腔上带走并提高腔壁温度的均匀性,从而使超导腔获得更低的 BCS 电阻、更高的无载品质因子和更高的加速场梯度[1-2]。因此,随着超导加速器技术的发展,具有独特优势的 2 K 超流氦低温系统也有越来越广泛的应用需求。2 K 系统主要包括减压泵(或冷压机)、2 K 液氦控制与分配阀箱(2 K 冷箱)、2 K 换热器、2 K 低温传输管线等。2 K 系统是 4 K 系统的延伸,其主要功能是将 4 K 系统产出的饱和液氦进一步减压降温生成 2 K 温区的超流氦,并将其提供给用冷的超导设备。

除 4 K 系统和 2 K 系统外,氦气回收和净化系统也是规模较大的子系统,不过这一系统不是必要的,只有当整套低温系统规模较大,氦气消耗量很大的时候,建立回收净化系统才是划算的。这一系统主要包括了不纯氦气储罐、不纯氦压机、纯化器冷箱、气囊等设备,主要的功能是将不纯的氦气搜集回收起来重新提纯,减少氦资源的浪费。对于其他一些规模较小的子系统这里不再赘述。

事实上,低温系统的基础方案设计可以看作是不同低温子系统的组合,即结合最基础的冷却要求,初步确定整套低温系统的子系统。

在低温系统的基础方案确定了之后,接下来就要进行详细的流程设计了。众所周知,低温系统是属于过程工业(Process Industry)的一种。过程工业也称流程工业,是指通过物理变化和化学变化进行的生产过程。流程设计的主要任务有两个:其一是确定生产流程中全部生产过程的具体内容、顺序和组合方式,达到由原料制成所需产品的目的;其二是绘制完成工艺流程图,全面地反映从原料到产品的全部物料和能量的变化、物料的流向以及生产中所经历的工艺过程和使用的设备仪表。以液氦低温系统为例,其原料就是常温常压的氦气,最终的产品则是超低温的液氦,并且要把液氦输运至超导设备(超导腔/超导磁体)。实际上获得液氦的生产路线也有好几种,比如克洛德循环、膨胀/节流等,获得的液氦也包括饱和液氦、过冷液氦、2 K 超流氦等好几种,设计者要根据系统的基础方案和总热负荷(包括超导设备端和公共传输分配部分)以及用冷的超导设备所在位置来考虑传输管线的距离和布局,然后进行低温流程方案初步的设计和计算。一个合适的流程方案应该能够克服传输过程中的沿程阻力,并尽量减少冷量损失,同时在尽量满足系统各流程的功能前提下,令方案尽可能简易,减少建设费用,便于后期维护。

一旦初步的流程方案确定了以后，就可以开始更加详细的流程设计了。详细流程设计大体上可以分为以下内容：

(1) 物料衡算。计算原料用量和消耗定额。

(2) 能量核算。计算每一个步骤中的能耗。

(3) 设备工艺计算及选型。选择能够完成流程步骤的合适设备，确定是采用标准设备还是非标定制设备。

(4) 工艺流程图设计。给出带有控制点的工艺流程图。

(5) 实物布局设计。结合流程图给出实际设备、管道的二维平面和三维立体布局图。

(6) 概算。结合流程图给出总体造价表和所需的材料表。

(7) 给出最终设计说明书。

除了上述主要步骤，还可能包括公用辅助系统的设计，例如工艺用水/气/电的需求统计、整体流程控制方案的设计、安全措施设计、保温设计等，应结合具体的工程实际穿插在大的流程设计中进行。

值得注意的是，低温系统的流程设计方案往往要进行多种方案比较。在保证总的制冷量、制冷温区、供冷点位等主要参数不变的前提下，对不同的流程方案进行比较，包括单位能耗、成本、复杂性、安全性、可维护性等。有些参数可以进行量化比较，而有些难以直接量化的参数则要因地制宜地结合各自的工程背景进行综合考量，这也是考验设计人员经验和水平的一个主要因素。

对于超导加速器低温系统来说，除了以上过程工业中常规的流程设计，还有一些需要单独强调的地方。

首先，对于射频超导低温系统来说，从常温常压氦气到饱和液氦的过程一般都有较为成熟的商业解决方案，即用大型制冷机为超导设备提供冷量。设计者要结合射频超导设备的需求来确定制冷机的总制冷量、制冷温区、供冷能力、接口需求等参数，这些需要低温系统的设计人员与制冷机供应商进行协商确定。

其次，由于射频超导设备有一些独特需求，如超导腔调谐精确，对氦槽内的气压较为敏感，此时就要对氦槽前后端的管道、阀门、加热器等进行专门的设计和计算。再如，有时候为了进一步提升超导腔的性能，需要利用大流量的液氦对其进行降温，以利于超导腔表面建立起大温度梯度和磁通排出。这就要求对应的流程设计中保留大流量液氦灌注的能力，无论是供液管道、杜瓦、阀门，还是回气管道、制冷机回气能力等都要经过精心计算和校核，才能保障这一功能顺利实现，不至于带来故障风险。

最后，设计人员除了能设计出运行于标准工况下的系统，还应该考虑到一些常见的故障工况，并给出相应的应对设计。例如，对于超导加速器低温系统来说，一个常见的故障是超导设备发生失超，对低温系统来说，其表现形式为短时间内大量的热量涌入，造成液氦的迅速蒸发沸腾和压力抬升。对于流程设计人员来说，要考虑到相关可能并设计对应的措施，如快速关闭氦槽加热器，同时增加数级安全阀排气，以保障超导腔外部氦气压力不超标。

总之，对于超导加速器低温系统的流程设计人员来说，要同时熟悉射频超导设备和过程工业系统，并将两者很好地结合起来，才能做出全面而合理的设计方案。

14.3　4 K 液氦系统设计案例(BEPCⅡ)

　　下面将以高能所承担建设运行的典型 4 K 低温系统——BEPCⅡ低温系统为例,按照流程设计的步骤依次介绍 4 K 液氦系统的相关内容,主要涉及超导腔低温系统的相关内容,超导磁铁低温系统也略有提及。

　　BEPCⅡ低温系统是国内第一套投入实际运行的超导加速器低温系统。BEPC 于 1988 年 10 月在高能所建成,2003 年底,国家批准了 BEPCⅡ。BEPCⅡ是我国重大科学工程中最具挑战性和创新性的项目之一。该工程于 2004 年初动工,2008 年 7 月完成建设任务,2009 年 7 月通过国家验收。BEPC 之前采用的是常温腔和常温磁铁,而到了 BEPCⅡ阶段,则引入了超导腔,同时将探测器磁铁升级为超导磁铁,因此要建设配套的低温系统。

14.3.1　需求分析

　　BEPCⅡ采用的超导设备主要包括超导腔和超导磁铁两大部分,超导腔部分采用了如图 14.2 所示的 KEKB 型 500 MHz 1-cell 超导纯铌腔作为加速腔[3-4]。BEPCⅡ双环中的每一个环都安装了一支超导腔,因此总共两支超导腔及其配套恒温器。超导腔运行时的参数如表 14.1 所示。

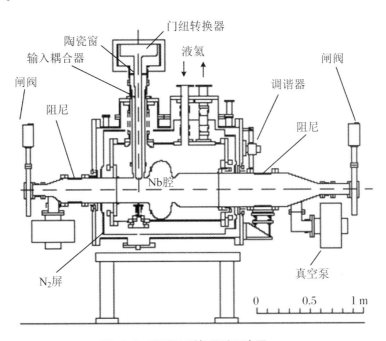

图 14.2　KEKB 型超导腔示意图

　　低温系统制冷能力的选取与热负荷评估密切相关。热负荷包括超导腔热负荷、超导磁铁热负荷以及附属设备热负荷,而对于超导腔来说又存在两类热负荷:静态的和动态的。超导磁铁的热负荷情况类似,此处不做过多展开。

表 14.1　超导腔运行时的参数

谐振频率（MHz）	500
Q_0	$\geqslant 5 \times 10^8$@2 MV
输入耦合器 Q_{ext}	1.7×10^5
加速梯度（MV/m）	～5
加速电压（MV）	$\geqslant 2$
有效长度（m）	0.23
束管直径（m）	0.1
工作压力（bar）	<1.25
工作温度（K）	4.4
压力波动	±3 mbar@2.0 MV
液面波动	±1%@2.0 MV

静态热负荷是指与超导腔运行状态无关的热负荷，主要包括恒温器的传导漏热和辐射漏热等。具体的计算方法可以参考本书第 15 章的相关内容，500 MHz 1-cell 超导腔恒温器总的静态热负荷约为 35 W@4 K。动态热负荷指的是超导腔运行时产生的电磁损耗，主要包括超导腔的高频损耗和耦合器损耗，具体的计算方法同样可以参考本书第 15 章的相关内容，单腔的总动态热负荷估计为 86 W@4 K。

为了将液氦传送到每支超导腔的液氦池中，需要一些外围的辅助低温设备，这些辅助设备包括低温控制阀箱、低温传输线以及液氦储存杜瓦。阀箱的热损耗主要来自低温阀、连接头、压力传感器、不同用途的测量电缆以及从真空室到低温管道的热辐射。阀箱的真空室内的低温管道都用多层绝热材料包裹，由热辐射以及电缆传热造成的热负荷约为 6.5 W@4 K。低温阀、连接头、爆破阀和压力传感器的热负荷分别约为 12.2 W@4 K、12.3 W@4 K 和 4 W@4 K，因此阀箱的总热负荷约为 35 W@4 K。低温设备之间的传输线部分的热负荷约为 45 W。考虑到热辐射、连接头的热传导、管道以及液面计等的热传导，液氦杜瓦的热负荷大约为 20 W@4 K。

表 14.2 给出了静态和动态下的热负荷情况。单腔的静态热负荷估计为 35 W，单腔的动态热负荷估计为 86 W。外围辅助设备的热负荷估计为 100 W。所以运行状态下的超导腔的热负荷在考虑到 20%的裕量后为 342 W×1.2＝410.4 W。

表 14.2　超导模组在 4.2 K 下的热负荷

	静态下（W）	运行下（W）	辅助设备（W）
静态热负荷	35	35	
动态热负荷		86	
低温控制阀箱			35
低温传输线			45
杜瓦及加热器			20
	2×35＝70	2×121＝242	100
总热负荷（无裕量）		342	

14.3.2　基础方案与流程方案设计

根据上一小节中的需求分析可以看出,超导腔运行在 4 K 温区内,单支超导腔的总热负荷大约在 100 W 之内,按照 1 g/s 饱和液氦的蒸发潜热为 20 W 估算,大约需要 5 g/s 的饱和液氦补给,这是一个适中的热负荷。综合这些条件,为超导腔选择的冷却方式为 4.2 K 饱和液氦浸泡冷却,这种冷却方式适用于对温度和压力稳定性要求较高的场合,同时要求动态热负荷的绝对值不能太大,且波动也不大——恰好符合 BEPCⅡ 超导腔设备的运行工况。

与冷却方式相对应,至少需要一套 4 K 低温系统来提供液氦,另外传输系统、低温控制系统等也是必不可少的。不纯氦气回收净化系统并非必要,事实上,BEPCⅡ 的低温系统中包括了一套回收净化系统,但它也是在后期改造中另行添加的子系统,目的是增加氦气的回收利用率,降低运行成本,并非初始设计。另外,为满足超导腔设备的稳定运行,结合前面 410.4 W 的热负荷预估,计划为超导腔部分建立一套制冷能力为 500 W@4 K 的低温系统。这一套 4 K 低温系统拟采用液氮预冷的克洛德循环生成液氦,因此还要为其配备一套液氮预冷系统。

经过上述分析后,即完成了 BEPCⅡ 低温系统的基础方案设计,主要的设备应包括高压和低压氦气储罐、氦螺杆压缩机组、氦气回收系统、制冷机冷箱、液氦杜瓦和控制阀箱、液氮储存罐、液氮循环系统、空气压缩机和空气储存罐以及不同型号和长度的传输线。

基础方案确定,即可开展初步的流程方案设计计算工作。主要的计算内容包括标准工况和非标准工况下的沿途压力损失、沿途温度/压力分布的计算。值得注意的是,计算的时候一般要求流程结构已知,但流程结构本身就是要设计的目标。因此设计本身是一个从不确定的未知到最终确定的已知的迭代过程,设计过程不可避免地存在经验性质的参数选取和反复的校核优化,在计算的过程中只有首先基于经验给出一个基础流程设计,然后在此基础上进行计算对比和调整优化,才能获得最终可行的流程方案设计。但即使最终确定了流程方案,也未必就一定是最优的,通常也只是满足了主要功能,权衡了各方面成本的结果。

流程设计计算可以由设计者按照公式手工推导,或者编程计算,也可以利用一些现有的商业化流程模拟软件进行仿真。无论是哪种方式,其本质都是利用流体力学和传热学的基本原理列出对应的代数微分方程组并进行求解。

手工计算中常用的一些公式包括计算管内流动阻力的范宁公式和用于计算对流换热系数的 D-B 公式,这些公式在一些流体力学或者传热学的教材上都可以找到。在计算的过程中,可能涉及反复数值迭代和不同材料物性的查取,这些问题会导致手工计算的效率下降。因此对于较为复杂的大量计算,编程计算可能是一类更有效率的方式。而商业流程模拟软件的本质就是帮助用户将编程过程省略掉的编程计算软件,同时软件内还整合了许多基于工程经验的系数和物性库,令用户能够更加专注于业务本身,而不必关注太多计算当中的细节问题。常见的商业流程仿真软件包括 Aspen、EcosimPro、Flowmaster 等。这些软件的特点是可以轻易地构建起流程结构并进行计算,而不需要用户掌握太多编程和数值计算的知识。其缺点在于软件架构为闭源,灵活性不高,模型修改起来较为麻烦。

BEPCⅡ 超导腔流程设计时所采用的是自行编程的方式,在经过数套不同流程方案之间的对比后最终选定的基础流程如图 14.3 所示。

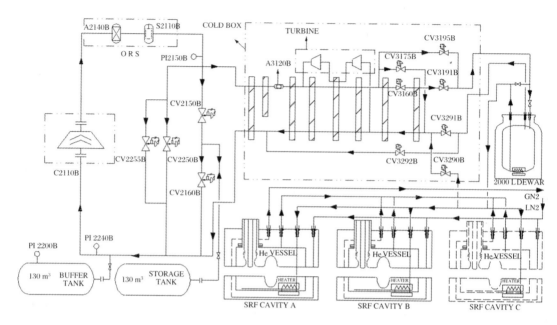

图 14.3 超导腔低温系统流程简图

一套 500 W@4 K 的制冷机系统为两支超导腔(图 14.3 中显示为三支超导腔,两用一备,最多只有两支超导腔同时运行)提供制冷量,制冷机自身是采用液氮预冷的两级透平膨胀克洛德循环,可以直接产出饱和液氦。通过节流阀后的饱和液氦储存在 2000 L 液氦杜瓦中,液氦杜瓦内的压力约为 1.2 bar,对应的饱和温度为 4.4 K,液氦杜瓦容积为 2000 L。正常运行时,它的液氦容积约为一半,必要时可提供液氦回收。提高液氦杜瓦中的饱和蒸气压力使其中的液氦传送至各个用冷设备,即超导腔的液氦槽中。正常运行时,超导腔氦槽内是近乎全满的,里面还有一个电加热器用来补偿超导腔的动态热负荷,从而保证由于热负荷的变化而导致的超导腔内的压力波动。

多通道低温传输线包含液氦的输送、返回管路和液氮的输送、返回管路,连接于每支超导腔和液氦储存杜瓦之间。管线之间的低温阀门集成在主分配阀箱中,用于控制和调节氦和氮的流动,并控制系统的冷却、液氦的回收、紧急情况下的排放、升温及常规运行等。从超导腔氦槽中蒸发的饱和氦气有两条回路:一条回路是与液氦杜瓦蒸发的冷氦气汇合直接回到制冷机冷箱,另一条回路是用加热器加热到常温后直接回到压缩机低压侧。

14.3.3 详细流程设计

在前面的基础流程方案设计的基础上,可以进一步开展详细流程设计工作。详细设计中会涉及大量工程上的具体工作,如与基建、通用系统、控制系统之间的沟通和协调,各种非标设备的研制,带控制点位的详细流程图设计,工程报价和预算等。如果要全部描述清楚可能需要一份上千页的详细设计报告,这里就不再一一列举了,仅给出最终 BEPCⅡ低温系统的详细布局图,供读者参考。

BEPCⅡ低温系统主要设备分布在四个区域内:第一对撞点制冷机房(低温一厅)、第二对撞点制冷机房(低温二厅)、低温大厅和储气罐区域(图 14.4)。低温一厅主要安装 BESⅢ 探测器磁体(SSM 磁体)和两个超导插入四极磁体(SIM 磁体)的低温制冷设备。低温二厅主要安装两支超导腔配套的低温设备,低温一厅和低温二厅分别位于 BEPCⅡ储存环的南北,两地相距 100 m 左右。为了减少低温管线的长度和便于超导腔和超导磁体低温系统的运行,分别在低温一厅和低温二厅设置了两套 500 W@4 K 的氦制冷机系统。两套制冷机系统共用一个储气罐区、一套氦气纯化系统和一台回收压缩机。储气罐区包括两个 130 m³ 高压储气罐和两个 130 m³ 的缓冲罐以及一个 10 m³ 的压缩空气储罐等。低温大厅主要用来放置两台氦气主压缩机、一台回收压缩机、两台空气压缩机以及氦气纯度分析仪等设备仪器。

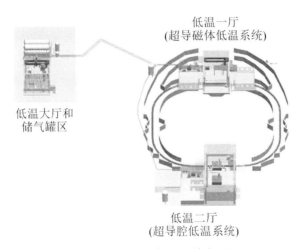

图 14.4　BEPCⅡ低温系统布局图

低温二厅的设备布局如图 14.5 所示。低温二厅内的主要设备有一个氦制冷机冷箱(Linde TCF50s)、一台外置低温氦气纯化器、2000 L 液氦储存杜瓦、超导腔低温分配阀箱。

图 14.5　低温二厅设备布局图

低温大厅和储气罐区的设备布局如图 14.6 所示。低温大厅距低温一厅的管线距离约为 190 m,距低温二厅约为 110 m。低温大厅内的主要设备有两台螺杆氦气压缩机、两台油分离器、一台回收压缩机、两台空气压缩机、冷却水系统、一台柴油发电机等。低温大厅的北侧是储气罐区,包括四个 130 m³ 的氦气储罐、一个 30 m³ 的不纯氦气储罐、一个 10 m³ 的仪表空气储罐、一个 5 m³ 的高压不纯氦气储罐。

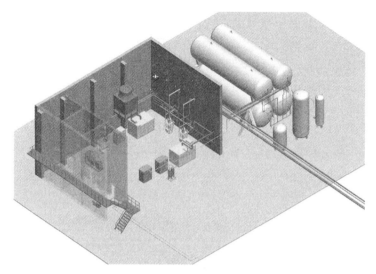

图 14.6　低温大厅和储气罐区设备布局图

14.3.4　BEPCⅡ运行总结

BEPCⅡ采用了三种超导设备，即两支 1-cell 超导腔、两个超导对撞区磁体和一个大型探测器超导磁体。BEPCⅡ低温系统由两台制冷机分别为超导腔和超导磁体提供制冷量，总的制冷能力为 1 kW@4 K。BEPCⅡ超导腔低温系统于 2006 年 8 月建成并投入稳定运行，BEPCⅡ超导磁体低温系统也于 2007 年 6 月调试完成并稳定运行。多年来，BEPCⅡ低温系统运行效率高达 98%，为储存环调束、BESⅢ实验取数和同步辐射提供稳定的低温环境。2016 年 7 月，经过缜密的流程设计，对使用 10 年以上的制冷机进行了深度清洗，制冷机的制冷能力有大幅恢复，对有一定污染的大型复杂的制冷机进行深度清洗在国际上尚属首次。2016 年 4 月，在低温系统的不断优化以及各系统的通力合作下，BEPCⅡ的亮度达到 1×10^{33} cm^2/s，完成了最初的设计目标。截至 2023 年，BEPCⅡ低温系统已经平稳运行十几年，全年运行效率大于 98%，为新一轮的调试运行保驾护航。

14.3.5　HEPS 4 K 低温系统流程设计

HEPS 是我国正在建设的第四代高性能的储存环型同步辐射光源，其电子能量为 6 GeV，发射度小于等于 0.06 nm·rad。HEPS 是可以提供能量达 300 keV 的 X 射线的高性能同步辐射光源，支持空间分辨能力达到 10 nm 量级，能量分辨能力达到 1 meV 量级和时间分辨率达到皮秒量级的高重复频率的动态科学研究[5-8]。

HEPS 的 4 K 低温系统需要为首期 8 支 166.6 MHz 超导腔和 2 支 500 MHz 超导腔提供冷量，按照功能要求和热负荷评估后选定的制冷能力为 1 kW@4 K。基本流程方案如图 14.7 所示。

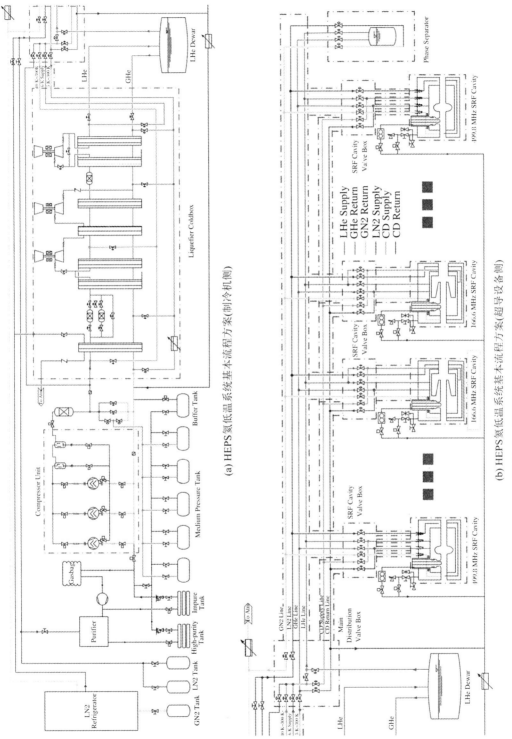

(a) HEPS 氦低温系统基本流程方案(制冷机侧)

(b) HEPS 氦低温系统基本流程方案(超导设备侧)

图 14.7 HEPS 氦低温系统基本流程方案

这一流程方案的特点在于主分配阀箱与超导腔的距离较远,最远的超导腔恒温器与主分配阀箱有上百米的距离,长距离的液氦输送会带来较大的沿途漏热,同时会在降温过程中引入很大的迟滞。因此在每一超导腔恒温器本地增设了本地阀箱进行独立调节。

在经过反复的对比和核算后,高能所在 2021 年左右完成了基础流程方案设计,随后在 2022 年又完成了详细方案设计,低温厅和储气罐区的设备布局如图 14.8 所示,实物将于 2024 年完成建设。

图 14.8 HEPS 氦低温系统低温厅和储气罐区布局图

14.4 2 K 超流氦系统设计案例(ADS/CEPC)

超导设备在 2 K 低温环境下能够呈现更佳的性能,因此有时宁可增加低温系统的造价和复杂度,也要让超导设备运行在 2 K 低温环境下。2 K 低温系统是在 4 K 低温系统的基础上进一步升级改造获得的,它与 4 K 液氦系统有较大的区别。

下面将以高能所承担建设运行的典型 2 K 低温系统——ADS 低温系统为例,按照流程设计的步骤依次介绍 2 K 系统的相关内容。ADS 低温系统是国内第一套投入实际运行的大型 2 K 低温系统,总制冷量约为 100 W@2 K。这个值并不算很大,仍然属于低温测试站水平的百瓦级 2 K 低温系统,因此它所采取的 2 K 获得方法与千瓦级的 2 K 系统并不相同。对于大型的超导加速器,如上海 SHINE、CERN 的 LHC 等,其 2 K 制冷量一般都是千瓦级甚至更高,此时采用的 2 K 获得方式将与百瓦级的 2 K 系统有较大区别。因此,我们也将结合高能所承担设计的千瓦级 2 K 低温系统——CEPC 低温系统为例,介绍千瓦级 2 K 低温系统的相关特点。

14.4.1 2 K 超流氦获得方案

2 K 低温系统的冷却工质不再是 4 K 饱和液氦或者过冷液氦,而是 2 K 超流氦。2 K 超流氦由 4 K 液氦通过减压至转变点以下得到,通过 ^{4}He 三相图(图 14.9)可以看到,当液氦的温度低于 2.17 K 后,将进入 He II 形态,此时呈现超流特性,超流氦具有一些特性,例如极高的导热性、几乎没有黏性等,在粒子加速器领域有时会采用超流氦作为高性能超导设备的冷却剂。在获得常压 4 K 饱和液氦的基础上,继续用真空泵对盛有低温液体的容器减压(近绝热)即可得到更低的温度,所能达到的最低温度约为 1.2 K。如果希望获得更低的温度,普通的减压方式将不再可行,届时将要利用稀释、退磁等其他手段进一步降温。

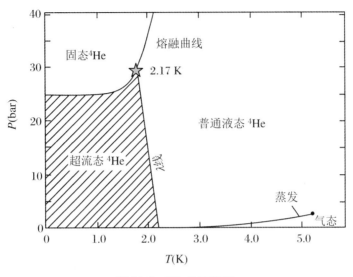

图 14.9　⁴He 的三相图

对于百瓦级及较小 2 K 超流氦系统来说,通常有直接减压降温、减压降温加节流、减压降温加节流加负压低温换热器等方案。而对于千瓦级及更大规模的大型超流氦低温系统来说,一般采用图 14.10(c)中的工作流程,通过混合增压的方式最大限度利用回冷量,从而提高整套大型低温系统的效率。此种方案流程(相比于图 14.10(a)和(b)工作流程)最为复杂,投入的设备也最多,但对于大型 2 K 系统则具有更高的性价比。

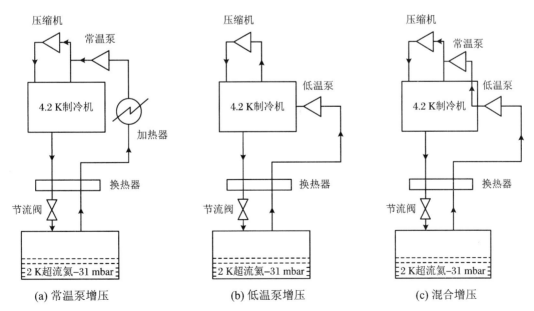

图 14.10　超流氦低温系统三种不同的增压方式简图

14.4.2 ADS 低温系统基础流程设计

　　首先进行简单的需求分析，ADS 低温系统的主要功能是为 ADS 中的主注入器 I 提供 2 K 冷量，主注入器 I 实际上是一个超导直线质子加速器，其包含两个大型低温恒温器，如图 14.11 所示。

　　除此以外，还设计了一个垂直测试站和一个水平测试站，用于多种超导腔的低温测试。

　　ADS 低温系统运行部分的热负荷包括两个运行低温恒温器在各个温区的热负荷、4 K 主低温分配阀箱热负荷、4 K/2 K 阀箱以及长达 40 m 左右的低温传输线热负荷（表 14.3）。测试站部分的热负荷则包括测试恒温器和测试阀箱的热负荷（表 14.4）。

表 14.3　低温系统运行部分热负荷

项目	数量	80 K 热负荷（W）	5 K 热负荷（W）	2 K 热负荷（W）
3000 L 杜瓦	1	—	8.00	—
单通道氦回气传输线	54 m	—	27.10	—
单通道液氦传输线	62 m	28.02	—	—
多通道低温传输线	72 m	72.00	36.00	—
4.5 K 主分配阀箱	1	15.10	25.03	—
低温恒温器	2	571.10	165.65	44.90
4.5 K/2 K 低温阀箱	1	15.33	9.64	0.90
系统总热负荷		701.55	271.42	45.80

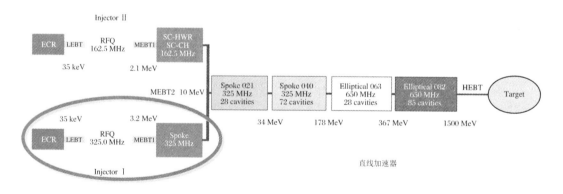

(a) 在ADS整体系统中的位置

(b) 布局图

图 14.11　ADS 注入器 I

表 14.4　测试站低温系统静态热负荷

	数量	80 K 热负荷(W)	5 K 热负荷(W)	2 K 热负荷(W)
2 K 水平测试阀箱	1	15.82	9.64	0.90
2 K 水平测试恒温器	1	37.57	3.03	0.33
2 K 垂直测试阀箱	1	10.34	6.45	0.00
2 K 垂直测试恒温器	1	172.62	12.07	0.49
测试站总静态热负荷		236.35	31.19	1.72

通过热负荷分析可以看出,主要的 2 K 热负荷来源是运行部分中的低温恒温器,实际上这部分热负荷主要是动态热负荷。最终结合热负荷分析,确定整套 ADS 低温系统的总制冷量为 100 W@2 K,利用 2 K 液氦的蒸发潜热估算获得的抽气流量约为 5 g/s。这两个参数是选择制冷机型号和减压泵组的关键指标。除此以外,2 K 低温系统的一个重要特点是氦压稳定性较高,便于超导腔进行调谐,ADS 项目对氦压稳定性的要求为 ±10 Pa。

经过对比选择后,ADS 项目最终采用法国 AIR LIQUID 公司提供的 HELIAL 氦制冷机,采用的是带液氮预冷和两级透平膨胀机的克洛德循环,验收实测的制冷能力为 114 W@2 K,其基本流程如图 14.12 所示。

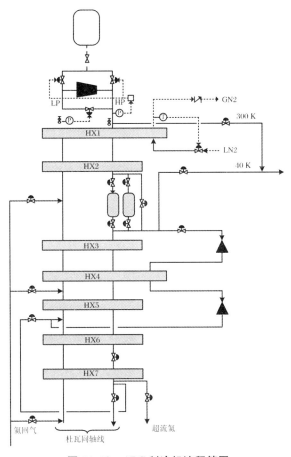

图 14.12　ADS 制冷机流程简图

该制冷机主要由螺杆压缩机、油分离系统以及制冷机冷箱三大部分组成。带有变频控制的螺杆压缩机将缓冲罐中的氦气压缩至 13 bar 左右，并在排气端进行第一次油气分离，之后氦气进入滤油系统并将残留的少量油除掉并与冷却水进行换热。随后室温的高压氦气进入冷箱 HX1 和 HX2 换热器被低压回流冷却，另外 HX1 换热器中的预冷液氮可以将高压氦气冷却至 80 K 左右。经过 HX2 换热器的高压氦气进入到 80 K 吸附器，以去除其中的污染物，随后氦气流被分为两路，一路经过两级串联透平膨胀机进行冷却，另一路经过 JT 阀门的节流作用产生液氦。

针对 ADS 项目独有的特点，相较于常规氦制冷机或液化器，这台制冷机在选型上增加了两个定制的特殊功能要求：一是为了超导设备能够平稳降温，制冷机特设 300 K 和 40 K 的兑温，可以提供从 40～300 K 温区范围内任意温度的冷氦气，保障超导设备可以缓慢降温至 80 K 左右。这一方式比直接利用液氮降温更加安全。二是特设一个与 JT 循环相并行的超临界循环，能够提供 3 bar@5 K 左右的超临界氦，用以满足 40 m 以外低温恒温器内冷屏的低温需求。

减压泵负责对氦池减压，以获得低于 4 K 的超流氦。综合 ADS 低温系统的热负荷分析，减压泵设计的最大抽吸流量为 10 g/s（2×5 g/s），由 5 套带有变频器的罗茨泵和旋片泵的泵组成。考虑到兼顾运行以及其他超导设备的测试，在减压泵组的组合方式上也给予了特殊考虑。5 套泵组采用 3+2 的组合方式，既可以令泵组分别为运行恒温器和测试站抽气，也可以令 5 套泵组同时投入运行恒温器或测试站。

结合基本的流程方案设计给出整套 ADS 低温系统的基本流程图，如图 14.13 所示。

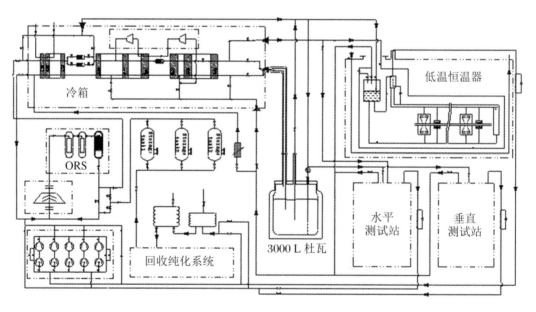

图 14.13　ADS 注入器 I 低温系统基本流程图

首先由氦制冷机产生液氦储存于 3000 L 杜瓦中，通过主低温分配阀箱的分配和多通道低温传输线的远距离传输，分别输送至测试站和隧道内低温恒温器运行位置。进入测试站的低温工质又分为两路：一路通过 4 K/2 K 低温阀箱供水平测试低温恒温器使用；另一路利用垂直测试杜瓦夹层真空内低温分配、传输以及节流等功能满足垂直测试的低温需求。分配传输至隧道的低温工质经过 4 K/2 K 低温分配阀箱分配与节流，为低温恒温器的运行提供稳定的低温环境。减压降温作用回流的 2 K 冷氦气经过加热器加热至常温,再经过减压降温真空泵组,并入压缩机吸气端,从而实现系统的闭环运行。

为了最大限度减少低温恒温器在 2 K 运行时的热负荷,低温系统在设计方面考虑采用两层冷屏及 80 K 液氮冷屏和 5 K/8 K 超临界氦冷屏。其中液氮冷屏的冷源来自于室外液氮储罐的远距离传输,而 5 K/8 K 冷屏的冷源则由制冷机末级进行提供。在低温和超导设备的预冷方面,采用由制冷机提供的 40 K/300 K 兑温后的冷氦气进行预冷,预冷温度达到 40~60 K 温度区间后,直接采用液氦进行降温并积液。

14.4.3　ADS 低温系统详细流程设计

与之前描述 BEPCII 低温系统详细流程设计类似,这里也不会对 ADS 低温系统设计过程中琐碎的工程细节进行介绍,而是直接给出 ADS 低温系统最终的详细布局图,供读者们参考。

ADS 项目建设于高能所旧园区内,场地限制较多,因此 ADS 低温系统的布局较为分散。主要的低温设备如低温制冷机、低温分配阀箱、低温测试站以及运行的低温恒温器相对集中在高能所已有的 ADS 注入器低温大厅,氦气回收净化及储气系统则集中在与 ADS 注入器低温大厅相距约 400 m 的区域。因此,要结合实际情况优先进行布局设计,系统的整体布局如图 14.14 所示。

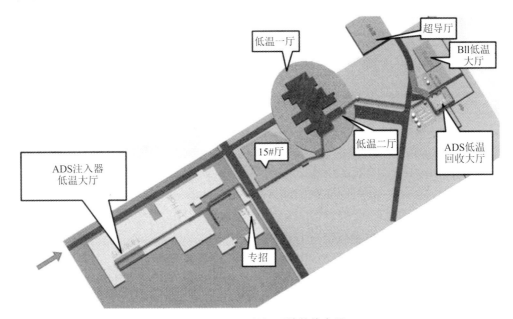

图 14.14　ADS 低温系统整体布局

在充分考虑设备分散的布局特点后,对连接制冷机和储气系统的常温管路进行了优化设计和布局,并对低温大厅进行了极为紧凑的布局设计,低温制冷机、减压降温泵站、垂直及水平测试站、液氦储存杜瓦以及 4.5 K 主低温分配阀箱集中在低温大厅内。运行位置低温恒温器所需的冷量则由 40 m 长的多通道低温传输线进行远距离传输,并在靠近低温恒温器的位置进行冷量的再分配和实现 4.5 K 饱和液氦至 2 K 超流氦的转变。低温大厅低温设备的布局如图 14.15 所示。

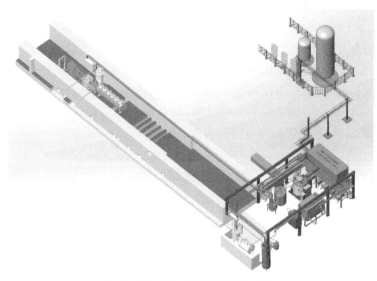

图 14.15　低温大厅低温设备布局

经过了建设和调试之后,2016 年,ADS 2 K 低温系统顺利实现了当初的设计目标。长期在线运行时,其液位、温度和氦槽压力均有非常好的稳定性,如图 14.16 所示,这也验证了流程设计方法的合理性。

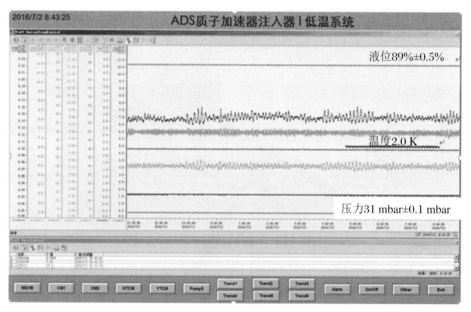

图 14.16　ADS 2 K 低温系统运行实测图

14.4.4　CEPC 2 K 低温系统基础流程设计

CEPC 是一台由高能所规划的,具有对撞环和增强器环的双环结构对撞机,基本结构如图 14.17 所示,在环左右两侧的射频区域共有 4 个低温站点。对撞环上有 240 支工作在 2 K 温度的 650 MHz 的 2-cell 腔,每个低温模组包含 6 支腔,共 40 个模组均等分布在 4 个低温站点。增强器环上有 96 支工作在 2 K 温度的 1.3 GHz 的 9-cell 腔,每个低温模组包含 8 支腔,共 12 个模组均等分布在 4 个低温站点。上下两端的粒子对撞点(IP)附近是两个粒子相互作用区(IR),共有 4 个组合型磁铁,32 个插入六极,每个磁铁都对应一个低温模组且工作温度均为 4.5 K,36 个模组不等距离分布在两个低温站点内。IP 区对称装有两台大型粒子探测器,每台探测器需要 1 个探测器磁铁,1 个探测器磁铁左右两端部各插入两个组合型磁铁。下面主要对 CEPC 的超导腔低温系统进行简要介绍。

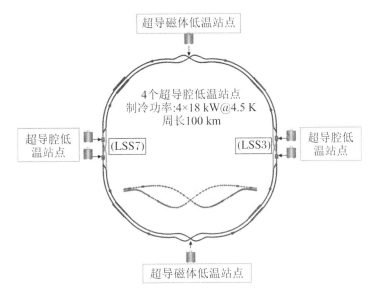

图 14.17　CEPC 低温站点布局图

CEPC 超导腔低温系统主要负责为超导模组提供冷量,经过初步的功能分析、热负荷分析后设计完成的 CEPC 超导腔侧低温系统流程简图如图 14.18 所示。

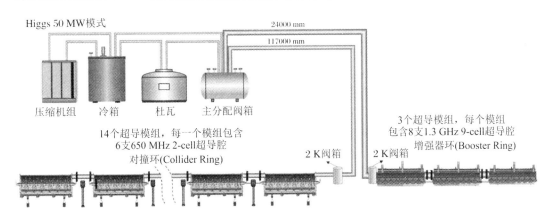

图 14.18　CEPC 超导腔侧低温系统流程图

CEPC 超导腔低温系统与 ADS 低温系统存在一个比较大的区别,即前者采用低温泵(即冷压缩机)而不是减压泵组的方案来获得 2 K 超流氦,可以直接将负压冷氦气压缩至常压,然后直接回到制冷机中回收冷量。其技术难点在于冷压缩机的可靠性较差以及由于漏热造成的效率下降,因此,通常只有在大流量且长期稳定运行的 2 K 超流氦系统才考虑选用冷压缩机增压。对于制冷功率大于 200 W 的超流氦低温系统,采用冷压缩机对系统低温低压氮气进行增压,是可以平衡系统效率、可靠性、初期投资和运行成本等多个因素影响的最优选择。

2 K冷压缩机是大规模超流氦系统的核心设备,也是系统研制的重点和难点,包含了高速转动机械、高速电机、高效低温叶轮、低温绝热、低温材料、主动磁悬浮等大量关键技术,是低温工程、材料科学、热力学、电气、电子、控制等多学科高度融合的复杂体系。国外对冷压缩机的研究起步较早,目前已经到了比较成熟的阶段。

相比之下,国内对冷压缩机的研究起步较晚,目前还处于积极探索实验样机阶段,距离大批量工业化制造、长时间稳定可靠运行还有一些待提升的空间。

14.5 氮低温系统设计案例

氮作为一种经济实用的低温工质,常常与氦一起被用于超导加速器的低温设备,如超导腔或超导磁体的热防护屏采用液氮冷却,氦制冷机一级换热器的预冷机采用液氮来冷却氦气,低温波荡器的磁体和低温单色器的晶体直接采用液氮冷却等。

前面对氦低温系统做了介绍,本节基于高能所建设的大科学装置,首先对已建成并稳定运行的国内超导加速器领域首次将低温与超导技术成功地应用在高能物理和加速器的研究的BEPCⅡ氮低温系统做简单介绍,然后介绍氮冷量需求规模较大且在国内大科学装置上首次采用氮循环制冷技术的正在建设的第四代高性能的储存环型HEPS的氮低温系统。

14.5.1 BEPCⅡ氮低温系统流程设计

对于BEPCⅡ氮低温系统而言,由于超导腔和超导磁体分布在BEPCⅡ不同空间位置,为提高氮冷量利用效率和供应安全性,BEPCⅡ氮低温系统采用传统的液氮储罐作为液氮冷源的设计方案。即在靠近超导腔和超导磁体的位置分别布置一个液氮储罐,然后,通过单通道真空绝热管将液氮输送到分配单元进行液氮冷量的再分配,进而,满足两台500 W@4.5 K的氦制冷机的一级换热器和两支超导腔及三个超导磁体(三个磁铁,分别是一个BESⅢ超导螺线管磁体(SSM磁铁)、两个超导插入聚焦四极磁铁(SCQ磁铁))热防护屏的液氮冷量的需求。

BEPCⅡ氮低温系统流程简图如图14.19所示。以超导磁体侧氮低温冷却系统为例,1♯液氮储罐提供的液氮经过单通道真空绝热液氮管线传输,然后分为两路:其中一路液氮输运到1♯氦制冷机冷箱的一级换热器,经热交换后成为常温氮气后排空;另外一路液氮输运到超导磁体的热防护屏用来维持热防护屏80～90 K的温度,冷却热防护屏后,温度约为90～100 K冷氮气通过空温式汽化器加热成常温氮气后排空。

14.5.2 HEPS氮低温系统流程设计

HEPS首期建设的氮低温系统用户对象包括7个超导腔低温恒温器、1台2 kW@4.5 K氮低温制冷机、15条光束线站的低温波荡器和低温单色器等。低温单色器主要可用于分光,采用液氮冷却单色器带走其热。HEPS 低温设备数量多,对氮冷量的需求量较大。HEPS 氮低温系统与 BEPCⅡ氮低温系统最大的不同之处是,其将常温氮气和低温冷氮气进行回收再利用,提高了氮冷量的利用效率,减少了液氮储罐的液氮消耗,实现了部分氮冷量的自给,提升了氮系统运行的安全性[9-11]。

1. 需求分析与初步计算

HEPS 氮低温系统设计的目的是为 HEPS 的氮制冷机、超导腔低温恒温器、低温插入件和光束线用低温单色器以及实验站等低温设备提供液氮冷量的低温环境。其中,超导腔低温恒温器内的超导腔、液氮池和支撑都包含在 80 K 热防护屏内部,超导腔用耦合器在常温端与 4.5 K 端之间设置了 80 K 隔断。低温插入件由低温波荡器和液氮过冷器冷箱组成,工作温度为 80 K。光束线站液氮低温设备包括低温单色器和实验站。

为满足用户设备低温冷量需求和设备长期稳定运行,HEPS 氮低温系统分为氮冷源供应源和氮冷量传输分配两个部分,低温设备的氮冷量需求如表 14.5 所示。

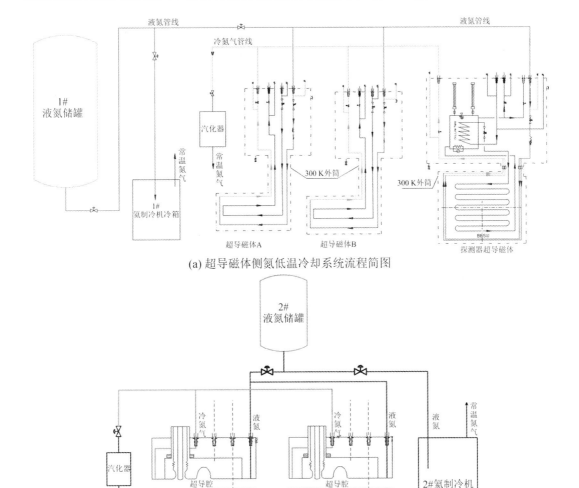

(a) 超导磁体侧氮低温冷却系统流程简图

(b) 超导腔侧氮低温冷却系统流程简图

图 14.19　BEPCⅡ氮低温系统流程简图

表 14.5　HEPS 低温设备氮冷量需求

对象	设备	温度	数量	热负载	总负载
光束线	低温波荡器	80 K	6 台	800 W/台	20.50 kW
	低温单色器及实验棚站		14 台	800 W/台	
	传输线		1500 m	3 W/m	
	氦制冷机	80 K	1 台	7500 W	7500 W
储存环	超导腔低温恒温器及传输线	80 K	10 台	700 W	7000 W
总　计			52.50 kW(1.5 倍安全裕度)		

2. 设计方案

HEPS 首期建设期间,要安装的低温设备共有 30 多台,低温设备数量多,对氮冷量的需求量较大,考虑一定的安全裕度,总的氮冷量需求约为 52.5 kW@80 K。考虑到未来 HEPS 总计可以建设 90 多条光束线站(未来规划 40～50 条光束线站采用低温单色器),液氮冷量需求量将继续增大,结合 HEPS 运行对地基振动要求,超导腔低温恒温器空间位置相对集中,而光束线站低温设备沿储存环全环分布布置。

为保障液氮冷量安全稳定供应,对超导腔低温恒温器和氦制冷机采用氮低温制冷循环方案提供液氮冷量,对于其他低温设备采用液氮储罐供应液氮冷量。考虑到当氮低温制冷循环系统故障时,氮冷量在一定时间内稳定可靠供应,结合氮冷量总的需求量,设计采用两个容积为 60 m³ 的成熟商业产品的液氮储罐作为液氮来源。HEPS 氮低温系统方案简图如图 14.20 所示。

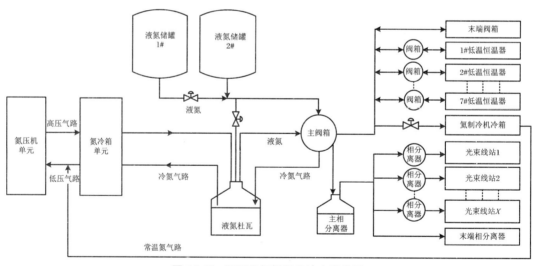

图 14.20　HEPS 氮低温系统方案简图

HEPS 氮低温系统主要包括氮循环制冷系统、传输分配系统、存储系统和仪控系统。

HEPS 储存环沿束流方向一圈周长为 1360 m。考虑到首期的光束线站低温设备空间位置分布特点,采用液氮储罐为沿储存环全环分布的低温波荡器和光束线站低温设备提供液氮冷量,光束线站低温设备氮低温布置方案简图如图 14.21 所示。液氮储罐布置在靠近环外低温厅的低温罐区,通过氮低温管线将液氮输送到储存环上的氮主阀箱和相分离器,然后,氮低温主管线分为左右两半圆布置在储存环隧道顶部,再将液氮输送到各光束线站,其中左半圆氮低温管线长约 520 m,右半圆氮低温管线长约 750 m。

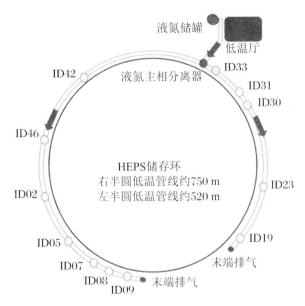

(a) 光束线站氮低温布置简图

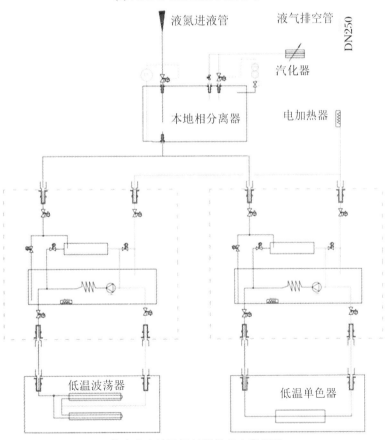

(b) 单个光束线站氮低温设备布置简图

图 14.21　光束线站氮低温布置简图

同时,考虑主氮低温管线内液氮流动、传热和液氮冷量分配,经计算主供液管为内径尺寸为 DN40、表面粗糙度<1.6 μm 的不锈钢管路,并在末尾设置末端相分离器,为降低长距离液氮传输的管路漏热,要控制主氮低温管线漏热量不高于 3 W/m。为保障光束线站低温设备液氮品质,在靠近每一个线站位置布置一个本地相分离器,再由本地相分离器将高品质的饱和液氮输送到低温单色器或者低温波荡器前的液氮冷却机组,进而满足光束线站低温设备持续所需的液氮冷量,冷却低温设备后,冷氮气汇合并被加热为常温氮气后收集起来统一排空。

氮低温制冷循环系统主要满足在空间位置上相对集中的超导高频低温设备的液氮冷量需求,包括常温氮气储存罐、氮气压缩机组、冷箱、液氮储存杜瓦、低温氮流体传输管线和氮循环控制联锁保护系统。

氮低温制冷循环系统提供 10 个超导腔低温恒温器和 1 台氦制冷机一级换热器预冷的氮低温冷量,设计制冷量约为 15 kW@80 K。氮低温制冷循环系统生产的液氮先储存在液氮杜瓦,再经过低温传输管道分为两路,其中一路输送到本地相分离器,经低温相分离器及低温管道将液氮冷量分配到超导高频低温恒温器,经相分离器和设备端回来的低温氮气经过氮低温回气管道,回到氮冷箱的低压端,在氮冷箱内经过机械能换热后成为常温低压氮气。该低压常温氮气与冷却氦制冷机一级换热器氮路的常温氮气汇合后进入氮气压缩机被压缩成常温高压氮气,再进入氮冷箱液化,形成一套氮低温制冷循环系统。其流程简图如图 14.22 所示。

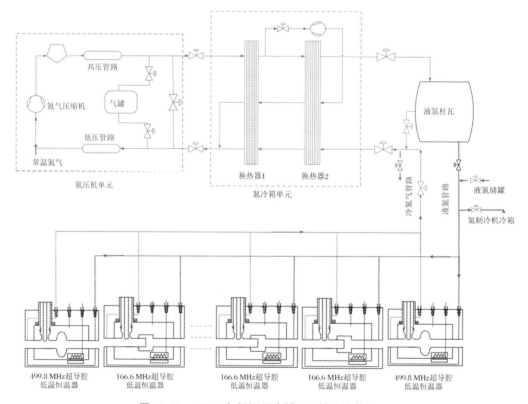

图 14.22 HEPS 氮低温制冷循环系统流程简图

参 考 文 献

［1］ Aune B，Bandelmann R，Bloess D，et al. Superconducting TESLA cavities［J］. Physical Review Special Topics-Accelerators and Beams，2000，3（9）：092001.

［2］ Dhuley R C，Kostin R，Prokofiev O，et al. Thermal link design for conduction cooling of SRF cavities using cryocoolers［J］. IEEE Transactions on Applied Superconductivity，2019，29（5）：1-5.

［3］ 张闯，马力. 北京正负电子对撞机重大改造工程加速器的设计与研制［M］. 上海：上海科学技术出版社，2015.

［4］ Winick H. Synchrotron radiation sources-present capabilities and future directions［C］//Himeji，Japan：J Synchrotron Rad，1998，5：168-175.

［5］ HEPS. IHEP［Z/OL］.（2019）［2023-04-01］. http：//english. ihep. cas. cn/heps/index. html，2019.

［6］ Liu Z，Zhang X. NSRL phase Ⅱ project（a brief introduction and status）［C］//Himeji，Japan：J Synchrotron Rad，1998，5：1170-1172.

［7］ 秦庆. HEPS 初步设计报告［R］.北京：中国科学院高能物理研究所，2018.

［8］ Zhang P. A 166.6 MHz superconducting RF system for the HEPS storage ring［C］//Copenhagen，Denmark：IOP. Journal of Physics Conference Series，2017.

［9］ Ge R. Application of large cryogenic system in big science facilities［R］. Beijing，China：The 1st Low Temperature Metrology Science Workshop，2019.

［10］ Pezzetti M，Amodio A，Donon Y，et al. Innovative methodology dedicated to the CERN LHC cryogenic valves based on modern algorithm for fault detection and predictive diagnostics［J］. JACoW ICALEPCS，2022，2021：959-964.

［11］ Nawaz A S，Pfeiffer S，Lichtenberg G，et al. Self-organzied critical control for the European XFEL using black box parameter identification for the quench detection system［C］//Barcelona，Spain：3rd Conference on Control and Fault-Tolerant Systems（SysTol），IEEE，2016：196-201.

第 15 章　大型低温恒温器

　　大型低温恒温器是工作在极低温度下的一种高真空绝热容器。顾名思义,低温恒温器的核心任务就是维持其工作温度恒定在某一设定值,使其核心低温区域受环境的影响较小,同时应用多种绝热技术来控制外界热量的传递,使得低温液体能够实现长时间的保存。超导加速器领域中的大型低温恒温器作为加速器系统的关键设备,其作用不仅是为超导加速器件提供稳定的低温液氦超导环境,更重要的是将这些器件集成在低温恒温器中,满足各个器件的运行需求,形成一套总体集成设备。大型低温恒温器内的核心部件为超导腔和超导磁体,其作用分别为实现带电粒子的速度提升与运行轨道矫正。除此之外,低温恒温器还囊括高功率耦合器、调谐器、束流位置监视器(Beam Position Monitor,BPM)等辅助设备。上述设备要在洁净间内完成组装,形成高真空的超导腔串。

　　大型低温恒温器的设计指标主要包括运行温度、许用热负荷、准直精度、安全性、成本造价、运行寿命、设备尺寸及重量等。运行温度及许用热负荷是设计低温恒温器的基本指标,为了满足这个设计要求,需要考虑材料选择、绝热设计、成本造价、设备复杂性以及整体尺寸要求等,同时还要考虑系统的升级需要和整套低温系统的优化空间。还要考虑真空环境或者降温/复温的冷热往复循环的条件下、低温部件的热应力及位置偏移,其低温位移要满足加速器准直精度要求。安全性要求要在低温恒温器方案设计初期就有所考虑,若在设计或者建造完成后再去考虑就会付出较长的时间及较高的费用代价。设备尺寸及重量需要满足整个加速器隧道的布局以及低温恒温器本身的转运要求[1]。

15.1　低温恒温器结构形式介绍

15.1.1　TESLA 型超流氦低温恒温器

　　TESLA 型低温恒温器的概念设计由德国电子同步加速机构在 20 世纪 90 年代初提出[2]。后来在建的大型加速器装置中用到的低温恒温器都沿用 TESLA 型低温恒温器的基本结构方案,包括 E-XFEL、ILC、LCLSⅡ。

　　E-XFEL 与 ILC 超流氦低温恒温器中的超导腔的运行方式均为脉冲模式,而 LCLSⅡ超流氦低温恒温器中的超导腔运行方式为连续波模式。超导腔的运行模式不同,导致超流氦低温恒温器的结构参数和热力学性能有所区别,虽然低温恒温器的基本结构类似,但是超导腔的动态热负荷不同。由于 LCLSⅡ超流氦低温恒温器还未投入运行,其热力学性能还有待低温实验来验证,本节不做深入比较。三种 TESLA 型超流氦低温恒温器的结构方案对比,如图 15.1 所示。

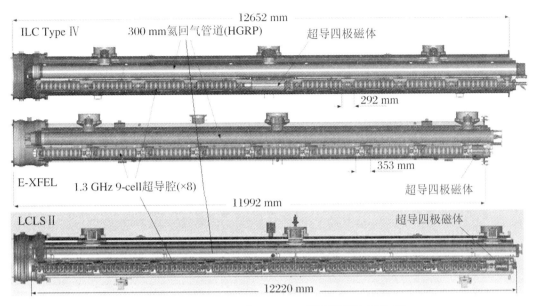

图 15.1 ILC、LCLS Ⅱ 与 E-XFEL 低温恒温器方案对比

E-XFEL 低温恒温器的结构描述如下:以直径 38 in(Φ966 mm/Φ946 mm)的碳钢材料的真空容器作为其外壳,以 Φ312 mm/Φ300 mm 的氦回气管线(Gas Return Pipe,GRP)作为其冷质量的主支撑大梁;同时,还配有 3 个可调节的支撑杆吊装在真空容器的上部,中间为固定支撑,外部支撑杆可沿轴向滑动,在降温过程中,12.2 m 长的氦回气管线两端可向恒温器的中心移动约 18 mm;低温恒温器低温管道包括一根 2 K 的单相氦供应管线、一根 2 K 的两相氦管线连接到超导腔的液氦槽、一根 5 K 的供应管线和一根 5 K 回气管线,一根 70 K 回气管线、一根带有毛细管的复温/降温管线;低温恒温器包括结构类似的不同温区的两层氦气冷屏,即 5 K/8 K 冷屏和 40 K/70 K 冷屏,冷屏分为上下两部分,顶部强度较大的铝制 5 K/8 K、40 K/70 K 冷屏安装在顶部支撑结构上,上下两半部分中间设置"Ω"形管道,为了进一步降低辐射热负荷,5 K/8 K 冷屏包扎 10 层绝热材料,40 K/70 K 冷屏包扎 30 层绝热材料。此外,8 支 9-cell 超导腔、1 个超导四极磁体以及 1 台 BPM 吊装在氦回气管线正下方,并可分别进行准直,保证每个超导束线设备的准直精度,同时每支超导腔与超导磁体通过热膨胀系数较小的铟钢杆来限制束流方向的位移变化,确保超导腔的高功率耦合器的常温端有 2 mm 的调节范围。

地磁场会对超导腔的运行产生影响,同时超导腔工作的时候会产生很强的磁场辐射,为了防止辐射对超导腔运行和外界环境产生不良影响,低温恒温器里的液氦槽内还需设置磁屏蔽层。一般情况下,超导腔的材料为铌,而液氦槽的材质与超导腔有所不同,在降温或复温过程中,两种材料的热膨胀系数不同而产生低温形变差异,导致超导腔体的频率产生偏移。所以,液氦槽的材料通常选择热膨胀系数与铌相近的钛金属,这样在液氦温度下超导腔与液氦槽连接处的低温变形很小,从而通过调谐器将超导腔频率控制在工作点附近,而不会由于温度受到太大影响。此外,与液氦槽连接的低温供液管道一般为不锈钢材质,而不锈钢与钛的焊接比较困难,所以在液氦槽的供液管设置一段不锈钢与钛材质的双金属接头来进行过渡连接。

低温恒温器的优化设计包括机械结构设计与热负荷计算分析,其中,机械结构设计是为了保证低温恒温器的机械性能、安全性与经济性,热负荷计算分析可以保证低温恒温器的运行性能、可靠性和稳定性。根据 E-XFEL 项目的技术设计报告(Technical Design Report,TDR),E-XFEL 低温恒温器的性能指标和样机测量值如表 15.1 所示[2]。

表 15.1 E-XFEL 低温恒温器的性能指标和样机测量值

性能指标		设计指标	样机测量值
超导腔加速梯度		23.6 MV/m	>29 MV/m
超导腔动态热负荷		3.0 W($Q_0 = 1 \times 10^{10}$)	3.0 W($Q_0 = 1 \times 10^{10}$)
低温恒温器静态热负荷(2 K/4 K/40~80 K)		4.2 W/21.0 W/112 W	3.5 W/13.5 W/74 W
准直精度(X/Y)	超导腔	X:+0.5/−0.5 mm Y:+0.5/−0.5 mm	X:+0.35/−0.32 mm Y:+0.2/−0.1 mm
	超导磁体/BPM	X:+0.3/−0.3 mm Y:+0.3/−0.3 mm	X:+0.15/−0.05 mm Y:+0.2/−0.05 mm
准直精度(Z)		<±2 mm	<±2 mm
高功率耦合器位置精度(Z)		<±2 mm	<±2 mm

对 E-XFEL 超流氦低温恒温器各个传热部件进行静态热负荷的估算,并对样机进行水平测试,利用实验得到的数据进行分析。各温区下热负荷计算值与实际测量结果对比如表 15.2 所示[3]。

表 15.2 E-XFEL 低温恒温器的静态热负荷计算值与测量值对比

温区	计算值(W)	测量值(W)	制冷量预算(W)	安全系数	制冷能力(W)
2 K	2.1	6	4.8	1.5	125
5 K/8 K	6~12	6~11	13	1.5	20
40 K/80 K	100~120	100~120	83	1.5	125

E-XFEL 超流氦低温恒温器对每个超导腔与超导磁体的位置精度有着严格的要求,从而保证各加速器器件的束流管中心线在水平方向(X 向)及垂直(Y 向)方向的位置精度。E-XFEL 超流氦低温恒温器各超导设备的低温位置偏差测量峰值与精度要求如表 15.3 所示[2]。

表 15.3 E-XFEL 低温恒温器的准直精度对比

项目	精度要求(mm)	测量峰值(mm)
超导腔水平方向(X)	±0.5	+0.35/−0.27
超导腔垂直方向(Y)	±0.5	+0.18/−0.35
超导磁体水平方向(X)	±0.3	+0.20/−0.10
超导磁体垂直方向(Y)	±0.3	+0.30/−0.10

正在预研的 ILC 项目,采用的超流氦低温恒温器在 TTF-Type Ⅲ 基础上做了一些调整

与改进,主体框架结构与 E-XFEL 低温恒温器类似。不同之处在于:① ILC 低温恒温器总长度略有增加;② ILC 低温恒温器中的超导四极磁体的位置不同。ILC 低温恒温器的样机已经完成测试,其静态热负荷的计算值与测量值的对比如表 15.4 所示[4]。

表 15.4　ILC 低温恒温器的静态热负荷计算值与测量值对比

温区	计算值(W)	测量值(W)
2 K	6.8	7.2
5 K/8 K	11.3	12.6
40 K/80 K	79.7	83.1

ILC 超流氦低温恒温器在谐振及失谐条件下,利用测量液氦消耗量的方式来计算超导腔的静态及动态热负荷数值,超导腔的品质因子测量值均在 $4 \times 10^9 \sim 9 \times 10^9$ 范围内,超导腔加速器梯度设置为 25~38 MeV。ILC 低温恒温器的动态热负荷如表 15.5 所示[4]。

表 15.5　ILC 低温恒温器的动态热负荷计算值与测量值对比

项目	低温恒温器 1(4 支超导腔)		低温恒温器 2(4 支超导腔)	
	谐振状态	失谐状态	谐振状态	失谐状态
加速梯度(MV/m)	20.0	32.0	26.9	32.0
总馈入功率(W)	2.7	—	6.9	—
耦合器动态热负荷(W)	0.2	0.5	2.5	4.6
超导腔功率(W)	2.5	—	4.4	—

15.1.2　轮辐超流氦低温恒温器

高能所主要承担 ADS 战略性先导科技专项注入器 Ⅰ 系统。ADS 注入器 Ⅰ 采用 2 个轮辐超导腔($\beta = 0.12$)低温超导模组(CM1 和 CM2),每个低温超导模组包括 7 支轮辐超导腔、7 个超导螺线管磁体以及 7 台 BPM 等。轮辐低温恒温器采用"底部支撑"的整机结构,即超导腔串及冷质量支撑在真空筒体的底部。低温恒温器结构如图 15.2 所示。超流氦低温恒温器由以下 3 部分组成:真空筒体、超导腔串(由多支轮辐超导腔、多个超导螺线管磁体等组成)、冷质量(包括低温管道、低温绝热支撑(Low Thermal Conduction Structural Supports,POST)及两层辐射冷屏等)。

超流氦低温恒温器的外真空筒体材料为 304 不锈钢,筒体内径为 1400 mm,长度(两个端法兰间距离)为 5480 mm。带有液氦槽的超导腔、超导螺线管磁体与低温绝热支撑连接并最终放置在底部支撑平台(Strongback)上,因为底部支撑平台处于室温,所以冷质量在束流方向的低温位移可以忽略。共用到 14 套低温绝热支撑。每支超导腔与每个超导螺线管磁体设置有三维调节机构,可以实现 6 个自由度的微量调节,满足超导束流设备的准直精度要求,即横向(X)±0.5 mm,纵向(Y)±0.5 mm,轴向(Z)±1 mm。CM1 超流氦低温恒温器的静态热负荷测量值如表 15.6 所示[5]。

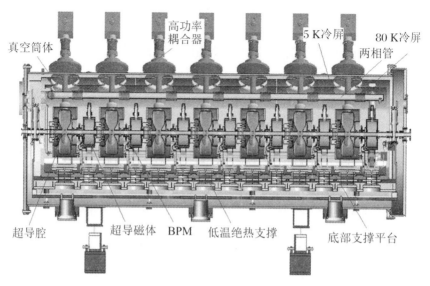

图 15.2　ADS 注入器 Ⅰ 轮辐超导腔低温恒温器结构图

表 15.6　CM1 超流氦低温恒温器的静态热负荷测量值

	液位测量法	质量流量测量法
2 K（W）	31.2	30.4

美国质子加速器改造计划二期（Proton Improvement Plan Ⅱ，PIP Ⅱ）是美国费米实验室升级改造计划项目。SSR（Single Spoke Resonator Ⅰ）型超流氦低温恒温器包括 8 支 SSR1（325 MHz，$\beta = 0.22$）超导腔（C）和 4 支螺线管超导磁体（S），依次按照 C—S—C—C—S—C—C—S—C—C—S—C 顺序安装，每个超导螺旋管磁体上设置一台 BPM。单层冷屏的运行温度为 40 K/80 K，在冷屏外表面包扎 30 层多层绝热材料来减少热辐射。SSR1 超流氦低温恒温器方案如图 15.3 所示。

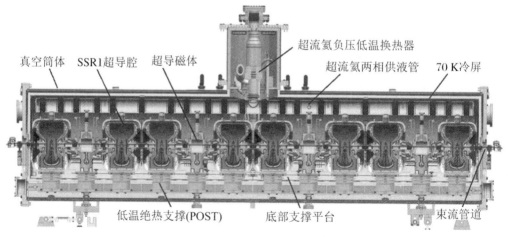

图 15.3　PIP Ⅱ 项目 SSR1 超流氦低温恒温器方案

SSR 型超流氦低温恒温器的结构方案属于"底部支撑"的基本框架结构，SSR1 低温恒温器各温区下的热负荷估算值如表 15.7 所示，准直要求如表 15.8 所示[6]。

表 15.7　SSR1 低温恒温器的热负荷估算值

	数量	单位数量热负荷(W)			总热负荷(W)		
		70 K	5 K	2 K	70 K	5 K	2 K
高功率耦合器,静态	8	5.4	2.8	0.5	43	23	4
高功率耦合器,动态	8	0	0	0.25	0	0	2
SSR1 型超导腔,动态	8	0	0	1.8	0	0	14
低温绝热支撑,静态	12	2.8	0.4	0.05	33	4	0.6
电流引线,静态	4	36.8	13.2	1.2	147	53	5
冷屏与多层绝热屏,静态	1	30.5	0	1.4	31	0	1
冷质量的过渡部件,静态	2	0.7	0.1	0.01	1	0.2	0.02
总热负荷					255	80	27

　　SSR 型超流氦低温恒温器"底部支撑",设计方案早期应用于超导磁体低温恒温器中。因为超导磁体低温恒温器与超导腔低温恒温器的冷质量组成不同,具体的运行参数也有所差异,所以具体的细节方案有很大不同。这种类型的低温恒温器也没有投入使用的先例,热力学性能有待实验进一步验证。各超导设备低温下的准直要求如表 15.8 所示[6]。

表 15.8　SSR1 低温恒温器的准直要求

	超导腔	超导磁体
横向与纵向(X, Y)(mm)	±1	±0.5
偏转角度(mrad)	±10	±1

　　ESS 建成后将是目前世界上最先进的中子源装置,也是最大功率中子源的多学科研究中心,共用到 14 个 352.21 MHz($\beta = 0.50$)双轮辐超导腔低温恒温器(每个恒温器包括 2 支轮辐超导腔)。ESS 型超流氦低温恒温器的基本方案如图 15.4 所示。

　　ESS 型超流氦低温恒温器的轮辐超导腔采用超流氦浸泡式冷却的方式,基本框架结构是"拉杆"式的设计方案,包括 2 支双轮辐超导腔及配套高功率耦合器、2 台冷调谐器等。低温防辐射冷屏采用 40 K/80 K 冷氦气盘管焊接的型式,30 层多层绝热材料膜包裹在其外表面。ESS 型超流氦低温恒温器已经完成了结构方案的设计,目前正处于加工制造及集成组装阶段,还没有投入运行,采用有限元模拟法进行热力学分析,热力学性能没有经过实验验证。

　　ESS 型超流氦低温恒温器的静态热负荷(估算值)如表 15.9 所示,在轮辐超导腔的射频占空比为 4%,束流损耗为 1 W/m 的条件下,每支轮辐超导腔在 2 K 超流氦温区的动态热负荷为 2 W,即 ESS 超流氦低温恒温器在 2 K 温区下的动态热负荷为 4 W[7]。

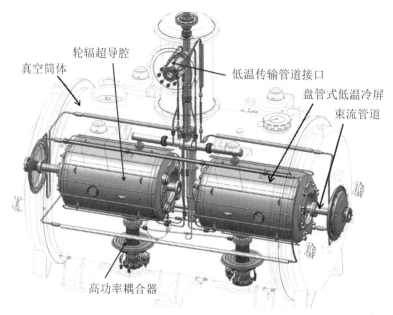

轮辐超导腔

真空筒体

低温传输管道接口

盘管式低温冷屏

束流管道

高功率耦合器

图 15.4　ESS 型超流氦低温恒温器的基本方案

表 15.9　ESS 型超流氦低温恒温器的静态热负荷

传热部件	数量	50 K（W）	2 K（W）
冷屏与多层绝热层	—	10	0.4
拉杆支撑系统	16	4	0.2
束流管过渡部件	2	6	0.4
安全设备（安全阀与爆薄片）	1	4.1	0.25
低温控制阀门	3	3	1.5
高功率耦合器	2	—	2
测量信号引出线	—	8	0.2
总热负荷		35.1	4.95

15.2　低温恒温器的静态热负荷分析

低温恒温器所涉及的热传递往往是几种传热方式同时作用的综合，为了获得精确的热负荷计算模型，要考虑真实换热条件复杂工况下的特殊问题。低温恒温器在非工作状态的静态热负荷，包括辐射漏热、低温支撑系统漏热、各种连接漏热等，这些漏热源的组件本书称为静态部件；工作状态时的动态热负荷，包括超导腔功率负载、超导磁体电流引线及高功率耦合器产生的热量等，这些漏热源的组件本书称为动态部件。动态热负荷主要是由超导器件产生的，因此在本部分不做展开分析。

低温恒温器中的超导腔及超导磁体一般采用浸泡冷却的方式，即超导部件浸泡在液氦冷却工质中,针对低温恒温器的大温差运行工况,采用多屏壁绝热结构来降低中心低温区的热负荷。例如,多屏壁绝热结构的超流氦低温恒温器的具体结构为:中心为 2 K 超流氦温区液氦容器,最外层为 300 K 真空筒体,其夹层中分布 5 K 及 80 K 两层防辐射冷屏。外界环境的热量通过固体热传导、残余气体热传导及热辐射等热传递形式进入低温恒温器内部,其主要漏热来源包括静态漏热和动态漏热。其径向传热模型如图 15.5 所示。

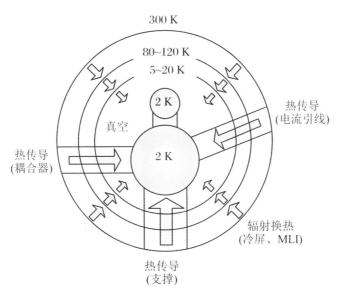

图 15.5　超流氦低温恒温器径向传热模型

15.2.1　低温恒温器辐射热传递分析

15.2.1.1　真空筒体

真空筒体是低温恒温器绝热真空的边界,低温恒温器置于隧道中,来自外界环境的热量首先通过真空筒体进入低温恒温器中,真空筒体吸收的热量($\dot{Q}_{\mathrm{w,VV}}$)可以表示为

$$\dot{Q}_{\mathrm{w,VV}} = \dot{Q}_{\mathrm{rad_{VV}}} + \dot{Q}_{\mathrm{con_{VV}}} \tag{15.1}$$

式中,$\dot{Q}_{\mathrm{rad_{VV}}}$ 为隧道壁面传递到真空筒体的辐射热量,W;$\dot{Q}_{\mathrm{con_{VV}}}$ 为隧道内空气的自然对流换热的热量,W。两者可以表达为

$$\dot{Q}_{\mathrm{rad_{VV}}} = \sigma \bar{A}_{\mathrm{VV}} E_1 (T_{\mathrm{wall}}^4 - T_{\mathrm{VV}}^4) \tag{15.2}$$

$$\dot{Q}_{\mathrm{con_{VV}}} = h_{\mathrm{c}} \bar{A}_{\mathrm{VV}} (T_{\mathrm{wall}} - T_{\mathrm{VV}}) \tag{15.3}$$

式中,σ 为斯忒藩-玻耳兹曼(Stefan-Boltzmann)常数;A_{VV} 为真空筒体的表面积,m^2;T_{wall},T_{VV} 分别为隧道壁面及真空筒体的温度,K;E_1 为隧道壁面对真空筒体外表面的发射率因子;h_{c} 为自然对换热系数,$\mathrm{W/(m^2 \cdot K)}$。

$$E_1 = \left(\varepsilon_{\mathrm{VV}}^{-1} + \frac{A_{\mathrm{VV}}}{A_{\mathrm{wall}}} (\varepsilon_{\mathrm{wall}}^{-1} - 1) \right)^{-1} \tag{15.4}$$

$$h_{\mathrm{c}} = 1.3 \left(\frac{T_{\mathrm{wall}}}{D_{\mathrm{VV}}} \right)^{-0.25} \tag{15.5}$$

式中，ε_{VV}，ε_{wall} 分别为真空筒体表面及隧道墙壁的发射率；D_{VV} 为真空筒体的直径，m。

15.2.1.2　80 K 冷屏

80 K 冷屏的外表面包裹 MLI，MLI 外层表面的温度为 T_{s1}，80 K 冷屏接收到从真空筒体（温度为 T_{VV}）传递的辐射热量为

$$\dot{Q}_{VV,s1} = \dot{Q}_{rad_{VV,s1}} \tag{15.6}$$

$$\dot{Q}_{rad_{VV,s1}} = \sigma \bar{A}_{s1} E_2 (T_{VV}^4 - T_{s1}^4) \tag{15.7}$$

式中，A_{s1} 为 80 K 冷屏的表面积，m^2；T_{s1} 为 MLI 外层表面的温度，K；E_2 为真空筒体对 80 K 冷屏 MLI 的发射率因子，可以表示为

$$E_2 = \left(\varepsilon_{s1}^{-1} + \frac{A_{s1}}{A_{VV}} (\varepsilon_{VV}^{-1} - 1) \right)^{-1} \tag{15.8}$$

式中，ε_{s1} 为 80 K 冷屏 MLI 的发射率。

15.2.1.3　80 K 冷屏的 MLI

MLI 到 80 K 冷屏的热量传递来源于反射层的热辐射、间隔层的固体热传导及残余气体热传导三部分。在真空筒体的绝热真空度为 10^{-4} Pa 时，残余气体导热很小，可以忽略不计。所以 80 K 冷屏 MLI 接收到的总热量（$\dot{Q}_{s1,ts1}$）可以表示为

$$\dot{Q}_{s1,ts1} = \dot{Q}_{VV,s1} \tag{15.9}$$

$$\dot{Q}_{s1,ts1} = \dot{Q}_{rad_{s1}} + \dot{Q}_{cond_{s1}} \tag{15.10}$$

式中，$\dot{Q}_{rad_{s1}}$ 为 80 K 冷屏 MLI 反射层的热辐射，W；$\dot{Q}_{cond_{s1}}$ 为 80 K 冷屏 MLI 间隔层的固体热传导，W。

$$\dot{Q}_{rad_{s1}} = \bar{A}_{ts1} \frac{\beta_s}{N_{s1}} (T_{s1}^4 - T_{ts1}^4) \tag{15.11}$$

$$\dot{Q}_{cond_{s1}} = \bar{A}_{ts1} \frac{\alpha_s}{N_{s1}} \left(\frac{T_{s1} + T_{ts1}}{2} \right) (T_{s1} - T_{ts1}) \tag{15.12}$$

式中，A_{ts1} 为 80 K 冷屏的表面积，m^2；T_{s1}，T_{ts1} 分别为 80 K 冷屏 MLI 外层及 80 K 冷屏的温度，K；α_s，β_s 分别为 MLI 的平均热导率及平均发射率；N_{s1} 为 MLI 反射层（或间隔层）的层数。

15.2.1.4　5 K 冷屏

5 K 冷屏的外表面包裹 MLI，MLI 外层的温度为 T_{s2}，5 K 冷屏接收到从 80 K 冷屏（温度为 T_{ts1}）传递的辐射热量为

$$\dot{Q}_{ts1,s2} = \sigma \bar{A}_{s2} E_3 (T_{ts1}^4 - T_{s2}^4) \tag{15.13}$$

式中，A_{s2} 为 5 K 冷屏 MLI 的表面积，m^2；E_3 为 80 K 冷屏对 5 K 冷屏 MLI 的发射率因子，可以表示为

$$E_3 = \left(\varepsilon_{s1}^{-1} + \frac{A_{s2}}{A_{ts1}} (\varepsilon_{ts1}^{-1} - 1) \right)^{-1} \tag{15.14}$$

式中，ε_{s2} 为 5 K 冷屏 MLI 的发射率。

15.2.1.5　5 K 冷屏的 MLI

同理,通过 5 K 冷屏 MLI 传递的总热量($\dot{Q}_{s2,ts2}$)可以表示为

$$\dot{Q}_{s2,ts2} = \dot{Q}_{ts1,s2} \tag{15.15}$$

$$\dot{Q}_{s2,ts2} = \dot{Q}_{rad_{s2}} + \dot{Q}_{cond_{s2}} \tag{15.16}$$

式中,$\dot{Q}_{rad_{s2}}$ 为传递到 5 K 冷屏 MLI 反射层的辐射热量,W;$\dot{Q}_{cond_{s2}}$ 为传递到 5 K MLI 间隔层的固体热传导,W。

$$\dot{Q}_{rad_{s2}} = \bar{A}_{ts2}\frac{\beta_s}{N_{s2}}(T_{s2}^4 - T_{ts2}^4) \tag{15.17}$$

$$\dot{Q}_{cond_{s2}} = \bar{A}_{ts2}\frac{\alpha_s}{N_{s2}}\left(\frac{T_{s2} + T_{ts2}}{2}\right)(T_{s2} - T_{ts2}) \tag{15.18}$$

式中,A_{ts2} 为 5 K 冷屏的表面积,m^2;T_{s2},T_{ts2} 分别为 5 K 冷屏 MLI 外层及 5 K 冷屏的温度,K;α_s,β_s 分别为 MLI 的平均热导率及平均发射率;N_{s2} 为 MLI 反射层(或间隔层)的层数。

15.2.1.6　冷质量

冷质量的外表面包裹 MLI,冷质量 MLI 外层的温度为 T_{s3},由冷质量表面接收到从 5 K 冷屏(温度为 T_{ts2})传递的辐射热量为

$$\dot{Q}_{ts2,s3} = \sigma\bar{A}_{s3}E_4(T_{ts2}^4 - T_{s3}^4) \tag{15.19}$$

式中,A_{s3} 为冷质量的表面积,m^2;E_4 为 5 K 冷屏对冷质量 MLI 的发射率因子,表示为

$$E_4 = \left(\varepsilon_{s3}^{-1} + \frac{A_{s3}}{A_{ts2}}(\varepsilon_{ts2}^{-1} - 1)\right)^{-1} \tag{15.20}$$

15.2.1.7　冷质量的 MLI

同理,通过冷质量 MLI 传递的总热量($\dot{Q}_{s3,cm}$)可以表示为

$$\dot{Q}_{s3,cm} = \dot{Q}_{ts2,s3} \tag{15.21}$$

$$\dot{Q}_{s3,cm} = \dot{Q}_{rad_{s3}} + \dot{Q}_{cond_{s3}} \tag{15.22}$$

式中,$\dot{Q}_{rad_{s3}}$ 为传递到冷质量 MLI 反射层的辐射热量,W;$\dot{Q}_{cond_{s3}}$ 为传递到冷质量 MLI 间隔层的固体热传导,W。

$$\dot{Q}_{rad_{s3}} = \bar{A}_{cm}\frac{\beta_s}{N_{s3}}(T_{s3}^4 - T_{cm}^4) \tag{15.23}$$

$$\dot{Q}_{cond_{s3}} = \bar{A}_{cm}\frac{\alpha_s}{N_{s3}}\left(\frac{T_{s3} + T_{cm}}{2}\right)(T_{s3} - T_{cm}) \tag{15.24}$$

式中,A_{cm} 为冷质量的表面积,m^2;T_{s3},T_{cm} 分别为冷质量 MLI 外层及冷质量的温度,K;α_s,β_s 分别为 MLI 的平均热导率及平均发射率;N_{s3} 为 MLI 反射层(或间隔层)的层数。

15.2.1.8　热平衡计算方程

根据能量守恒定律可知,热量通过真空筒体、80 K 冷屏及 MLI、5 K 冷屏及 MLI 以及冷质量的数值相等,则可以获得如下方程:

$$M_{VV} C_{pVV}(T_{VV}) \frac{\partial T_{VV}}{\partial t} = \dot{Q}_{w,VV}(T_{VV}) - \dot{Q}_{VV,s1}(T_{VV}, T_{s1}) \tag{15.25}$$

$$M_{ts1} C_{pts1}(T_{ts1}) \frac{\partial T_{ts1}}{\partial t} = \dot{Q}_{s1,ts1}(T_{s1,ts1}) - \dot{Q}_{ts1,s2}(T_{ts1}, T_{s2}) \tag{15.26}$$

$$M_{ts2} C_{pts2}(T_{ts2}) \frac{\partial T_{st2}}{\partial t} = \dot{Q}_{s2,ts2}(T_{s2,ts2}) - \dot{Q}_{ts2,s3}(T_{ts2}, T_{s3}) \tag{15.27}$$

$$M_{cm} C_{pcm}(T_{cm}) \frac{\partial T_{cm}}{\partial t} = \dot{Q}_{s3,cm}(T_{s3}, T_{cm}) \tag{15.28}$$

$$\dot{Q}_{VV,s1}(T_{VV}, T_{s1}) = \dot{Q}_{s1,ts1}(T_{s1}, T_{ts1}) \tag{15.29}$$

$$\dot{Q}_{ts1,s2}(T_{ts1}, T_{s2}) = \dot{Q}_{s2,ts2}(T_{s2}, T_{ts2}) \tag{15.30}$$

$$\dot{Q}_{ts2,s3}(T_{ts1}, T_{s3}) = \dot{Q}_{s3,cm}(T_{s3}, T_{cm}) \tag{15.31}$$

式中，M 为单位长度的质量，kg/m；$C_p(T)$ 为随温度变化的材料定压比热容，J/(kg·K)。

求解上述的方程组，可以得到 T_{VV}，T_{s1}，T_{ts1}，T_{s2}，T_{ts2}，T_{s3}，T_{cm} 七个变量的数值，进而可以得到各部件的辐射热负荷。

15.2.2 通过 MLI 的稳态热传递分析

多屏壁绝热结构低温恒温器的热传递模型中，低温表面包裹不同层数的 MLI，MLI 由双面镀铝膜（Double Side Aluminized Mylar，DAM）的反射层和低导热率的间隔层相互叠加而成，热传递主要涉及不同温区的辐射换热、MLI 间隔层材料的固体热传导及稀薄残余气体热传导等。本小节分别建立 Layer-by-Layer 计算模型和 Lockheed 计算模型来进行稳态热传递分析。

15.2.2.1 基于 Layer-by-Layer 模型的分析

通过 MLI 的热量传递过程涉及多种传热形式，是热辐射、固体热传导及残余气体热传导的耦合。其影响因素包括随温度变化的材料属性、绝热材料的复杂几何形状、绝热材料的分布密度及边界温度等。针对 MLI 的特殊热力学行为，利用 Laycr-by-Laycr 计算模型，类比于电子学的电阻抗，将三种传热形式视为并联的热阻抗。考虑 MLI 层与层之间的热量传递过程，得到 MLI 热传递网格模型如图 15.6 所示。

MLI 层间的热传递可以用 $N+1$ 个表达式来描述：

$$\dot{Q} = \dot{Q}_{rad_{2\to1}} + \dot{Q}_{cond_{2\to1}} + \dot{Q}_{res_{2\to1}} \tag{15.32}$$

$$\dot{Q} = \dot{Q}_{rad_{i+1\to i}} + \dot{Q}_{cond_{i+1\to i}} + \dot{Q}_{res_{i+1\to i}} \tag{15.33}$$

$$\dot{Q} = \dot{Q}_{rad_{N\to i-1}} + \dot{Q}_{cond_{N\to N-1}} + \dot{Q}_{res_{N\to N-1}} \tag{15.34}$$

$$\dot{Q} = \dot{Q}_{rad_{N+1\to N}} + \dot{Q}_{cond_{N+1\to N}} + \dot{Q}_{res_{N+1\to N}} \tag{15.35}$$

式中，$\dot{Q}$ 为通过 MLI 层间的总热量；$\dot{Q}_{rad_{i+1\to i}}$ 为 $i+1$ 层对 i 层的辐射热量；$\dot{Q}_{cond_{i+1\to i}}$ 为 $i+1$ 层到 i 层的固体传导热量；$\dot{Q}_{res_{i+1\to i}}$ 为 $i+1$ 层到 i 层的残余气体传导热量；N 为 MLI 层数。

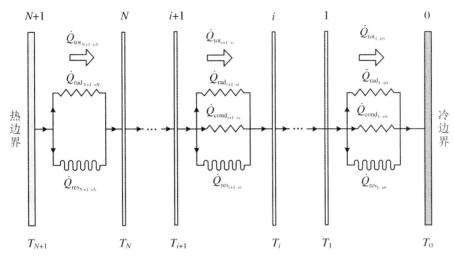

图 15.6　MLI 的 Layer-by-Layer 热传递网络模型

式(15.32)～式(15.35)中的第一项为 MLI 层与层之间的辐射热量,根据传热学定律,MLI 的辐射热流密度可以表示为

$$\dot{q}_{\mathrm{rad}_{i+1 \to i}} = K_{\mathrm{rad}}(T_{i+1} - T_i) = \frac{\sigma \cdot (T_{i+1}^4 - T_i^4)}{\dfrac{1}{\varepsilon_i(T)} + \dfrac{1}{\varepsilon_{i+1}(T)} - 1} \tag{15.36}$$

$$K_{\mathrm{rad}} = \left[\sigma \cdot (T_{i+1} + T_i)(T_{i+1}^2 + T_i^2)\right] \Big/ \left(\frac{1}{\varepsilon_i(T)} + \frac{1}{\varepsilon_{i+1}(T)} - 1\right) \tag{15.37}$$

式中,σ 为斯忒藩-玻耳兹曼常数,其值为 5.67×10^{-8} W/(m$^2 \cdot$ k^4);$\varepsilon_i(T)$ 为关于温度的发射度;K_{rad} 为辐射传热系数,W/(m$^2 \cdot$ k)。

式(15.32)～式(15.35)中的第二项为 MLI 层与层之间的固体传导热量,根据热传导计算公式,可以得到 MLI 的固体热流密度表达式如下:

$$\dot{q}_{\mathrm{cond}_{i+1 \to i}} = K_{\mathrm{cond}}(T_{i+1} - T_i) \tag{15.38}$$

$$K_{\mathrm{cond}} = k_i(T)/\delta \tag{15.39}$$

式中,$k_i(T)$ 是间隔材料的热导率,W/(m $\cdot$ k);δ 为间隔材料的厚度,其值为 0.076 mm;K_{cond} 为 MLI 反射层传热系数,W/(m$^2 \cdot$ k)。

式(15.32)～式(15.35)中的第三项为 MLI 层与层之间的残余气体导热量。MLI 绝热层之间的残余气体流动属于自由分子流状态,分子的平均自由程远大于绝热层的层间距,在自由分子流状态下的热量传递是由分子从一个绝热层运动碰撞到另外一个绝热层产生的。E. H. Kennard 进行了实验分析,得出在低压的环境中,适用于同心球体、同轴柱体及平行板的残余气体热传递的经验公式[8],如式(15.40)～式(15.42)所示:

$$\dot{q}_{\mathrm{res}_{i+1 \to i}} = K_{\mathrm{res}}(T_{i+1} - T_i) \tag{15.40}$$

$$K_{\mathrm{res}} = C_1 \alpha(T) P = \frac{\gamma + 1}{\gamma - 1}\left(\frac{R}{8\pi M T}\right)^{\frac{1}{2}} \alpha(T) P \tag{15.41}$$

$$C_1 = \frac{\gamma + 1}{\gamma - 1}\left(\frac{R}{8\pi M T}\right)^{\frac{1}{2}} = 1.166 \tag{15.42}$$

式中，$\alpha(T)$ 为修正系数；$\gamma = c_p/c_v$ 为定压比热容与定容比热容的比值，假设为常数；R 为理想气体常数，其值为 8.314 J/(mol·K)；P 为残余气体压力，Pa；M 为气体的摩尔质量，g/mol；K_{res} 为 MLI 层间残余气体传热系数，W/(m²·k)。

15.2.2.2　基于修正 Lockheed 模型的分析

MLI 的 Layer-by-Layer 热传递模型虽然能体现 MLI 层间的温度及热流密度分布情况，但是这一理论模型不能直接反应 MLI 层密度的变化对传热的影响，因此采用 Lockheed 计算模型来分析层密度对热流密度的影响规律。

通过 MLI 的热量传递过程同样涉及热辐射、固体热传导及残余气体热传导的耦合。根据辐射传热学定律，MLI 的辐射热流密度可以表示为

$$\dot{q}_{\text{rad}} = \frac{B\varepsilon\sigma(T_{\text{h}}^{4.67} - T_{\text{c}}^{4.67})}{N_{\text{s}}} \tag{15.43}$$

式中，ε 为平均发射度，B 为辐射经验修正系数，N_{s} 为 MLI 的总层数。

根据傅里叶热传导计算公式，可以得到 MLI 的固体热流密度表达式为

$$\dot{q}_{\text{cond}} = \frac{A(N^*)^n T_{\text{m}}(T_{\text{h}} - T_{\text{c}})}{N_{\text{s}}} \tag{15.44}$$

$$T_{\text{m}} = (T_{\text{h}} + T_{\text{c}})/2 \tag{15.45}$$

式中，A 为传导经验修正系数；N_{s} 为 MLI 总层数；N^* 为 MLI 层密度，N/cm；T_{m} 为冷、热边界的平均温度，K；n 为经验指数值，且 $2 < n < 3$。

MLI 层与层之间的残余气体热流密度（气体导热在自由分子流状态）表示为

$$\dot{q}_{\text{res}} = \left[0.5\beta \left(\frac{\gamma + 1}{\gamma - 1} \right)^{1/2} \middle/ \frac{R}{8\pi M T_{\text{m}}} \right] P(T_{\text{h}} - T_{\text{c}})$$

$$= \frac{CP(T_{\text{h}}^{m+1} - T_{\text{c}}^{m+1})}{N_{\text{s}}} \tag{15.46}$$

式中，P 为气体压力，Pa；m 为经验指数值，且 $-1 < m < 0$；T_{m} 为冷、热边界的平均温度，K；C 为经验参数。

与 Layer-by-Layer 的分析方法相同，将三种传热视为并联传递过程，得到 MLI 总的热流密度

$$\dot{q}_{\text{total}} = \dot{q}_{\text{rad}} + \dot{q}_{\text{cond}} + \dot{q}_{\text{res}}$$

$$= \frac{B\varepsilon\sigma(T_{\text{h}}^{4.67} - T_{\text{c}}^{4.67})}{N_{\text{s}}} + \frac{A(N^*)^n T_{\text{m}}(T_{\text{h}} - T_{\text{c}})}{N_{\text{s}}} + \frac{CP(T_{\text{h}}^{m+1} - T_{\text{c}}^{m+1})}{N_{\text{s}}} \tag{15.47}$$

为了描述 MLI 在单位厚度下的热量传递过程，定义层密度的表达式为

$$N^* = N/\Delta x \tag{15.48}$$

单位厚度的热流密度（$\dot{q}_{\text{total}}^*$）表达为总导热系数（K_{total}^*）与温差乘积的形式，即

$$\dot{q}_{\text{total}}^* = K_{\text{total}}^*(T_{\text{h}} - T_{\text{c}})$$

$$= \frac{B\varepsilon\sigma(T_{\text{h}}^{4.67} - T_{\text{c}}^{4.67})}{N^*(T_{\text{h}} - T_{\text{c}})} + \frac{A(N^*)^n T_{\text{m}}}{N^*} + \frac{CP(T_{\text{h}}^{m+1} - T_{\text{c}}^{m+1})}{N^*(T_{\text{h}} - T_{\text{c}})} \tag{15.49}$$

对式（15.49）求导，可以得到

$$\frac{\partial K_{\text{total}}^*}{\partial N^*} = -\left(\frac{1}{N^*} \right)^2 \left[\frac{B\varepsilon\sigma(T_{\text{h}}^{4.67} - T_{\text{c}}^{4.67})}{(T_{\text{h}} - T_{\text{c}})} + \frac{CP(T_{\text{h}}^{m+1} - T_{\text{c}}^{n+1})}{(T_{\text{h}} - T_{\text{c}})} \right]$$

$$+ (N^*)^{n-2}(n-1)AT_{\mathrm{m}} = 0 \tag{15.50}$$

$$\frac{\partial K_{\mathrm{total}}^*}{\partial (N^*)^2} = \left(\frac{1}{N^*}\right)^3 \left[\frac{B\varepsilon\sigma(T_{\mathrm{h}}^{4.67} - T_{\mathrm{c}}^{4.67})}{(T_{\mathrm{h}} - T_{\mathrm{c}})} + \frac{CP(T_{\mathrm{h}}^{m+1} - T_{\mathrm{c}}^{n+1})}{(T_{\mathrm{h}} - T_{\mathrm{c}})}\right]$$
$$+ (N^*)^{n-3}(n-1)(n-2)AT_{\mathrm{m}} > 0 \tag{15.51}$$

由上面两个关系式,即 $\partial K_{\mathrm{total}}^*/\partial N^* = 0$ 且 $\partial^2 K_{\mathrm{total}}^*/\partial (N^*)^2 > 0$,可以证明 K_{total}^* 取到极小值。对式(15.50)整理得到,K_{total}^* 取极小值时,层密度 N^* 为

$$N_{\mathrm{opt}}^* = \left[\frac{B\varepsilon\sigma(T_{\mathrm{h}}^{4.67} - T_{\mathrm{c}}^{4.67}) + CP(T_{\mathrm{h}}^{m+1} - T_{\mathrm{c}}^{m+1})}{(n-1)AT_{\mathrm{m}}(T_{\mathrm{h}} - T_{\mathrm{c}})}\right]^{1/n} \tag{15.52}$$

所以,通过 MLI 的最小总热流密度可以表示为

$$\dot{q}_{\mathrm{total,min}}^* = \frac{B\varepsilon\sigma(T_{\mathrm{h}}^{4.67} - T_{\mathrm{c}}^{4.67})}{N_{\mathrm{opt}}^*} + \frac{A(N^*)^n T_{\mathrm{m}}(T_{\mathrm{h}} - T_{\mathrm{c}})}{N_{\mathrm{opt}}^*} + \frac{CP(T_{\mathrm{h}}^{m+1} - T_{\mathrm{c}}^{m+1})}{N_{\mathrm{opt}}^*}$$
$$\tag{15.53}$$

对于 MLI 发射层为双层镀铝聚酯薄膜,MLI 间隔材料为玻璃纤维,夹层气体为稀薄空气介质的场合,为了使 MLI 层间的真空度保持一致,要对 MLI 各层材料进行打孔来释放夹层内的气体。对 Lockheed 模型方程中的参数 A,B,C 进行修正,修正的参数 A',B',C' 随着打孔率的变化而改变。

15.2.3　冷质量支撑系统的热传递分析

低温恒温器冷质量支撑系统是冷质量部件和常温真空筒体之间的主要连接部件,直接影响到整个低温恒温器的静态漏热,最大可能地减小低温恒温器由常温端进入低温区域的热负荷。低温绝热支撑部件基本结构为多层带有矩形截面的环肋的薄壁玻璃纤维(G10)筒体的组件,由多层金属圆环及圆盘与薄壁玻璃纤维筒体的过盈配合装配而成。

低温绝热支撑部件的结构设计要综合考虑结构、漏热以及合理的温度分布梯度。热量从恒温器真空筒体的室温端经过低温绝热支撑部件传到低温区域,在导热过程中,单位时间通过导热截面的导热量正比于该导热截面方向上的温度变化率和截面面积。所以选用导热系数低的支撑部件材料、减小导热截面积、增加导热路径或者增设冷屏,来降低导热方向上的温度变化率,从而达到减小绝热支撑装置的导热损失的目的。各层之间包扎有多层绝热铝膜,可以减少不同温区层与层之间的辐射换热。低温绝热支撑部件设计的基本原则是,在保证力学结构稳定性的前提下,最大限度减小漏热。设计要考虑以下因素:① 保证在真空环境中有足够的机械强度;② 在室温端与低温端有合理的接触面积、导热截面以及导热长度;③ 各部件材料的选择;④ 各部件的过盈量的选择;⑤ 装配的先后顺序以及具体实施方案。

低温绝热支撑部件用于真空低温恒温器真空中对低温组件进行支撑,包括薄壁玻璃纤维筒体,四层不同温区精加工成型的圆环与圆盘。所述的四层圆环与圆盘的温度由上到下分别为 2 K、5 K、80 K、300 K。上下两层的圆环与圆盘的材料为不锈钢,而且与导热系数较小的薄壁玻璃纤维筒体实现过盈配合。中间两层的圆盘与圆环的材料为硬铝,同样与薄壁玻璃纤维筒体实现过盈配合,用于支撑固定 5 K、80 K 冷屏。同时为了减少层与层之间的辐射换热,在各层之间包扎有多层绝热薄膜。过盈配合能够承受较大的拉伸力与压缩力,保证其有足够的机械强度,玻璃纤维薄壁筒体有效地减小了热接触面积和导热系数,保证对中心

低温区域有很小的热负荷。低温绝热支撑部件的结构如图 15.7 所示。

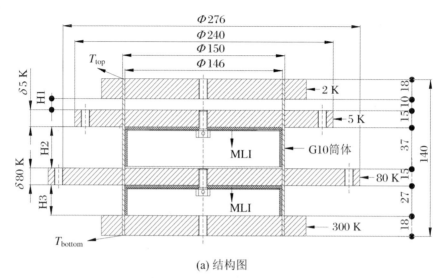

(a) 结构图

(b) 实物图

图 15.7　低温绝热支撑部件的结构

低温绝热支撑部件顶层和底层圆盘/圆环可以视为等壁面边界条件,中间两层与冷屏直接接触的圆环结构,可以视为矩形截面的环肋传热结构。中间两层的圆盘对传热的影响极小,均可视为绝热壁面;中间两层与冷屏直接接触的圆环结构,从热传递角度考虑,是为了增大与冷屏的接触面积及强化传热,起到"热沉"的作用,减少热量传入低温区域。热传导过程主要集中在玻璃纤维简体的沿轴向方向以及中间两层的硬铝圆环结构的径向方向上,因此,传热机制分析主要从这两个角度出发。基本的热传递计算模型如图 15.8 所示[3]。

采用有限元分析软件 ANSYS 进行三维模型热分析,低温绝热支撑部件处于真空环境中,没有对流换热,只有热传导以及辐射换热。假设达到平衡时各低温部件的节点温度相同,结构中四层圆盘与圆环的温度由上到下分别为 2 K、5 K、80 K、300 K,所以直接加载温度载荷。经计算得到的 G10 简体轴向温度随距离的变化如图 15.9 所示。可以看出,80 K 到 300 K 的温度梯度较大,对 80 K 液氮的消耗较多,而液氮相对较为廉价,符合设计要求。

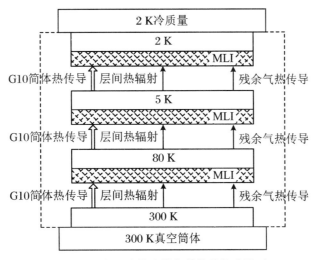

图 15.8　低温绝热支撑部件的热传递模型

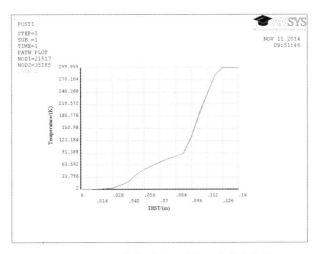

图 15.9　G10 筒体轴向温度随距离的变化图

15.2.4　束流管过渡段的热传递分析

低温恒温器内部的超导腔及超导磁体等超导设备处于液氦温区,而这些超导设备组装成串,其中心的束流管贯穿于超导设备串,并且从低温恒温器的两端引出。在超导设备中心的束流管道处于液氦温区,而低温恒温器两端的束流管温度介于液氦温区与室温之间。本书所述的"束流管过渡段"是指位于束流设备与室温间的束流管引出段,结构模型如图 15.10 所示。

束流管过渡段是跨越多个温区的"热桥"部件,需要采用 80 K、5 K 单级或者两级热锚组合,来减少室温传入 2 K 温区的热负荷。其主要漏热机制与绝热支撑部件类似,不同之处在于束流管过渡段无需承载力负荷,因此可以使用波纹管结构来增加传热路径,进而减少热负荷。

根据一维无内热源的傅里叶热传导定律,按照等截面传热进行计算,则 2 K、5 K 及 80 K

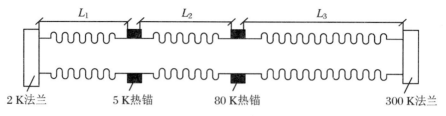

图 15.10　束流管过渡段的结构模型

温区的热传导热量可以表示为

$$Q_{2K} = \frac{A}{L_1'} \int_2^5 k(T) \, dT \tag{15.54}$$

$$Q_{5K} = \frac{A}{L_2'} \int_5^{80} k(T) \, dT \tag{15.55}$$

$$Q_{80K} = \frac{A}{L_3'} \int_{80}^{300} k(T) \, dT \tag{15.56}$$

式中，A 为传导截面积，m^2；$k(T)$ 为材料的热导率，$W/(m \cdot K)$；L_1'，L_2' 及 L_3' 分别为 L_1，L_2 及 L_3 的导热路径长度（拉直的长度），m。

15.2.5　信号测量引出线的热传递分析

信号测量引出线包括恒温器内部各种由低温引出到室温的线缆，不仅包括温度、压力及流量等常规传感器小电流信号测量引出线，还包括加热器等大功率信号引出线。除此之外，还有大功率的同轴电缆等，例如束流位置监视器、拉伸丝位置检测仪（Wire Position Moniter，WPM）及超导腔 Pickup 信号线等。

信号测量引出线的热负荷由两类组成：沿温度梯度方向的导热漏热以及电缆通电产生的焦耳热。信号测量引出线的内芯为金属细丝，外层为非金属绝缘层。从热传递角度考虑，信号测量引出线的漏热来源是金属导线部分。由于非金属材料的电导率及热导率均较小，设置热锚对漏热的减少无明显效果，中间温区的热锚的冷量被非金属外层绝热，冷量无法传递到金属导线部分，所以只能通过增加信号线的长度来降低漏热。导热计算的复杂性在于导线材料的导热系数及电阻率与沿导线长度的温度场密切相关，该温度场又与导线表面的热交换条件有关。

对于冷热两端温度已知的热绝缘导线，非金属绝缘层的漏热很小，可以忽略。假设热段温度为 T_h，冷段温度为 T_c，通过电流为 I，通过金属导线进入低温区的最小热流 $Q_{wire,opt}$ 和相应的优化后最小热负荷导线的最佳尺寸 $(L/A)_{opt}$ 为

$$Q_{wire,opt} = I \left[2 \int_{T_c}^{T_h} k(T) \rho(T) \, dT \right]^{\frac{1}{2}} \tag{15.57}$$

$$(L/A)_{opt} = \frac{1}{I} \left[2 \int_{T_c}^{T_h} \frac{k(T)}{\rho(T)} \, dT \right]^{1/2} \tag{15.58}$$

式中，A 为金属导线的传导截面积，m^2；L 为金属导线的长度，m；$k(T)$ 为金属导线材料的热导率，$W/(m \cdot K)$；$\rho(T)$ 为金属导线材料的电阻率，Ω/m。

大多数的纯金属及合金遵循宏观维德曼-弗兰兹（Wiedemann-Franz）定律，其中，L_0 为

洛伦兹常数，表达式如下：

$$k(T)\rho(T) = L_0 T \tag{15.59}$$

对于重掺杂强简并半导体（载流子浓度较高）洛伦兹常数取 2.45×10^{-8} W·Ω/K^2，对于简并半导体取 2.0×10^{-8} W·Ω/K^2，对于非简并半导体取 1.5×10^{-8} W·Ω/K$^{2[9]}$。

低温恒温器的信号测量引出线的热负荷来源于外界环境热量通过金属导线直接进入中心液氦低温区。通过上面的分析得到最优导线长度，然后分段求解、累加计算通过导线的实际热负荷 Q_{wire}，对应公式如下：

$$Q_{wire} = Q_{cond} + Q_{Joul} \tag{15.60}$$

式中，Q_{cond} 为通过导线的导热热负荷，Q_{Joul} 为通过导线的焦耳热负荷。根据傅里叶导热公式和焦耳定律有

$$Q_{cond} = \frac{A}{L}\int_{T_c}^{T_h} k(T)\mathrm{d}T \tag{15.61}$$

$$Q_{Joul} = \frac{L}{A}I^2\int_{T_c}^{T_h} \rho(T)\mathrm{d}T \tag{15.62}$$

参 考 文 献

[1] Weisend Ⅱ J G. Cryostat design: case studies, principles and engineering[M]. New York: Springer Verlag, 2016:1-4.

[2] Altarelli M, Brinkmann R, Chergui M, et al. The European X-Ray Free-Electron Laser technical design report[R]. Hamburg, Germany: Deutsches Elektronen Synchrotron (DESY), 2007.

[3] Wang X L, Barbanotti S, Eschke J, et al. Thermal performance analysis and measurements of the prototype cryomodules of European XFEL accelerator-part Ⅰ[J]. Nuclear Instruments and Methods in Physics Research A, 2014, 763: 701-710.

[4] Chirs A, Maura B, Barry B, et al. The international linear collider technical design report—volume 3.1: accelerator R&D[R]. Tsukuba Japan: High Energy Accelerator Research Organization (KEK), 2013.

[5] Han R X, Zou Z P, Ge R, et al. Thermal performance analysis and operation of the spoke cavity cryomodules for C-ADS Injector-Ⅰ[J]. Cryogenics, 2019, 101(7): 63-74.

[6] Ball M, Burov A, Chase B, et al. The PIP-Ⅱ conceptual design report[R]. Batavia, IL, USA: Fermi National Accelerator Laboratory, 2017.

[7] Peggs S, Kreier R, Carlile C, et al, ESS technical design report[R]. Lund, Sweden: European Spallation Source (ESS), 2013.

[8] Present R D. Kinetic theory of gases[M]. New York: McGraw-Hill Book Co., 1958: 121-136.

[9] 郭硕鸿. 电动力学[M]. 北京: 高等教育出版社, 2008.

第16章 低温换热器

16.1 概　　述

　　换热器是一类用于交换两股或者更多股不同温度流体之间热量的设备。尽管在低温系统中大部分设备都会涉及流动和换热现象,例如杜瓦、吸附器、低温管道等,但只有设计的主要目的是用于流体之间热交换的设备才称为换热器。

　　换热器是低温流程中必不可少的关键设备。实际上,作为一种通用设备,换热器同样广泛应用于石油化工、能源冶金等过程工业中,在这些领域内,换热器的造价往往会达到整个系统的20%~30%,低温系统作为一类典型的过程工业,这一造价比例也是类似的。此外,换热器的性能对低温系统的总体性能也有巨大的影响。根据文献[1],以氦液化流程中的换热器为例,如果换热效率 ε 从97%减少到95%,产液率会减少12%。按照文献[2-3]的说法,如果换热效率降低到85%以下,则其会完全丧失产液能力。换热器性能下降则意味着需要输入更多功率用于制冷循环,根据逆卡诺循环原理可以推知,深冷环境下的冷量(单位为W)通常需要数十乃至上百倍的常规功率才能获得,因此换热器效率的提升对于节约能量具有巨大的意义。除了换热效率以外,根据换热器的主要用途和需求,它还应该满足一些其他的性能要求,大部分通用的性能指标如下所列:

　　(1) 满足流程设计要求,换热效率高,在有利的平均换热温差下工作。

　　(2) 压力损失小,减少动力损耗,确保后端设备工况稳定。

　　(3) 结构紧凑,便于安装调试,方便与其他设备集成。

　　(4) 满足运行工况下的强度要求,同时结构简单,便于制造维护,成本经济。

　　为了满足上述多种要求,换热器的研究也会涉及许多领域,例如:

　　(1) 强化传热的机制与措施。

　　(2) 新结构换热器的研制。

　　(3) 制造材料与加工工艺研究。

　　(4) 结垢/腐蚀和防结垢/防腐蚀研究。

　　(5) 设计计算与优化计算研究。

　　(6) 振动与防振动研究。

　　(7) 测试技术。

　　显然,本书不可能涉及以上各方面的问题,本章将重点阐述应用于射频超导领域内的低温换热器,包括它们的主要结构形式、设计和优化方法、测试与加工中的注意事项等基本知识。如果希望获得相关领域更加详细和前沿的知识,可以阅读有关专著并关注国内外相关领域的学术文献。

16.1.1　特点和挑战

在换热器的通用性能要求之外,应用于射频超导领域的低温换热器与其他换热器相比,又有一些特点。主要体现在低温流程的复杂性以及一些常温/高温下可以忽略,但在低温下无法忽略的物理现象上。

低温流程的复杂性主要体现在:

(1) 较大的温差范围。低温流体需要从室温(300 K)冷却至多个低温温区,例如 80 K (液氮)、20 K(液氢)、4 K(液氦)。在一些串联的低温液化流程中会使用多组换热器,但在部分单级低温流程中,换热器可能要同时接收两种温差很大的流体,这会带来巨大的温度梯度和物性变化。

(2) 多股流问题。低温制冷循环中时常会因紧凑和经济等原因,将多股低温流体汇入一支盘管/板翅式换热器中进行换热,各股低温流体之间会产生耦合影响,令传热问题变得更加复杂。

(3) 沸腾和冷凝问题。在低温换热器中有时会伴随着相变现象,如蒸发和冷凝现象,一般用经验关联式预测相变工质的流动换热能力,但是这一类方法的不确定性都较大。

传统的常温/高温换热器在设计计算时通常会忽略一些物理现象[4],这是由于这些物理现象与传统换热器的主要工程目标没有太大关系,但是到了低温领域内,这些因素就会对换热器的效率产生不可忽视的影响。这些无法忽略的物理现象主要体现在:

(1) 流体热物性的变化。低温传热的一个主要特点在于几乎所有流体的热物性都会随温度和压力的变化而发生剧烈变化,常温换热器中常用的常物性假设无法适用于低温工况。物性变化涉及的热容、密度、黏度、导热系数等参数,均会对对流换热系数有较大影响,而且这种物性变化通常是非线性的,难以用简单的函数关系式来描述,这就给设计计算带来了更大的麻烦。

(2) 流动不均匀性。在许多实际应用场景下,流体在流道中的分布会偏离理想均匀工况。在文献[5]中回顾了引起流动不均匀性的几类主要原因,包括机械设计不合理、重力影响、运行结垢、制造公差、两相流动的不稳定性等。流动的不均匀性有时会令换热器性能与理想设计结果偏离较远。

(3) 轴向导热。冷热流体除了沿着换热器间壁厚度方向产生传热之外,换热器固体壁面沿着轴向方向也会由于温差而产生传热。这种换热往往是有害的,按照文献[6]的说法,以逆流式换热器为例,如果导热系数为无限大,其换热效率将下降一半。这种效应在设计换热温差较大的低温换热器时必须予以考虑。

(4) 环境漏热。低温换热器均运行于远低于室温的环境下,因此必然存在与室温环境的换热,即所谓的漏热。实际上,由于绝热材料和绝热技术的发展,已经可以将漏热量控制在一个很低的水平了。但是考虑到绝热成本和某些要求超高效率的低温换热器,绝热对换热性能的影响仍然是不可忽略的。

16.1.2 基本类型和几何结构

按照不同的标准,换热器有很多分类方法,比较常用的有以下几种:

(1) 按照用途来分,在低温系统中包括预冷器、过冷器、冷凝器、蒸发器、2 K 负压换热器、冷量回收换热器等。

(2) 按照制造材料来分,在低温系统中包括不锈钢换热器、铝板换热器、铜制换热器等。

(3) 按照传送热量的方法来分,包括间壁式换热器、混合式换热器和蓄热式换热器。间壁式换热器中的高温流体和低温流体中间有固体壁面间隔,两种流体不能接触,热量需要通过固体间壁传导。这种结构在低温系统中的应用最为广泛,后续如果没有特别说明,提及的换热器均为间壁式换热器。混合式换热器是指两种温度的流体直接接触混合换热,例如工业上的冷水塔等,低温领域内的应用较少。蓄热式换热器又称为回热器,这种结构的换热器也存在固体壁面,但是流体不同时与固体壁面接触换热,而是周期性的轮流与固体壁面发生换热。这种结构在低温领域内常用于斯特林/脉管制冷机这些小型制冷机中,在射频超导低温领域内的应用较少。

(4) 按照冷热流体的流动方向来分,可以分为顺流式、逆流式、错流式等。顺流式是指两种流体平行向同一个方向流动,如图 16.1(a) 所示。逆流式同样是平行流动,但是流动方向相反,如图 16.1(b) 所示。错流式的两股流体流动方向互相垂直交叉,当交叉次数超过 4 次时,又可以根据整体的流动趋势分为错顺流和错逆流,如图 16.1(c)～(e) 所示。混合式中的流动过程既有顺流部分又有逆流部分,如图 16.1(f) 和 (g) 所示。

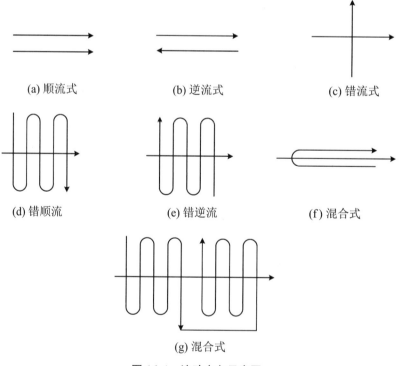

(a) 顺流式   (b) 逆流式   (c) 错流式

(d) 错顺流   (e) 错逆流   (f) 混合式

(g) 混合式

图 16.1　流动方向示意图

在间壁式换热器中，又可以根据具体的几何结构将换热器划分为多种类型。在低温系统中一般要根据具体的使用场景、工作压力、质量流量、总热负荷、制造运行成本等因素，来选择具体的几何结构。比较常见的有如下几种：

（1）套管式换热器。套管式换热器是将不同直径的两根管子套成同心套管作为元件，然后将多个元件连接起来形成的一种简单的换热器。基本结构如图 16.2 所示。两种流体可以以纯逆流或者纯顺流形式进行换热，它结构简单，适用于高温高压流体，特别适合小容量流体的传热，同时适用于容易生成污垢的场合，建模计算容易。其缺点是流动阻力大，体积大，换热效率不高。

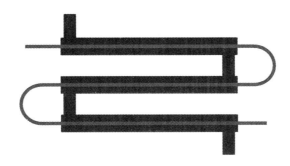

图 16.2　套管式换热器结构示意

（2）绕管式换热器。在大规模的低温系统中，绕管式换热器（Coil-Wound Heat Exchanger，CWHE）的应用较为广泛。这种换热器是管壳式换热器的一种，又称为 Giauque-Hampson 式换热器。绕管式换热器由数层管子围绕着一个芯筒缠绕组成，这种结构增强了机械稳定性，有时一层之中也存在好几个侧流管道，与同一层的壳侧流进行换热。基本结构如图 16.3 所示。这种结构换热器的优点是换热系数较高，如果将管做成翅片管，还能够进一步提高换热系数。而且其耐压能力好，对瞬态工况适应力强，能支持多股流工况。其缺点是成本较高，当流量增加后，换热结构要做得较大，而且对于多股流和多层的结构，存在流量分配不均的问题。

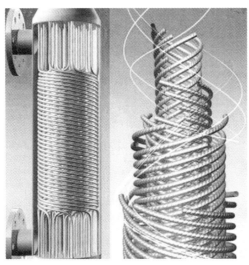

(a) 绕管式换热器三维结构

图 16.3　绕管式换热器结构

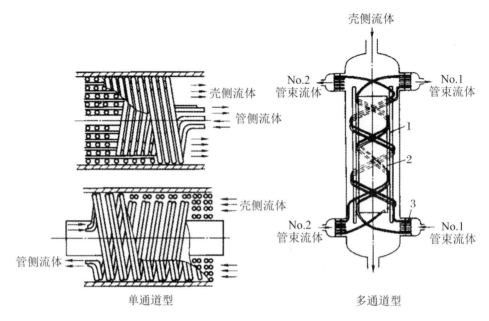

(b) 绕管式换热器结构

图 16.3　绕管式换热器结构(续)

(3) 板翅式换热器。板翅式换热器(Plate-Fin Heat Exchanger,PFHE)由多层带有翅片的铝板堆叠钎焊而成,翅片的存在极大地扩展了换热面积,使得板翅式换热器具有很强的换热能力。较高的单位体积换热能力可以令换热器做得非常紧凑和价廉,而且也可以同时处理多股流道。板翅式换热器适用于各种场合,兼具高效、体积和成本优势。其主要的缺点在于翅片对换热效果的影响较大,建模计算较为复杂,对于小规模系统来说成本优势不大。另外板翅式换热器的流道较为狭小,难以清洗,因此不适用于具有腐蚀性和容易结垢的流体。一些常用的翅片如图 16.4 所示,包括平直翅片、多孔翅片、锯齿翅片和波纹翅片等。

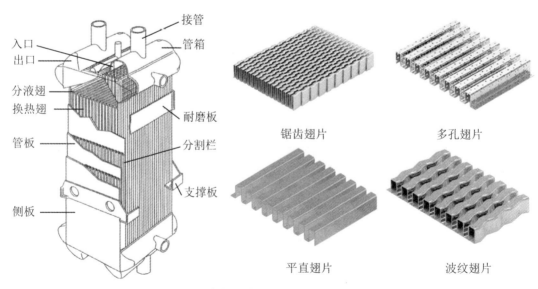

图 16.4　板翅式换热器结构与几种典型翅片

16.2　设计与校核计算方法

在设计低温换热器时,要结合具体的应用场合,开展一系列的计算工作,才能最终完成加工图纸。这里的计算一般包括设计计算和校核计算。这两种计算的目的不同,一个是从设计目标(一般是换热性能)出发获得几何尺寸结构,一个是从已知的几何结构出发获得换热性能,两种计算互为反问题。不过两种计算使用的公式大部分都是相通的。

这些计算内容可以简单划分为:

(1) 热计算。热计算是换热器设计的基础,需要根据给定的条件,例如换热器的类型、结构、流体的进出口温度和压力、物性等参数,算出换热器的换热系数、换热量和换热面积。

(2) 结构计算。根据换热面积的大小和结构约束计算换热器的主要部件和关键特征的具体尺寸大小,例如管子的长度、直径、壁厚、数量、弯曲直径、翅片的长度、厚度、间距等。

(3) 流动阻力计算。获得具体结构之后需要进行流动阻力的计算。流动阻力又称为压降,换热器的压降如果过大,则会对配套的泵/压缩机等动力部件造成较大的影响。对于射频超导低温系统来说,如果压降损失过大,还会导致节流效率下降、超导设备氦压不稳定等问题。

(4) 强度与振动计算。设计完成的换热器需要确保其采用的材料和结构能够满足带压运行的强度要求。另外,有时候流体流速过快可能导致设备振动,振动可能会令设备破坏和发生泄漏。因此,有必要在设计时对振动情况进行预测和规避。

本书所述的计算,主要集中在流动换热领域,即上述四部分计算内容中的前三部分,最后一部分强度与振动计算属于弹性力学领域,在本书中不作为重点。

本书中提及的所有计算方法均可以由编程实现,实际上一些商业软件已经将这些繁复的公式进行了整合,做成了便于使用的通用商业软件出售,例如 Aspen EDR、HTRI 等换热器设计软件。世界各地的换热器生产和研究单位也会编制适用于自身工况的专用设计校核软件,不过对于本书的读者来说,了解一些基础的原理和计算方法仍然是大有裨益的。

16.2.1　基本方程

热计算主要包括两个基本方程:传热方程和热平衡方程。流动阻力计算涉及一个基本方程,即 N-S 流动方程,但在实际应用中多结合具体结构采用对应的经验关联式。

以两股流换热器为例,传热方程的一般形式为

$$Q = \int_0^F k \Delta T \mathrm{d}F \tag{16.1}$$

式中,Q 为热负荷,W;k 为换热器任意一个换热微元面上的传热系数,W/(m² · K);dF 为传热微元面的面积,m²;ΔT 为在对应微元面处的流体温差,K。

k 和 ΔT 实际上都是 F 的函数,随换热位置的不同而变化,而且这种关系往往是难以直接描述的复杂关系。不过在工程中采用如下的简化形式也有足够的精确度:

$$Q = KF \Delta T_{\mathrm{avg}} \tag{16.2}$$

式中，K 为整个传热面上的平均传热系数，$W/(m^2 \cdot K)$；F 为传热面积，m^2；ΔT_{avg} 为两种流体之间的平均温差，K。

由上可知，如果在设计计算时想要算出换热面积，就必须先算出换热的总热量、平均温差以及平均传热系数，针对这些参数计算就构成了换热器热计算的主线内容。

当不考虑换热器与外界环境之间的漏热或者热损失时，则冷流体吸收和热流体释放的热量应该相等，即所谓的热平衡方程：

$$Q = M_{hot}(i_{hot}^{in} - i_{hot}^{out}) = -M_{cold}(i_{cold}^{in} - i_{cold}^{out}) \tag{16.3}$$

式中，M_{hot} 和 M_{cold} 分别为热流体和冷流体的质量流量，kg/s；i_{hot}^{in} 和 i_{hot}^{out} 表示热流体在入口和出口处的焓值，J/kg。

显然，无论流体在流动过程中有无相变，上式都是正确的，不过焓值的计算较为麻烦。假如没有相变，则在工程计算中可以用平均比热和温差来简单计算：

$$Q = M_{hot}C_{hot}(T_{hot}^{in} - T_{hot}^{out}) = -M_{cold}C_{cold}(T_{cold}^{in} - T_{cold}^{out}) \tag{16.4}$$

式中，C_{hot} 和 C_{cold} 分别表示热流体和冷流体在各自温度区间内的平均热容，$J/(kg \cdot K)$。

通过热平衡方程可以根据流动工况计算换热能力，即热负荷。也可以用于已知热负荷的情况下计算流体的质量流量。

平均温差 ΔT_{avg} 用于表征换热器内各处冷热流体之间温差的平均值。一般来说冷热流体之间的温差分布是不均匀的，根据不同的平均方法可以分为算术平均温差、对数平均温差、积分平均温差几种。

用于表征换热器换热能力的一个重要指标是传热有效度，又称为换热效率。换热效率用希腊字母 ε 来表示。

$$\varepsilon = Q/Q_{max} \tag{16.5}$$

式中，Q_{max} 是指换热器的最大可能传热量，假定为一个换热面积无穷大且其流体流量和进口温度都和实际情况完全相同的逆流型换热器所能达到的极限传热量。在这个理想的换热器中，热流体可以被冷却到 T_{hot}^{in}，或者冷流体可以被加热到 T_{hot}^{in}，两种流体中只有总的积分热容量较小的流体才能达到最大的温度变化。

实际的传热量 Q 总是小于 Q_{max}，因此 ε 总是小于 1。ε 的实用意义在于，一旦确定了已知的 ε 以及两个入口温度，就可以很容易地计算实际传热量，进而可以算出两个出口温度。因此，许多换热器的计算方法可以归结为计算 ε。具体的计算方法将在下一节做进一步的描述。

关于流动损失，也就是压降的计算，理论上来说都可以从流体力学的基本方程推导获得。这是因为流动损失产生的本质是，由于流体具有黏性，在流动过程中会产生内摩擦，阻力的大小与流体的物性以及流动状况、壁面形状等因素有关。流体力学的基本方程为 N-S 方程，关于这一著名方程的具体形式此处不做展开。这是由于实际工程应用中，很少会直接求解 N-S 方程来计算流动阻力，大部分时候都是采用实验的经验关联式进行计算。

换热器中的流动损失可以分为两部分：摩擦阻力损失和局部阻力损失。摩擦阻力损失是由于流体的黏性带来的流体-壁面以及流体自身内部的摩擦；局部阻力损失是由于流体在流动过程中，遇到方向突然改变或者速度突然改变而产生了涡流耗散。这两种阻力一般要分开采用不同的经验关联式来计算，不过随着计算机技术的发展，现在也可以采用大规模数值模拟技术，比如计算流体力学（CFD）方法对其进行直接计算，如图 16.5 所示。

实际上，CFD 方法不仅可以用于模拟流动损失，也可以将流动与传热现象进行耦合计算,直接获得换热器的各项性能。但是这样做对计算能力的要求高,而且计算成本也是巨大的,通常不会直接利用 CFD 方法来进行直接设计,而是对已经经过了初步设计后的几何结构进行部分工况的校核计算。

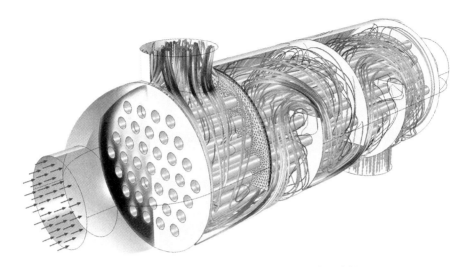

图 16.5　用 CFD 方法模拟换热器的流动和传热

16.2.2　计算模型

换热器的具体计算模型与结构细节相关,不过热计算方面可以大致划分为集总参数法和分布参数法两大类。

集总参数法是换热器设计的基础方法,它的更多细节可以从参考文献[7-9]中获得。

集总指的是将换热器视为一个整体,认为它的换热能力和物性不随着流动而发生变化。因此集总参数法的使用要满足以下假设条件:

(1) 稳态工况。

(2) 与环境无热交换。

(3) 轴向热传导忽略不计。

(4) 整个换热器的传热系数恒定。

(5) 热容量恒定不变。

集总参数法有 5 种,分别为平均温差模型(Mean Temperature Difference,MTD)法,$\varepsilon\text{-}NTU$ 法,$P\text{-}NTU$ 法,$\Psi\text{-}P$ 法以及 $P_1\text{-}P_2$ 法,这些方法大同小异,主要的区别在于参数的选择上。

分布参数法(Distributed Parameters Models,DPM)的基础是将换热器分割为若干个离散单元,然后在每一个单元内运用集总参数法进行计算,MTD 和 $\varepsilon\text{-}NTU$ 是较为常用的模型。这种方法被广泛地运用于换热温差较大、物性变化剧烈的换热器中,其计算精度比集总参数法要高很多,当然,计算量也会更大。分布参数法大体上可以分为两类:基于相态的算法和基于几何离散的算法。

基于相态的算法通常用于内部存在相变的换热器中,通过将液相、气液两相、气相三种相态分别运用集总参数法进行分析。而基于几何离散的算法通常是沿着换热器的轴向进行离散,这种方法比较难以充分考虑相变的影响,但是可以较为精确地模拟不同区域的换热效率。

16.2.2.1 MTD 法

在前面,我们提到了平均温差 ΔT_{avg} 的几种计算方法,其中,对数平均温差是使用得最为广泛的方法,在顺流和逆流工况下,其表达式如下:

$$\Delta T_{\text{avg}} = \frac{(T_{\text{h}} - T_{\text{c}})_{\text{hot\_end}} - (T_{\text{h}} - T_{\text{c}})_{\text{cold\_end}}}{\ln\left[(T_{\text{h}} - T_{\text{c}})_{\text{hot\_end}} / (T_{\text{h}} - T_{\text{c}})_{\text{cold\_end}}\right]} \tag{16.6}$$

如果想把上式推广至其他结构,例如错流等,可以采用经验系数 ψ 修正平均温差。

$$\Delta T_{\text{avg}} = \psi \times \Delta T_{\text{lavg}} \tag{16.7}$$

ψ 值的推导方法较多,这里不再一一展开叙述。

16.2.2.2 ε-NTU 法

这是一种非常常用的简单方法,在大多数的教科书上都能找到,不过如果基本假设不满足的话,它的作用就会大打折扣,而这种情况在低温系统内却是很常见的。这种方法里定义了换热效率 ε 以及两个无量纲参数换热单元数(Number of Thermal Units,NTU)和热容比 C^*。

换热效率的定义在前面已经给出了,这里给出 NTU 和 C^* 的定义。

$$NTU = \frac{KF}{C_{\text{min}}} \tag{16.8}$$

$$C^* = \frac{C_{\text{min}}}{C_{\text{max}}} \tag{16.9}$$

式中,C_{min} 表示热容量较小流体的热容,C_{max} 则是热容量较大流体的热容。一旦流量给定,ε,NTU 和 C^* 这三个无量纲数就可以相互关联起来了,可以通过已知结构和工况的 NTU 和 C^* 评估效率 ε,也可以通过 ε 和 C^* 去计算 NTU。

16.2.2.3 P-NTU 法

这种方法为每股流动分别定义了一组独立参数。首先分别定义了冷热两股流体的 NTU:

$$NTU_{\text{h}} = \frac{KF}{C_{\text{h}}}, \quad NTU_{\text{c}} = \frac{KF}{C_{\text{c}}} \tag{16.10}$$

另外对每股流定义了热容比 R:

$$R_{\text{h}} = \frac{C_{\text{h}}}{C_{\text{c}}}, \quad R_{\text{c}} = \frac{C_{\text{c}}}{C_{\text{h}}} \tag{16.11}$$

换热器的换热性能由不同于 ε 的独立指标 P 来表示,定义如下:

$$P_{\text{h}} = \frac{Q}{C_{\text{h}}\Delta T_{\text{max}}}, \quad P_{\text{c}} = \frac{Q}{C_{\text{c}}\Delta T_{\text{max}}} \tag{16.12}$$

显然,这一定义中的 P 和 ε 具有相关性:

$$P_{\text{h}} = \varepsilon \frac{C_{\text{min}}}{C_{\text{h}}}, \quad P_{\text{c}} = \varepsilon \frac{C_{\text{min}}}{C_{\text{c}}} \tag{16.13}$$

对于热容较低的一边,P 和 ε 是等价的。采用这种分开设计无量纲数方法的主要优点在于,不需要区分哪一股流是热容较小的一边。

16.2.2.4　Ψ-P 法

这种方法由 Mueller[10] 首次提出,引入了无量纲系数 Ψ 来表示平均温差:

$$\Psi = \frac{\Delta T_{\text{avg}}}{\Delta T_{\text{max}}} \tag{16.14}$$

这一参数与之前几个模型的关系如下:

$$\Psi = \frac{\varepsilon}{NTU} = \frac{P_{\text{c}}}{NTU_{\text{c}}} = \frac{P_{\text{h}}}{NTU_{\text{h}}} \tag{16.15}$$

16.2.2.5　P_1-P_2 法

Roetzel 和 Spang[11] 提出了 P_1-P_2,可以用简易图表的形式来表示换热器的性能。这种方法并没有试图定义新的无量纲参数,但是推荐同时采用每一股流的温度效率。

16.2.3　特定工况的解决方法

在前面提到了几个在低温换热器中不应该被简单忽略的物理现象,包括:

(1) 流体热物性的变化。

(2) 流动不均匀性。

(3) 轴向导热。

(4) 环境漏热。

接下来将分别讨论如何具体处理这些问题。

16.2.3.1　流体热物性的变化

对于物性剧烈变化的问题,最好采用几何离散的分布参数法,不过这种方法会带来计算量的增加,因此也存在一些其他折中的解决方法,例如采用平均物性或者定性物性。有些研究者研究了如何定义合适的定性物性能减少物性变化带来的影响,也有一些研究者将基于顺流/逆流的研究结论推广到了错流结构中。

16.2.3.2　流动不均匀性

对于流动不均匀性,通常集中在研究流动不均匀性对换热的影响以及如何合理化设计换热器封头以削弱流动不均匀性。对于低温领域的高效换热器来说,不均匀的流动分布对换热效果的影响有时甚至要超过 NTU,这意味着一味地提升 NTU,还不如改善流动均匀性更能提高换热器的性能。一些研究者们针对具体的换热器结构,例如板翅式换热器、管翅式换热器等,研究了不同流量分布情况下换热效率的恶化情况,得到的结论不尽相同。通常来说,单相、层流、换热量较小的换热器受到的影响要小一些,而多相、湍流、换热量较大的换热器受到的影响会更大。

16.2.3.3　轴向导热

Shah[12] 对这一问题进行过全面回顾和阐述,指出轴向导热对顺流式换热器的影响基本上可以忽略不计,这是由于顺流式换热器固体壁面上的温度梯度较小。反之,对于逆流式换热器来说,这种效应的影响就较为可观了。对于不同结构形式的换热器,轴向导热对换热性能的影响也是不同的,有许多研究者针对这一问题开展过系统的研究。一般来说,轴向导热采用几何离散的分布参数法来进行研究,大部分研究的结论是针对具体的换热器结构给出一个最优的固体导热系数和壁面厚度,固体壁面的导热能力过大或者过小,都会令换热器的性能恶化。

16.2.3.4 环境漏热

对于低温换热器来说,其主要目的是令主要的工作流体获得冷量,因此会使流体温度上升的环境漏热通常都是有害的。现有的研究通常会针对具体的换热器结构进行具体分析,给出漏热对换热性能的定量影响,并且在设计中进行一定的补偿。在这些研究中,有一些采用分布参数法,也有一些采用集总参数法。不过在射频超导低温领域里,大部分的低温换热器都是超低温换热器,它们工作在绝热真空环境中,因此漏热可以控制在一个非常低的水平内,比一般工作在普通绝热方式的普冷换热器要低好几个数量级。这对于相关领域内的设计者来说是一个有利的条件,在初步设计阶段,可以暂时不考虑漏热的问题。

通过以上分析可以看出,能够影响换热器性能的因素非常多,在建模设计计算时很难一一考虑清楚。对于低温换热器的设计者而言,在设计的时候要结合具体的物理工况仔细地分析,确定哪些影响因素是主要因素,哪些影响因素是可以忽略的次要因素。建模的时候不要建立一个包罗万象的复杂模型,有时抓住了主要矛盾的简单模型的计算精度也并不比复杂模型低,而且能够在成本、计算速度上取得更大的优势。模型的选择和建立应该与换热器所处的物理工况相匹配,并非越复杂越好。

16.3 优 化 方 法

换热器的设计一般都需要经过初步设计—校核计算—优化计算—设计定型这样一个过程。在初步设计获得换热器的结构参数后,要利用校核计算确定其性能,并且利用优化计算不断调整相关参数以使其性能进一步提高,最终才能定型投产。

数学上的最优化问题是指选择一组参数(变量),在满足一系列有关的限制条件(约束)下,使设计指标(目标)达到最优值。因此,最优化问题通常可以表示为以下数学规划形式:

$$\min F(\boldsymbol{x}) \text{ 或 } \max F(\boldsymbol{x})$$
$$\text{s. t. } g_i(\boldsymbol{x}) \geqslant 0, i \in [1, M]$$
$$h_j(\boldsymbol{x}) = 0, j \in [1, L]$$
$$\boldsymbol{x} = (x_1, x_2, x_3, \cdots, x_n)^{\mathrm{T}} \tag{16.16}$$

式中,$\boldsymbol{x}$ 为向量,对应换热器优化问题则是换热器的几何结构参数。约束则对应换热器的一些工程约束,例如长度上限、重量上限、体积上限等。$F(\boldsymbol{x})$ 为目标函数,对应的就是换热器的性能指标,例如换热能力、阻力特性等。目标函数是向量 $\boldsymbol{x}$ 的实值连续函数,通常还假定它有二阶连续偏导数,它是比较可供选择的许多设计方案的依据,最优化的目的就是使它取极值。

不过目标函数有时候不止一个,而各个目标函数之间又存在冲突,因此优化的过程既是一个数学问题,也是一个工程上权衡和取舍的过程。

16.3.1 目标函数

换热器优化的目标函数即换热器的性能评价指标,大部分换热器的性能评价指标是以其热工性能(换热能力和阻力特性)为主,不过也有部分用于特种场合的换热器会对其造价、体积、重量等性能提出额外要求。

即使仅考虑热工性能,不同的换热器工况也存在着各种不同的定量评价指标,很难建立一套普适的评价准则。目前的文献中就存在数十种评价方法,大致可以分为基于热力学第一定律的评价方法和基于热力学第二定律的评价方法。

1972 年,Webb 和 Eckert[13]为了比较相同管径的粗糙圆管和光滑圆管的换热性能优劣,提出了以换热量、流动阻力和换热器体积三个变量来评价换热性能,在比较其中某一个变量时,保持另外两个变量不变,通过模型方程的推导可以获得待比较的目标函数。1976年 Bergles[14]提出了一种通过使用 St 数和阻力 f 因子来评价换热器性能指标的综合性方法。1981 年,Webb 在 Bergles 工作的基础上进一步建立了针对管内单相流对流换热性能的评价方法,分别对应减少换热器材料、增加换热量、减少对数温差和减小阻力 4 种不同设计目的,并得到了广泛应用[15]。在此之后,大量的评价方法被陆续提出,各有侧重,同时也有一些针对具体问题的特定评价准则,包括仅考虑传热性能的评价方法、在流体中与换热系数和耗散能相关的评价准则、在平直翅片管表面使用的质量因子、换热 j 因子和阻力 f 因子性能评价准则、在等压降约束条件下的评价准则等。

以上方法仅考虑了热量传递的数量而未能考虑热量传递过程中的质量损失,因此统称为基于热力学第一定律的评价方法。进一步地,考虑了热量传递不可逆性带来的传热质量损失的评价方法,称为基于热力学第二定律的评价方法。Bejan 及其合作者提出了基于传热过程中熵增的分析评价方法[16]。Zimparov 和 Vulchanov[17]基于不同约束条件下的热力学第一定律评价方法,通过熵产理论分别给出了强化翅片的性能评价方法,并对不同约束条件下螺旋波纹管的性能进行了比较分析。Prasad 和 Shen[18]通过无量纲熵损失函数给出了基于熵分析的性能评价方法。过增元等[19]提出了表征物体传递热量能力的新物理量火积(Entransy),并且指出对于以加热或者冷却物体为目的的传热过程不可逆性,应当用火积来评价。

在换热器性能指标中最关键的两类指标是换热性能和阻力特性(压力损失)。这两类指标通常是互相矛盾的,在其他参数不变的情况下,提升换热性能往往会造成阻力上升,那么如何综合评价这两类指标就成为一个问题。一类通用的方法是将两类指标合二为一,用一个综合指标来评估换热器的综合性能,这个指标也就是优化过程中的目标函数。

在早期的研究中,人们只关注换热效果是否得到了强化,因为换热量和换热系数成正比,因此提出以换热系数是否提高作为评价指标,又因为换热系数是一个有量纲的量,后续又用无量纲的努塞尔数来代替,即 Nu/Nu_0,这里的下标 0 表示原值,即改进前的值。后来人们发现换热性能的提升是以阻力系数的恶化为代价的,因此又提出了以$(Nu/Nu_0)/(f/f_0)$是否大于 1 来评价换热强化技术,其含义是看换热系数的增加率是否大于阻力系数的增加率。但是很快研究者们发现很少有某种强化换热的技术能满足这一要求,为了结合工程实际,根据多数情况下压降与速度的平方成正比的特点,推导出以$(Nu/Nu_0)/(f/f_0)^{1/2}$作为新的评价标准,其值大于1表示在相同压降下强化后的结构能够比原结构传递更多的热量。后续研究者进一步发现某些强化换热的结构尽管也不能满足相同压降条件下的换热强化,但是在相同功耗条件下能够强化换热,因此又根据功耗和速度的三次方成正比的关系推导出了等功耗条件下的评价方法,即$(Nu/Nu_0)/(f/f_0)^{1/3}$。上述三种方法分别称为等流量约束条件下的评价方法——$(Nu/Nu_0)/(f/f_0)$、等压降约束条件下的评价方法——$(Nu/Nu_0)/(f/f_0)^{1/2}$、等功耗约束条件下的评价方法——$(Nu/Nu_0)/(f/f_0)^{1/3}$,三种方法根据各自的特点可以用于不同的场合[20]。

在确定了待优化的目标函数以后,就可以利用具体的优化算法对结构进行优化了。

16.3.2　单目标和多目标优化

可以用于换热器优化的优化算法有很多,要结合具体的目标函数形式来选择具体的算法。一般来说,单个的、具有解析形式且较为简单的目标函数,可以采用梯度下降法、单纯形法、拉格朗日乘数法等。不过根据前面计算模型的内容可以看出,如果希望计算精度较高,则目标函数可能是一个复杂且非线性的,有时还需要进行离散和迭代才能获得最终结果的计算过程,并不能用简单的解析方程来表示。这时基于严格数学推导的传统优化算法就难以实现了,可以采用启发式算法来进行优化。启发式算法是一类基于直观或经验构造的算法,在可接受的花费(指计算时间和空间)下给出待解决组合优化问题每一个实例的一个可行解,该可行解与最优解的偏离程度一般不能被预计。

现阶段,启发式算法以仿自然体算法为主,包括模拟退火算法(SA)、遗传算法(GA)、列表搜索算法(ST)、进化规划(EP)、进化策略(ES)、蚁群算法(ACA)、人工神经网络(ANN)等。如果从决策变量编码方案的不同来考虑,可以有固定长度的编码(静态编码)和可变长度的编码(动态编码)两种方案。SA是基于蒙特卡洛(Monte Carlo)算法迭代求解的一种全局概率型搜索算法,具有区别于常规算法的搜索机制和特点,它是借鉴了热力学的退火原理建立起来的。GA是借鉴"优胜劣汰"生物进化与遗传思想而提出的一种全局性并行搜索算法。EP和ES不像GA注重父代与子代遗传细节而侧重于父代与子代表现行为上的联系(强调物种层的行为变化)。ST是一种具有记忆功能的全局逐步优化算法。ACA是受到人们对自然界中真实的蚁群集体行为研究成果的启发而提出的一种基于种群的模拟进化算法,属于随机搜索算法。ANN则是构成现代机器学习和人工智能的基础,以数学模型模拟神经元活动,是基于模仿大脑神经网络结构和功能而建立的一种信息处理系统,在处理模糊数据、随机性数据、非线性数据方面具有明显优势,对规模大、结构复杂、信息不明确的系统尤为适用。

这里以GA作为比较有代表性的一类优化算法做简要的说明。GA在换热器的优化设计中有着较为广泛的应用,例如,谢公南等[21]以板翅式换热器的重量和换热效率作为目标函数,采用GA进行了优化。郭江峰等[22]以火积耗散为目标函数,采用GA对板翅式换热器进行了优化。Manish等[23]以熵产为目标函数,采用GA进行了换热器的优化。

GA的本质是一种高效、并行、全局搜索的方法,能在搜索过程中自动获取和积累有关搜索空间的知识,并自适应地控制搜索过程以求得最佳解。GA的实现过程模拟了自然界的进化过程,首先寻找一种对问题潜在解进行"数字化"编码的方案。然后用随机数初始化一个种群,种群里面的个体就是这些数字化的编码。接下来通过适当的解码过程之后,用适应性函数对每一个基因个体做一次适应度评估。用选择函数按照某种规定择优选择让个体基因变异并产生子代。GA 并不保证能获得问题的最优解,使用 GA 的最大优点在于不必了解如何去找最优解,而只要简单地否定表现不好的个体就可以了。GA 的通用流程如图 16.6 所示。

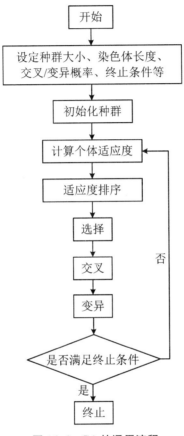

图 16.6　GA 的通用流程

普通的 GA 通过调整内部的一些参数,通常都可以在工程应用中获得较好的优化结果,不过普通 GA 只能适用于单目标优化问题,即目标函数是单一值的情况。如果不希望将多个性能指标合为一个,则可以采用多目标优化算法进行直接优化。

例如,Gholap 等[24]以能耗和材料成本为两个目标函数,对换热器结构进行了优化。Hilbert 等[25]以换热量与压力损失为两个目标函数,对换热器结构进行了优化。Najafi 等[26]以总换热量与系统全年运行成本为目标函数,对换热器结构进行了优化。

带约束的多目标优化问题可以表述为

$$\min_x F(\boldsymbol{x}) = (f_1(\boldsymbol{x}), f_2(\boldsymbol{x}), \cdots, f_K(\boldsymbol{x}))$$
$$\mathrm{s.t.} \, g_i(\boldsymbol{x}) \geqslant 0, i \in [1, M]$$
$$h_j(\boldsymbol{x}) = 0, j \in [1, L]$$
$$\boldsymbol{x} = (x_1, x_2, x_3, \cdots, x_n)^{\mathrm{T}} \tag{16.17}$$

令 D 为上述问题的可行域,即

$$D = \{ x \, | \, g_i(x) \geqslant 0, i \in [1, M]; h_j(x) = 0, j \in [1, L] \} \tag{16.18}$$

对于多目标优化问题通常不存在能令多个目标同时达到最小值的解,优化时只要找出有效解即可,其定义如式(16.19)所示:

$$f_k(x) \leqslant f_k(x^*), \quad \exists \, i, f_i(x) < f_i(x^*), i \in [1, K] \tag{16.19}$$

有效解又称为帕累托(Pareto)最优解,其含义是如果 x^* 是帕累托最优解,则不可能在可行域内找到另外一个解,能够令其他目标值不恶化的同时,提升至少一个目标比原 $f(x^*)$ 更好。这种情况称为无法进行帕累托改进。所有可能的帕累托最优解组成了帕累托前沿。

在存在多个 Pareto 最优解的情况下,如果没有关于问题的更多的信息,那么很难选择哪个解更可取,因此所有的 Pareto 最优解都可以被认为是同等重要的。因而,在多目标优化中主要完成以下两个任务:

(1) 找到一组尽可能接近 Pareto 最优域的解。

(2) 找到一组尽可能不同的解。

第一个任务要求算法保证可靠的收敛性,第二个任务要求算法保证充足的分布性(包括多样性和均匀性)。即要求求得尽可能均匀分布的 Pareto 最优解集,然后根据不同的设计要求和意愿,从中选择最满意的设计结果。

多目标优化的理论和求解方法是一个长期的研究课题,目前存在多种可行的多目标优化算法,各有所长。其中,多目标遗传进化算法是一种较为常用的算法。其核心是协调各个目标函数之间的关系,找出使得各个目标函数都尽可能达到最优函数值的最优解集。在众多的多目标遗传进化算法中,带精英策略的非支配排序遗传算法(Elitist Non-Dominated Sorting Genetic Algorithm,NSGA-Ⅱ)算法是影响最大和应用范围最广的一种[27]。

该算法的优点主要有三点:一是降低了计算非支配序的复杂度;二是引入了精英策略,扩大了采样空间;三是引入拥挤度和拥挤度比较算子,将拥挤度作为种群中个体之间的比较准则,使得准 Pareto 域中的种群个体能均匀扩展到整个 Pareto 域,从而保证了种群的多样性。其基本流程如图 16.7 所示。

由于 NSGA-Ⅱ算法或者其他的多目标优化算法的优化结果是 Pareto 前沿,而非某一组固定的参数,因此在获得 Parcto 前沿后,还要结合设计人员自身的工程经验和实际工程需求,再进行一次筛选,选出一组或者几组具体的参数作为最终的优化结果。这是与单目标优化不同的地方,在使用的时候要格外注意。

16.4　高能所 2 K 换热器进展

在低温系统常用的各类换热器中,研制难度最高的是用于 2 K 系统中的 2 K 负压超低温换热器。这种换热器用在 2 K 流程的最后一级,用于提高 2 K 超流氦的产液率。它的工作温差很小,因此对换热效率的要求很高,同时为了避免给后端动力设备带来过高的负荷,要求其压降,尤其是低压侧压降不能太高。除了换热效率和压降的要求之外,2 K 换热器对泄漏率和紧凑性的要求也较高,因此综合而言,这是整套低温系统中研发难度最大的一类低温换热器。

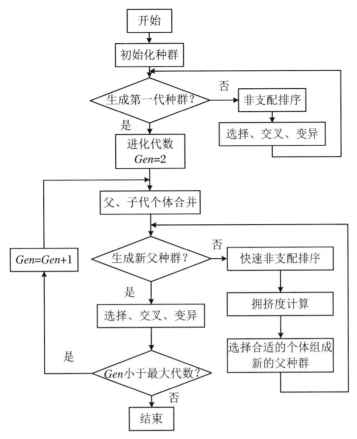

图 16.7　NSGA-Ⅱ算法的基本流程

高能所自 2018 年开始对 2 K 负压换热器进行了相关的研究工作,遵循着设计—校核—优化—制造—测试的研究路线,完成了从小流量(5 g/s)到千瓦级大流量(50 g/s)的一系列 2 K 负压换热器的研究工作。主要研制的换热器类型为绕翅片管式换热器和板翅式换热器,绕翅片管式换热器结构紧凑,换热效率较高,但一般仅适用于较小的流量条件,如果流量较高,则其体积和压降会增长较快。板翅式换热器的换热效率和压降都较好,但结构和工艺更复杂,一般适用于较大流量条件下。

16.4.1　绕翅片管式换热器

2018—2022 年,高能所为 PAPS 项目等设计并制造了 5 g/s、7.5 g/s、10 g/s 等一系列标准流量的 2 K 换热器,如图 16.8 所示。

在设计过程中,考虑到设计流量为 10 g/s 时若仍按照单层绕管设计,那么换热器将会出现长度过长、高压侧压降过大的问题,于是选择了双层绕管的形式。

在加工工艺方面,铜管加工完毕后进行了酸洗除锈,绕制十分精细,避免绕制的过程对翅片造成影响。在加工完成后对换热器整体进行了三次液氮冷激并恢复常温,在冷激后进行了泄漏率的检测,如图 16.9 所示。

确定泄漏率满足要求后,在换热器测试平台上对绕翅片管式换热器进行了 2 K 低温测试,如图 16.10 和图 16.11 所示。

(a) 5 g/s 和 10 g/s

(b) 7.5 g/s

图 16.8　绕翅片管式 2 K 换热器

(a) 翅片管绕制

(b) 冷激

(c) 复温后检测泄漏率

(d) 泄漏率检测结果

图 16.9　绕翅片管式 2 K 换热器加工过程

测试杜瓦　　　　分配阀箱　　　制冷机杜瓦　　制冷机

图 16.10　高能所 2 K 换热器测试平台及其低温系统

图 16.11　2 K 换热器的安装

2 K 低温测试表明,几台换热器的换热效率均在 85% 以上,压降均在 100 Pa 以下,满足换热器设计要求。

目前这些换热器正运行于 ADS 低温系统、PAPS 低温系统等 2 K 低温系统中,运行良好。

16.4.2　板翅式换热器

2 K 低温系统的制冷量需求不断增长,对 2 K 换热器标准流量的要求也越来越大。因此,高能所在 2020 年左右开始对大流量板翅式 2 K 换热器进行设计研究。

关于大流量板翅式 2 K 换热器的研究少有报道,资料匮乏,仅 Linde 和 Air-Liquid 等公司具有相关制造技术,且并未公开。加之氦工质密度极小,性质特殊,易发生低温下的泄漏问题,因此其加工技术也需要进行研究探索。基于上述问题,高能所开展了对大流量板翅式 2 K 负压换热器的探索性研究,由于缺乏相关经验,初步选择了 10 g/s 换热器作为研究对象,目的是验证设计方法的准确性和可行性,在此基础上再进一步进行更大流量 2 K 负压换热器的研制工作。

首先基于部分翅片结构的性能公式,开展了换热器的设计工作,并且采用了 CFD 方法,初步验证设计的准确性。在获得了合适的结构参数之后,高能所联合国内板翅式换热器制造厂家进行相关制造工作。同样经过了三次冷激复温后检测其泄漏率,证明了泄漏率满足要求。相关制造过程如图 16.12 所示。

该换热器同样经过了 2 K 低温实验测试,其换热效率与设计计算结果基本相符,低压侧压降略低于设计计算结果,推测其原因是未考虑流量分配不均匀性与封头和导流段的压降。10 g/s 板翅式换热器的研究证明了设计方法的可靠性,为大流量板翅式 2 K 换热器的设计提供了可靠的研究基础。

(a) 翅片检测 (b) 组装钎焊

(c) 复温后检测泄漏率 (d) 泄漏率检测结果

图 16.12 板翅式 2 K 换热器加工过程

在具有了一定的研究基础之后,高能所进一步研制了 25 g/s 与 50 g/s 的大流量板翅式 2 K 换热器,并按照设计结果进行了更加精细的加工制造,如图 16.13 所示。

图 16.13 50 g/s 板翅式 2 K 换热器成品

目前,高能所正在设计更大测试能力的 2 K 换热器测试平台,预计于 2024 年进行大流量板翅式换热器的低温测试。

参 考 文 献

［1］ Atrey M D. Thermodynamic analysis of Collins helium liquefaction Cycle［J］. Cryogenics,1998, 38(12):1199-206.

［2］ Barron R F. Cryogenic systems［M］. 2nd ed. Oxford:Clarendon Press,1985.

［3］ Barron R F. Cryogenic technology［M］. Weinheim：Wiley-VCH Verlag GmbH and Co. KGaA，2000.

［4］ Shah R K，Sekulić D P. Fundamentals of heat exchanger design［M］. New Jersey：John Wiley and Sons，2003.

［5］ Mueller A C，Chiou J P. Review of various types of flow maldistribution in heat exchangers［J］. Heat Transfer Engineering，1988，9(2)：36-50.

［6］ Hesselgreaves J E. Compact heat exchangers［M］. Amsterdam：Elsevier Science，2001.

［7］ Kakaç S，Pramuanjaroenkij A，Liu H. Heat exchangers：selection，rating，and thermal design ［M］. 2nd ed. New York：CRC Press，2002.

［8］ Kuppan T. Heat exchanger design handbook［M］. New York：Marcel Dekker Inc，2000.

［9］ Shah R K，Sekulić D P. Fundamentals of heat exchanger design［M］. New Jersey：John Wiley and Sons，2003.

［10］ Mueller A C. New charts for true mean temperature difference in heat exchangers［C］//UK：9th National Heat Transfer Conference，1967.

［11］ Roetzel W，Spang B. Verbessertes Diagramm zur Berechnung von Wärmenbertragern［J］. Heat Mass Transfer，1990，25：259-64.

［12］ Shah R K. A review of longitudinal wall heat conduction in recuperators［J］. Energy Heat Mass Transfer，1994，97：453-454.

［13］ Webb R L，Eckert E R G. Application of rough surfaces to heat exchanger design［J］. International Journal of Heat and Mass Transfer，1972，15(9)：1647-1658.

［14］ Bergles A E，Junkhan G H，Bunn R L. Performance criteria for cooling systems on agricultural and industrial machines［J］. SAE Transations，1976，85：38-47.

［15］ Webb，R L. Performance evaluation criteria for use of enhanced heat transfer surfaces in heat exchanger design［J］. International Journal of Heat and Mass Transfer，1981，24(4)：715-726.

［16］ Bejan A. Second law analysis in heat transfer［J］. Energy，1980，5(8-9)：720-732.

［17］ Zimparov V D，Vulchanov N L. Performance evaluation criteria for enhanced heat transfer surfaces［J］. International Journal of Heat and Mass Transfer，1994，37(12)：1807-1816.

［18］ Prasad R C，Shen J. Performance evaluation using exergy analysis-application to wire-coil inserts in forced convection heat transfer［J］. International Journal of Heat and Mass Transfer，1994，37(15)：2297-2303.

［19］ Guo Z Y，Zhu H Y，Liang X G. Entransy—a physical quantity describing heat transfer ability［J］. International Journal of Heat and Mass Transfer，2007，50(13-14)：2545-2556.

［20］ 何雅玲，陶文铨，王煜，等. 换热设备综合评价指标的研究进展［C］//西安：中国工程热物理学会传热传质学学术会议论文，2011.

［21］ Xie G N，Sunden B，Wang Q W. Optimization of compact heat exchangers by a genetic algorithm ［J］. Applied Thermal Engineering，2008，28(8-9)：895-906.

［22］ 郭江峰，许明田，程林. 基于(火积)耗散数最小的板翅式换热器优化设计［J］. 工程热物理学报，2011，32(5)：5.

［23］ Mishra M，Das P K，Sarangi S. Second law based optimisation of crossflow plate-fin heat exchanger design using genetic algorithm［J］. Applied Thermal Engineering，2009，29(14-15)：2983-2989.

［24］ Gholap A K，Khan J A. Design and multi-objective optimization of heat exchangers for refrigerators［J］. Applied Energy，2007，84(12)：1226-1239.

[25] Renan H, Gabor J, Romain B, et al. Multi-objective shape optimization of a heat exchanger using parallel genetic algorithms[J]. International Journal of Heat and Mass Transfer, 2006, 49(15/16): 2567-2577.

[26] Najafi H, Najafi B, Hoseinpoori P. Energy and cost optimization of a plate and fin heat exchanger using genetic algorithm[J]. Applied Thermal Engineering, 2011, 31(10): 1839-1847.

[27] Deb K, Pratap A, Agarwal S, et al. A fast and elitist multiobjective genetic algorithm: NSGA-Ⅱ[J]. IEEE Transactions on Evolutionary Computation, 2002, 6(2): 182-197.